KOMAMIYA, Sachio 駒宮幸男

講談社

ブックデザイン　桐畑恭子

ま え が き

この本は東京大学において、2年生の後期に理学部に進学してきた学生に対して行ってきた電磁気学Iの講義がもとになっている。工学部に進学した学生の一部も聴きに来ていて、約150名ほどが履修していた。電磁気学を教養課程の1年生で既に一度学習した学生に対して行われたものである。

電磁気学は本来は特殊相対性理論（特殊相対論）が基盤の上に成り立つ学問である。ニュートン力学の基礎である時空のガリレオ変換は、電磁気学の基礎方程式であるマクスウエル方程式とは相いれないが、特殊相対論の時空変換であるローレンツ変換に対してはマクスウエル方程式は不変であり、従って、電磁気学の学問体系は特殊相対論とは良くなじむ。それゆえに電磁気学を2回目に学習する前に、特殊相対論を学んでおくことは大いに意味のあることである。時空の座標変換に対してニュートン力学では時間が空間と全く独立に振舞うが、特殊相対論では時間と空間は一体化して変換される。ローレンツ変換に対して、電場や磁場が時空座標と同じ4元ベクトルの空間成分として振舞うのではなく、テンソルの成分として振舞う。また、スカラーポテンシャルとベクトルポテンシャル、電荷密度と電流密度、エネルギーと運動量、が時空座標 $(ct, \mathbf{x})$ とおなじ4元ベクトルとして振舞うことなどは、特殊相対論の基礎があって初めて理解されることである。

この本の初め2章は、特殊相対論の独立な教科書としても十分に使えるように書いた。特に重要な、ローレンツ変換の導出、ローレンツ短縮などの項目の他、時間のパラドクスや双子のパラドクスがパラドクスではなく起こりうる現象であることを示した。せっかく特殊相対論を学ぶのであれば、実際にそれを使って運動学まで学ばないと特殊相対性理論を実践的に学んだことにならない。第2章では様々な興味深い物理現象の例をあげて、エネルギー・運動量の保存を基礎にした特殊相対性理論をより深く理解する。ここでは、ニュートン力学の運動学では説明ができない様々な現象を扱う。ニュートン力学では重心系は質量の重心系であったが、特殊相対論では系にいる粒子の運動量の総和がゼロになる慣性系（Center of Momentum System = CMS）が重心系に相当して有効に使える。一般相対論を主とする相対論の良い教科書はいくつもあるが、わかりやすいきれいな日本語で書かれたものとして佐藤勝彦先生の教科書 相対性理論　岩波基礎物理シリーズ9　岩波書店 がある。佐藤先生の本ではメトリックテンソル $g^{\mu\nu}$ に $-1, 1, 1, 1$ を採用しているが、この本では $1, -1, -1, -1$ を採用している。これはエネルギーを正にとるにはこのほうが都合がよいからである。佐藤先生の教科書の特殊相対論の部分はこの本の第1章を書くに当たり参考にさせていただいた。

電磁気学の教科書の中には、この本のように特殊相対論を既に学習したことをあからさまに踏まえた本は多くない。そのなかで、著名な教科書ではEdward Purcell著、飯田修一監訳 電磁気（上巻、下巻）バークレー物理学コース2 がある。しかし、このバークレー物理学コースの電磁気の本には特殊相対論の解説はない。特殊相対論はバークレー物理学コースの力学の巻ですでに学習していることを前提にしている。バークレー物理学コースでは、Purcell氏は様々な思考実験（Gedankenexperiment、thought experiment）によって、相対論関連の重要な現象や法則の説明を行っている。これらの思考実験の多くはこの本でも紹介させてもらった。例えば、クーロンの法則から出発して、動いている電荷は電場がなくても力を受けることをローレンツ変換を使って説明し、この力は磁場が原因であることを自然に導出している。この本ではこれは電場の章（第3章）の終わりで解説している。

この本は特殊相対論を学んでからは、一挙に電磁気学の本質的な部分である真空中の電磁気学を学ぶ。物質中での電磁気学や、電磁波の放出・吸収や立体回路などは後年に回すとして、それらはこの教科書には含めなかった。因みに東京大学理学部物理学科では物質中での電磁気学である電磁気学IIは3年夏学期、電磁波や光学などを扱う電磁気学IIIは3年冬学期に開講している。

この本では、なるべく計算の途中の式も示すようにした。計算に時間をとられて本質を失うことを恐れたからである。とはいっても行間の計算をすることは理解を深めるので、途中の計算をできるだけ追ってほしい。

ここ10年で物理学は大いに発展した。2012年には素粒子の質量の起源となるヒッグス粒子がジュネーブにあるCERN研究所のLHC加速器で発見された。また、ブラックホール同士の合体からの重力波も米国の重力波観測装置で発見された。これらは基礎科学、とりわけ物理学にとって非常に大きなブレークスルーであった。これからも物理学ばかりでなくさらにほかの基礎科学、特に宇宙論や生命科学もますます面白くなってくるだろう。これらを理解するためにも数学や物理を含めた基礎となる学問こそ重要であり、必要に応じて自分で基礎を固めてほしい。電磁気学は様々なサイエンスで用いる実験装置や測定器の理解や開発には必須の学問であり、実験で見える信号や実験結果の正しい解釈の基礎となる。古典力学、電磁気学、量子力学は現在の工学の基盤になっている。

この本を書くに当たって、講談社サイエンティフィクの慶山篤氏には、当初から献身的な助言や丁寧な校正でお世話になった。深くお礼を申し上げる。また、この本を完成に導いて下さった講談社サイエンティフィクの大塚記央氏にも大変お世話になった。深くお礼を申し上げる。

また、いささか唐突であり、かつ気恥ずかしいことではあるが、常に支えとなってくれている私の妻、駒宮育美に感謝したい。

駒宮幸男

CONTENTS

目　次

まえがき―――iii

第1章 特殊相対性理論 1

1.1 なぜ電磁気学を学ぶ前に特殊相対性理論（特殊相対論）を学ぶのか―――1
1.2 ニュートン力学における時間と空間―――2
　1.2.1 ガリレイ変換―――3
1.3 マイケルソン-モーレーの実験と光速不変の原理―――4
1.4 ローレンツ変換―――7
1.5 特殊相対論的時空―――13
1.6 速度の合成―――16
1.7 ローレンツ短縮―――17
1.8 粒子の寿命（飛行距離）の延び―――20
1.9 時間のパラドクス―――21
1.10 双子のパラドクス―――24
1.11 特殊相対論と因果律―――28
1.12 ローレンツ・スカラー、ベクトル、テンソル―――30
　1.12.1 ローレンツ・スカラー―――31
　1.12.2 反変ベクトル―――32
　1.12.3 共変ベクトル―――32
　1.12.4 2階反変テンソル―――32
　1.12.5 2階共変テンソル―――32
　1.12.6 2階混合テンソル―――32
　1.12.7 テンソルに関する注意―――33
1.13 質点の４元速度、４元運動量―――33

CONTENTS

目　次

1.13.1　4元速度 ―― 33
1.13.2　4元運動量 ―― 34

第2章 相対論的運動学 37

2.1　自然単位 ―― 37
2.2　K′系に静止している粒子のK系での4元運動量と4元運動量の任意の方向へのローレンツ・ブースト ―― 39
2.3　Center of Momentum System: CMS ―― 41
2.3.1　粒子衝突型加速器の威力 ―― 42
2.4　4元運動量の保存 ―― 44
2.4.1　陽子・陽子衝突での反陽子の生成 ―― 45
2.4.2　光のドップラー効果 ―― 47
2.4.3　宇宙線の高エネルギーカットオフ ―― 49
2.5　粒子崩壊の運動学 ―― 53

第3章 電場 61

3.1　クーロンの法則とガウスの法則 ―― 61
3.2　電位 ―― 67
3.3　ポアッソン方程式とラプラス方程式 ―― 69
3.4　電気双極子モーメントと多重極展開 ―― 76
3.5　動いている電荷による電場 ―― 79
3.6　動いている電荷と他の動いている電荷の間に働く力 ―― 84

第4章 磁場

89

4.1 磁場の性質 89

4.1.1 ローレンツ力 89
4.1.2 磁気力の大きさ 92

4.2 磁場のみたす方程式 94
4.3 ベクトルポテンシャル 100
4.4 任意の形をした導体に流れる定常電流の作る磁場 ビオ＝サバールの公式 103
4.5 静電磁場のまとめ 106
4.6 電磁場のローレンツ変換 109

第5章 電磁誘導とマクスウエルの方程式

119

5.1 電磁誘導の基礎 119
5.2 相互誘導と自己誘導 129

5.2.1 相互誘導 129
5.2.2 自己誘導 132

5.3 変位電流 133
5.4 マクスウエルの方程式 137
5.5 電磁場のエネルギー流の収支 142

第6章 準静的過程と交流回路

145

6.1 準静的過程 145

CONTENTS

目次

6.2 交流回路 149

6.2.1 LCR 回路 149
6.2.2 複素インピーダンス 153
6.2.3 インピーダンスの合成 154
6.2.4 電力と実効値 158
6.2.5 共振回路 160
6.2.6 インピーダンス整合 162

第7章 電磁場内の荷電粒子の運動 165

7.1 一様な静磁場のみの場合 165
7.2 一様な静電場中での運動 168
7.3 一様な電磁場中の運動 171

第8章 真空中の電磁波と電磁気学の相対論的形式 175

8.1 真空中での電磁波 175

8.1.1 真空中での電磁波の方程式 175
8.1.2 電磁波のエネルギー伝搬速度 178
8.1.3 電磁波の偏光 179

8.2 4元ポテンシャルとマクスウエルの方程式 181
8.3 ゲージ変換 184
8.4 電場、磁場のテンソル表示 186
8.5 マクスウエル方程式の相対論的形式 187

補遺

189

A.1 ベクトルの内積、外積 ―― 189
A.2 ベクトル解析の基礎：勾配、発散、回転 ―― 192
A.3 微分演算子を含んだ公式 ―― 193
A.4 ガウスの定理とストークスの定理 ―― 194

A.4.1 ガウスの（発散）定理 ―― 194
A.4.2 ガウスの定理の応用 ―― 197
A.4.3 2次元空間のグリーンの定理 ―― 198
A.4.4 ストークスの（回転）定理 ―― 200

参考文献 ―― 205
索引 ―― 207

第1章

特殊相対性理論

1.1 なぜ電磁気学を学ぶ前に特殊相対性理論（特殊相対論）を学ぶのか

電磁気学は本来は特殊相対性理論（特殊相対論）が基盤の上に成り立つ学問である。ニュートン力学の基礎である時空のガリレオ変換は、電磁気学の基礎方程式であるマクスウエル方程式とは相いれないが、特殊相対性理論の基礎となるローレンツ変換に対してはマクスウエルの方程式は不変であり、電磁気学の学問体系はよくなじんでいる。従って、電磁気学を２回目に学習する前に、特殊相対性理論を学んでおくことは大いに意味のあることである。

本章（第１章）では特殊相対性理論の基礎を体系的に学ぶ。ニュートン力学では「空間座標」とは全く独立であった「時間」が特殊相対性理論では独立でなくなる。慣性座標系の相対速度によって時間の流れの速さが異なるというとんでもないことが生ずるのである。相互に等速度で動いている慣性系の間の時空座標の変換公式をローレンツ変換というが、これを理解して使えるようになれば特殊相対性理論が怖くなくなり、わくわくする高揚感が出てくる。ローレンツ変換は、普段の実生活やニュートン力学から学んできた直感からはすぐには理解できず、心から理解するのはそれなりに努力がいるが、使っている数学は簡単である。本章では直感的にはなかなか理解できないと思われる、走っている棒の長さが短く見えるローレンツ短縮を説明し、時間に関するパラドクスがパラドクスでないことも説明する。

せっかく特殊相対性理論を学ぶのであれば、実際にそれを使って運動学まで学ばないと特殊相対性理論を実践的に学んだことにならない。第２章は様々な興味深い物理現象の例をあげて、特殊相対性理論をより深く理解する。ここでは、ニュートン力学の運動学では説明ができない様々な現象を扱う。ニュートン力学では重心系は質量の重心系であったが、特殊相対性理論では系にいる粒子の運動量の総和がゼロになる慣性系が重要な役割をする。この本の第1章と第2章を合わせると、独立した特殊相対性理論のコンパクトな教科書としても使えるようになっている。

この本では、第3章以降で電磁気学の本体に入ると、様々な思考実験（Gedankenexperiment, thought experiment）によって興味深い現象や法則の説明がなされている。これらの思考実験を理解する基礎は特殊相対性理論である。クーロンの法則から出発して、動いている電荷が電場がなくても力を受けることをローレンツ変換を使って説明し、この力は磁場が原因であることが自然に導出されることは第3章の終わりで述べられている。アインシュタイン（Albert Einstein）は子供のころから光を追い越したらどうなるかの思考実験を繰り返していたと聞いたことがある。真空中では光を追い越すことはできないが、思考実験はアイデアを明確にするうえで有効な手段である。

アインシュタインは1905年に特殊相対性理論（慣性系の相対性理論）を築き上げた。さらに彼の友人であるグロスマン（Marcel Grossmann）の助けを借りてリーマン幾何学を導入して、1915年には加速系も含めた任意の座標変換に対する相対性理論であり重力の理論である一般相対性理論を完成した。この本では、特殊相対性理論のみについて論ずる。

1.2　ニュートン力学における時間と空間

特殊相対性理論に入る前にニュートン力学のエッセンスを復習しておこう。ニュートン力学では時間は絶対的であり、物質の存在や運動によって変化しない。ニュートン力学は次の3法則によって組み立てられている。

第1法則　物体に外力が作用していなければ、その物体は等速直線運動を続ける（特別な場合として静止している場合は静止したまま）：慣性の法則

第2法則[※1]　質点に力が働くときには、質点は慣性系に対して力の方向に、力

※1……第2法則では、物体に力を加えれば物体が回転する場合があり、回転のエネルギーが加速度を減らすので、「物体」を「質点」に代えた記述にした。

の大きさに比例し物体の質量に反比例した加速度を持つ。
第 3 法則　物体 1 が他の物体 2 に力を及ぼしているときには、物体 2 は物体 1 に大きさが等しく逆向きの力を及ぼしている：作用反作用の法則

慣性の法則が成り立つ空間を慣性系という。ほかの物質から十分に離れていて重力が働いておらず、またその系自体もほかの慣性系に対して回転もしていなければ慣性系とみなしてもよいだろう。即ち、その系に慣性力が働いていなければ、慣性の法則が成り立って慣性系となる。

ニュートンの第 2 法則によって、1 つの慣性系（K 系）における時空の座標系を $(t, x, y, z) = (t, \mathbf{x})$ とすると質量 m の質点に力 $\mathbf{f}$ が働いているときに、次の方程式を満たす。

$$m\frac{d^2\mathbf{x}}{dt^2} = \mathbf{f} \tag{1.1}$$

このときに、別の慣性系（K$'$ 系）における座標系 $(t', x', y', z') = (t', \mathbf{x}')$ から同じ現象を見ると

$$m\frac{d^2\mathbf{x}'}{dt'^2} = \mathbf{f} \tag{1.2}$$

が成立する。すなわち、力はどちらの慣性系でも同じ方程式を満たす。

1.2.1 ガリレイ変換

慣性座標系 K(t, x, y, z) に対して x 軸の方向に速度 v で動いている慣性座標系 K$'$ (t', x', y', z') を考える（図 1.1 参照）。$t = t' = 0$ で両慣性座標系の原点

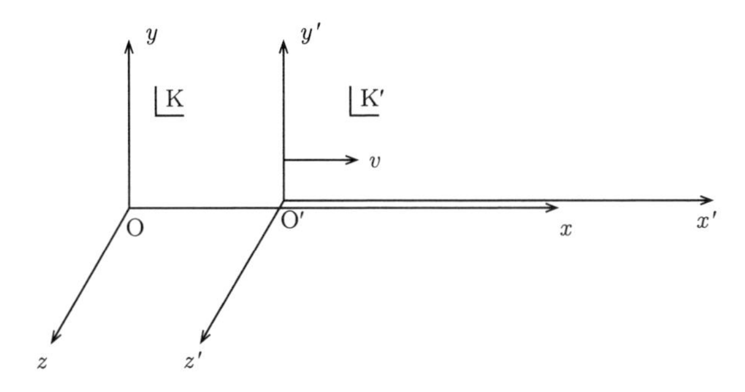

図 1.1　座標系 K$'$ は、座標系 K に対して x 方向に速さ v で等速運動している。両系での時刻 $t = t' = 0$ において、両系の原点 O、O$'$ は一致していた。

O、O$'$は一致していた。KとK$'$で同一の点PをK系では(t, x, y, z)、K$'$系では(t', x', y', z')とすると

$$t' = t \tag{1.3}$$

$$x' = x - vt \tag{1.4}$$

$$y' = y \tag{1.5}$$

$$z' = z \tag{1.6}$$

と表され、行列で表すと次のようになる。

$$\begin{pmatrix} t' \\ x' \\ y' \\ z' \end{pmatrix} = \begin{pmatrix} 1 & 0 & 0 & 0 \\ -v & 1 & 0 & 0 \\ 0 & 0 & 1 & 0 \\ 0 & 0 & 0 & 1 \end{pmatrix} \begin{pmatrix} t \\ x \\ y \\ z \end{pmatrix} \tag{1.7}$$

ニュートン力学では時刻は座標系に依らずに決められる。これらの法則は$|v| \ll c$（cは光速）の時に成立する。ガリレイ変換の逆変換は

$$v \to -v \tag{1.8}$$

とすればよいことは自明であろう。即ち行列で表すと以下のようになる。

$$\begin{pmatrix} t \\ x \\ y \\ z \end{pmatrix} = \begin{pmatrix} 1 & 0 & 0 & 0 \\ v & 1 & 0 & 0 \\ 0 & 0 & 1 & 0 \\ 0 & 0 & 0 & 1 \end{pmatrix} \begin{pmatrix} t' \\ x' \\ y' \\ z' \end{pmatrix} \tag{1.9}$$

1.3 マイケルソン-モーレー（Michelson-Morley）の実験と光速不変の原理

第5章で述べるようにマクスウエルは電気と磁気を統合して、1861年には4組の方程式にまとめ上げた。この方程式は電磁波の存在を予言するものであり、ヘルツは1888年には電磁波の存在を発見した。可視光は特定の波長領域

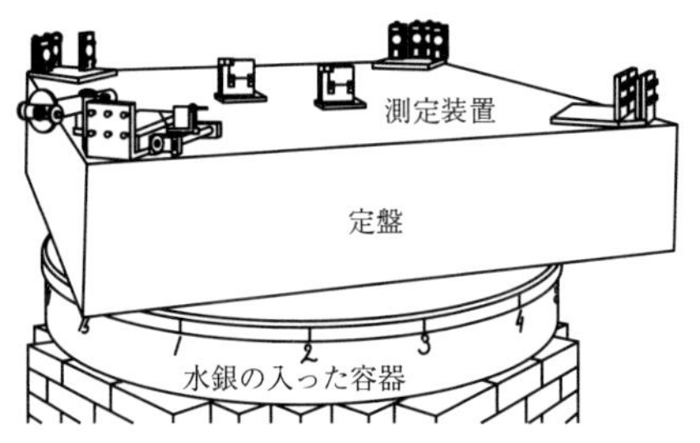

図 1.2 マイケルソン-モーレーの当時の実験装置を示す。測定器をのせた定盤が水銀の上に浮かんでいる。この定盤上に図 1.3 の模式図に示した装置が組まれている。

（約 380 nm から 810 nm）に属する電磁波の一種である。電磁波が波であるからには、音波の媒質が空気などの振動体であるように必ず媒質があると考えるのが普通であった。当時この電磁波の媒質をエーテル（ether）と呼んだ。

エーテルに対して運動している系ではドップラー効果によって光速が異なるはずである。これを実験的に観測しようとしたのがマイケルソン（A.A. Michelson)-モーレー（E.W. Morley）の実験（1887 年）である。

図 1.2 には、マイケルソン-モーレーの当時の実験装置を示す。測定器をのせた定盤全体が水銀の上に浮かんでいる※2。

マイケルソン-モーレーは図 1.3 にあるような光の干渉計を作り上げた。ここで M0 は半透明な鏡であり、光源から出た光の半分のフラックスは M0 を透過して反射鏡 M1 で反射して M0 に戻ってくる。もう半分のフラックスは M0 で反射したのちに反射鏡 M2 で反射して M0 に戻ってくる。これらの光のフラックスのうちの半分は図にあるように干渉縞の観測装置において像を結び干渉縞を形成する。

簡単のために、光源 S から M0 の方向にエーテルが速さ v で動いているとしよう。ここで M0M1M0 と M0M2M0 の経路の光路差を計算しよう。M0M1 の長さを ℓ_1、M0M2 の長さを ℓ_2 とする。M0M1M0 の経路を光が往復する時間 t_1 は、エーテルの静止系での光速度を c とすると

$$t_1 = \frac{\ell_1}{c-v} + \frac{\ell_1}{c+v} = \frac{2c\ell_1}{c^2-v^2} \tag{1.10}$$

※2 …… A.A. Michelson and E.W. Morley, American Journal of Science, 34 (1887) 337 figure 3 より。

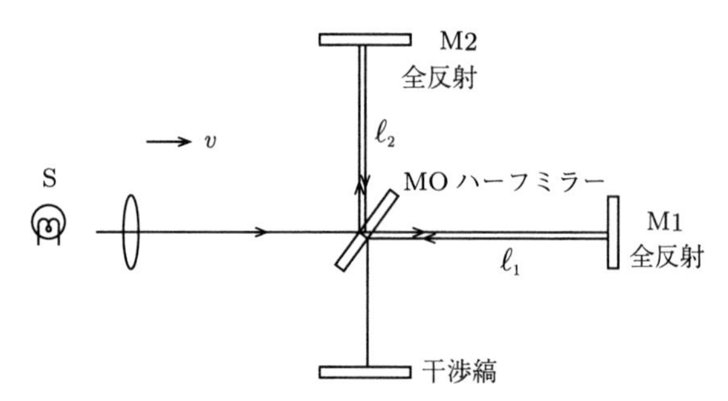

図 1.3 マイケルソン-モーレーの実験のセットアップの模式図。S は光源であり、ここから発した光は半透明な鏡 M0 で分岐して半分のフラックスは M0 を透過して反射鏡 M1 で反射し、もう半分のフラックスは M0 で反射したのちに反射鏡 M2 で反射して M0 に戻ってくる。これらのフラックスの一部は干渉縞観測装置に像を結んで干渉縞を形成する。

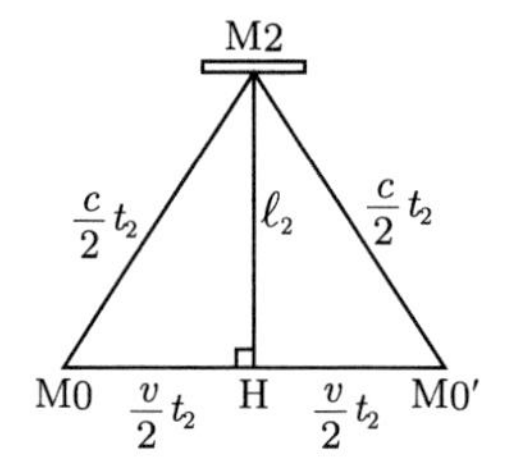

図 1.4 エーテルの静止系で見たとき、半透明な鏡 M0 に光のフラックスが達した時刻を $t = 0$ として、M2 で反射したフラックスが再び M0 に戻ってくる時刻を $t = t_2$ とすると、M0 から M2 への光の経路の長さは $ct_2/2$ であり、この時間に M0 が動く距離は $vt_2/2$ である。直角三角形 M0M2H にピタゴラスの定理を用いて、t_2 を計算することが出来る。

となる。一方、M0M2M0 の経路を光が往復する時間 t_2 は、図 1.4 にあるように、t_2 の経過時間の間に M0 は M0′ に動いているので、ピタゴラスの定理から $\ell_2^2 + (vt_2/2)^2 = (ct_2/2)^2$ となるから、

$$t_2 = \frac{2\ell_2}{\sqrt{c^2 - v^2}} = \frac{2\ell_2/c}{\sqrt{1 - (v/c)^2}} \tag{1.11}$$

となる。

ここで M0M1M0 と M0M2M0 の光路差 $\Delta = c(t_1 - t_2)$ を計算すると

$$\Delta = c(t_1 - t_2) = 2\left[\frac{\ell_1}{1-(v/c)^2} - \frac{\ell_2}{\sqrt{1-(v/c)^2}}\right] \tag{1.12}$$

となる。この光路差に対応する干渉縞がこの季節には観測されるはずである。装置を90°回転するか、または1/4年経たのちには、エーテルの運動方向は90°変わるので、M1とM2の役割が交代して光路差Δ'は次の式で与えられる。

$$\Delta' = 2\left[\frac{\ell_1}{\sqrt{1-(v/c)^2}} - \frac{\ell_2}{1-(v/c)^2}\right] \tag{1.13}$$

ここで、装置を90°回転するか、1/4年経た後に、以前と異なる干渉縞が観測可能かどうかを検討してみよう。両者の光路差の差は、$|v/c| \ll 1$であるから、

$$\begin{aligned}\Delta - \Delta' &\simeq 2\ell_1\left[1+(v/c)^2 - \left(1+\frac{1}{2}(v/c)^2\right)\right] \\ &\quad + 2\ell_2\left[1+(v/c)^2 - \left(1+\frac{1}{2}(v/c)^2\right)\right] \\ &= (\ell_1+\ell_2)(v/c)^2 \end{aligned} \tag{1.14}$$

となる。ここで光速$c = 3\times10^8$ m/s、地球の公転速度$v = 3\times10^4$ m/s、また実際の実験のセットアップでは$\ell_1+\ell_2 \simeq 3$ mであったので、$\Delta - \Delta' \simeq 3\times10^{-8}$ mとなる。光源Sから放出される黄色の光の波長は$\lambda = 580$ nm $= 6\times10^{-7}$ mであるから、波長の数%程度の干渉縞の移動が見えるはずであり、これは十分に観測可能なものであった。しかしながら、1年を通して干渉縞の変化を観測したがその変化は見られなかった。これは地球に対するエーテルの速度が5 [km/s] 以下であることを示し、地球の公転速度と比べても十分小さいものであった。この実験結果は、アインシュタインが後に仮定したように光速はいかなる慣性系でも不変であることに矛盾していない。光速不変の原理は特殊相対性理論の最も基礎となる概念である。

1.4 ローレンツ変換

ガリレイ変換を、これから述べる特殊相対性理論に合うように書き換えたも

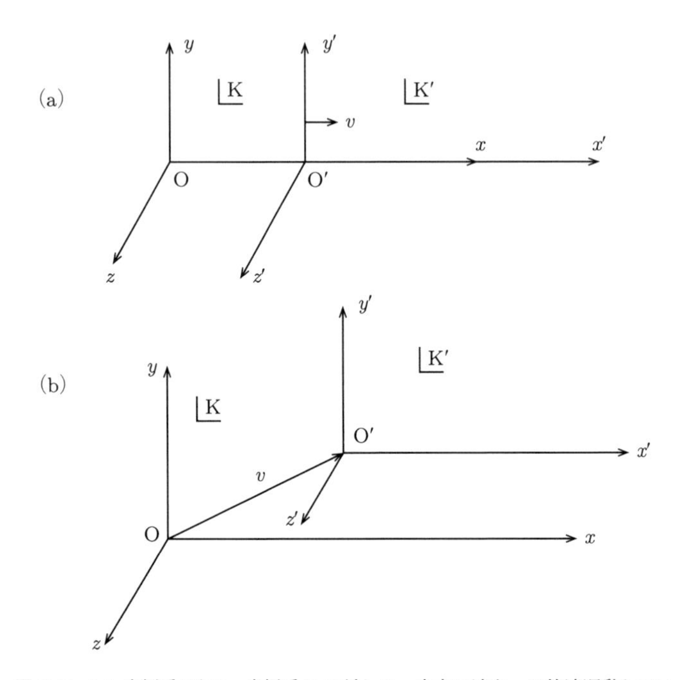

図 1.5 (a) 座標系 K′ は、座標系 K に対して x 方向に速さ v で等速運動している。両系での時刻 $t = t' = 0$ において、両系の原点 O、O′ は一致していた。図 1.1 と本質的に同じであるが、速さ v には $|v| \ll c$ という条件が付いていない。(b) 座標系 K′ は、座標系 K に対して任意の方向に速度 $\mathbf{v}$ で等速度運動している。ここでも、両系での時刻 $t = t' = 0$ において、両系の原点 O、O′ は一致していたとする。

のがローレンツ変換である。ローレンツ変換導出の原理は以下の3項目である。

1. 光速はどの慣性系でも不変である。
2. 慣性系同士の座標変換には相対性が保たれる。
3. $|v| \ll c$ ならばガリレイ変換に帰着される。

2. の意味は、ある慣性系からほかの慣性系への座標変換は、同等の形となることである。座標変換が線形ならば当然これが成り立つ。

ガリレイ変換のときと同じように、図 1.5(a) にあるように座標系 K と K′ を考える。座標系 K′ は K に対して、x 軸方向に速さ v で等速運動している系である。$t = t' = 0$ で K 及び K′ の原点 O 及び O′ は一致しているとする。ここで

K 系において $t=0$ の時刻に原点 O から放出された光の波面が、時刻 t において x に達したとすると、

$$x = ct \tag{1.15}$$

が成り立つ。どの慣性系でも光速は c であるから、K$'$ 系において $t'=0$ の時刻に原点 O$'$ から放出された光の波面が、時刻 t' において x' に達したとすると、

$$x' = ct' \tag{1.16}$$

が成り立つ。ここで、座標系 K から K$'$ への座標変換（ローレンツ変換）が線形変換であることをあらためて仮定する。もし非線形の変換であるとするとその逆変換との相対性が取れなくなる。例えば、K 系での一定速度の運動が K$'$ 系では加速度運動になったりする。また、x' に x^2 に比例する項があると、逆変換したときに平方根が出てきて、同じ形の変換にならず、これをもって相対性が保たれなくなる。

ここで一般の線形座標変換を仮定して、

$$x' = at + bx \tag{1.17}$$

とおく。点 O$'$ では $x'=0$ かつ $x=vt$ なので、(1.17) より $0=at+bvt$ となり、$a=-vb$ となる。ここで (1.17) において $b\equiv\gamma$ とおくと

$$x' = \gamma(x - vt) \tag{1.18}$$

が得られる。

x は逆変換したときに (1.18) で $v\to -v$、$t\to t'$、$x\leftrightarrow x'$ と置き換えることで求められる（座標変換の相対性）。即ち、

$$x = \gamma(x' + vt') \tag{1.19}$$

となる。

ここで $t=t'=0$ で O=O$'$ から放出された光の同一の波面が、座標系 K、K$'$ において (1.15)、(1.16) をそれぞれ満たす。(1.18) に (1.15)、(1.16) を代入すると

$$ct' = \gamma(ct - vt) = \gamma(c - v)t \tag{1.20}$$

となる。一方、(1.19) に (1.15)、(1.16) を代入すると

$$ct = \gamma(ct' + vt') = \gamma(c + v)t' \tag{1.21}$$

となる。(1.20)、(1.21) の両方を掛けあわせて tt' で割ると $c^2 = \gamma^2(c^2 - v^2)$ となり、

$$\gamma^2 = \frac{c^2}{c^2 - v^2} = \frac{1}{1 - (v/c)^2} \quad \Leftrightarrow \quad \gamma = \pm\frac{1}{\sqrt{1 - (v/c)^2}} \tag{1.22}$$

となる。γ の符号は $|v| \ll c$ のときに、(1.18) がガリレイ変換 $x' = x - vt$ に帰着することを考えれば正符号をとることになる。即ち、

$$\gamma = \frac{1}{\sqrt{1 - (v/c)^2}} \tag{1.23}$$

となる。

(1.19) の x' に (1.18) を代入して t' について解く。即ち、

$$x = \gamma[\gamma(x - vt) + vt'] = \gamma^2 x - \gamma^2 vt + \gamma vt' \tag{1.24}$$

から、次の式が得られる。

$$t' = \frac{1}{\gamma v}[(1 - \gamma^2)x + \gamma^2 vt] = \gamma\left[-\frac{v}{c^2}x + t\right] = \gamma\left[t - \frac{v}{c^2}x\right] \tag{1.25}$$

となるが、ここでは $1 - \gamma^2 = 1 - 1/[1 - (v/c)^2] = -\gamma^2(v/c)^2$ を用いた。(1.19) 及び (1.25) が (t, x) から (t', x') への変換である。ここで重要なことは、y と z の変換は、x 方向のローレンツ変換では不変であることである。以上をまとめると、K$'$ 系が K 系に対して x 方向に v の速さで等速運動するときの、K 系から K$'$ 系へのローレンツ変換は次の式で与えられる。

$$t' = \gamma[t - (v/c^2)x] \tag{1.26}$$

$$x' = \gamma[x - vt] \tag{1.27}$$

$$y' = y \tag{1.28}$$

$$z' = z \tag{1.29}$$

この式は、$|v| \ll c$ のときには、$\gamma \simeq 1$ であるから、ガリレイ変換に帰着することはデザイン通りである。

ここで、時間座標を空間座標の次元と合わせるために、t と t' に c を掛けて ct と ct' に置き換える。また次の無次元の量を定義すると便利である。

$$\beta \equiv \frac{v}{c} \qquad \gamma = \frac{1}{\sqrt{1-\beta^2}} \tag{1.30}$$

これらを用いるとK系からK$'$系へのローレンツ変換は次の行列で与えられる。

$$\begin{pmatrix} ct' \\ x' \\ y' \\ z' \end{pmatrix} = \begin{pmatrix} \gamma & -\gamma\beta & 0 & 0 \\ -\gamma\beta & \gamma & 0 & 0 \\ 0 & 0 & 1 & 0 \\ 0 & 0 & 0 & 1 \end{pmatrix} \begin{pmatrix} ct \\ x \\ y \\ z \end{pmatrix} \tag{1.31}$$

要するに次の式だけ覚えておけばよい。

$$\begin{pmatrix} ct' \\ x' \end{pmatrix} = \begin{pmatrix} \gamma & -\gamma\beta \\ -\gamma\beta & \gamma \end{pmatrix} \begin{pmatrix} ct \\ x \end{pmatrix} \tag{1.32}$$

ローレンツ変換の逆変換は、行列(1.31)の逆行列をとってもいいが、$v \to -v$ または $\beta \to -\beta$ と置き換えることで求められる。ちなみに、4×4 行列の行列式は $\gamma^2(1-\beta^2)=1$ である。逆変換の行列での表現は次で与えられる。

$$\begin{pmatrix} ct \\ x \\ y \\ z \end{pmatrix} = \begin{pmatrix} \gamma & \gamma\beta & 0 & 0 \\ \gamma\beta & \gamma & 0 & 0 \\ 0 & 0 & 1 & 0 \\ 0 & 0 & 0 & 1 \end{pmatrix} \begin{pmatrix} ct' \\ x' \\ y' \\ z' \end{pmatrix} \tag{1.33}$$

座標系Kにおいて時刻 $t=0$ において原点Oからすべての方向に放たれた光が、時刻 t において達する球面は $(ct)^2-(x^2+y^2+z^2)=0$ で表される。この同じ現象を座標系K$'$から見ると、時刻 $t'=0$ において原点O$'$からすべての方向に放たれた光が、時刻 t' において達する球面は $(ct')^2-(x'^2+y'^2+z'^2)=0$ で表される。これが同じ事象であるためには、(ct',x',y',z') を (ct,x,y,z) で表したときに、両者は一致する。因みに

$$\begin{aligned} &(ct')^2-(x'^2+y'^2+z'^2) \\ &=[\gamma(ct-\beta x)]^2-[\gamma(-\beta ct+x)]^2-y^2-z^2 \\ &=\gamma^2(1-\beta^2)(ct)^2-\gamma^2(1-\beta^2)x^2-y^2-z^2 \end{aligned}$$

$$= (ct)^2 - (x^2 + y^2 + z^2)$$
$$= 0 \tag{1.34}$$

となるので、いずれの座標系においても光の波面は球面である。

静止系をある方向に一定の速度で動かすことを、即ちローレンツ逆変換することを、その方向にブースト（boost）するという。例えば、図 1.5(a) の座標系 K′ は座標系 K に対して x 方向に速さ v でブーストしたものである。

図 1.5(b) に示すように、より一般化して x 方向だけでなく任意の方向に速度 $\mathbf{v} = c\boldsymbol{\beta}$ でローレンツ・ブースト（boost）することを考える。ブーストするべき座標を $(ct', \mathbf{x}')$ とする。先ず空間座標 $\mathbf{x}'$ を、ブーストする方向に平行な座標 $\mathbf{x}'_{\parallel}$ と垂直な座標 $\mathbf{x}'_{\perp}$ に分ける。ブーストする方向に垂直な座標 $\mathbf{x}'_{\perp}$ は、元の座標 $\mathbf{x}'$ から平行成分 $\mathbf{x}'_{\parallel}$ を引いたものである。従って、

$$\mathbf{x}'_{\parallel} = \frac{\boldsymbol{\beta}}{\beta}\left(\frac{\mathbf{x}' \cdot \boldsymbol{\beta}}{\beta}\right) \tag{1.35}$$

$$\mathbf{x}'_{\perp} = \mathbf{x}' - \frac{\boldsymbol{\beta}}{\beta}\left(\frac{\mathbf{x}' \cdot \boldsymbol{\beta}}{\beta}\right) \tag{1.36}$$

である（$\cdot$ は内積を表す）。時刻 ct' がいかに変換されるか、ブーストする方向に平行な座標成分 $\mathbf{x}'_{\parallel}$ がいかに変換されるかは既に知っている。また、ブーストする方向に垂直な座標成分 $\mathbf{x}'_{\perp}$ はブーストによって変わらない。従って、$(t', \mathbf{x}')$ をローレンツ・ブーストしたのちの時空座標 ct、$\mathbf{x}_{\parallel}$、および $\mathbf{x}_{\perp}$ は、

$$ct = \gamma(ct' + \boldsymbol{\beta} \cdot \mathbf{x}'_{\parallel}) = \gamma(ct' + \boldsymbol{\beta} \cdot \mathbf{x}') \tag{1.37}$$

$$\mathbf{x}_{\parallel} = \gamma(\mathbf{x}'_{\parallel} + ct'\boldsymbol{\beta}) \tag{1.38}$$

$$\mathbf{x}_{\perp} = \mathbf{x}'_{\perp} \tag{1.39}$$

となる。空間座標をまとめると、

$$\mathbf{x} = \mathbf{x}_{\parallel} + \mathbf{x}_{\perp} \tag{1.40}$$

$$= \gamma\left\{\frac{\boldsymbol{\beta}}{\beta}\left(\frac{\mathbf{x}' \cdot \boldsymbol{\beta}}{\beta}\right) + ct'\boldsymbol{\beta}\right\} + \mathbf{x}' - \frac{\boldsymbol{\beta}}{\beta}\left(\frac{\mathbf{x}' \cdot \boldsymbol{\beta}}{\beta}\right) \tag{1.41}$$

$$= \mathbf{x}' + \boldsymbol{\beta}\left(\boldsymbol{\beta} \cdot \mathbf{x}'\frac{\gamma - 1}{\beta^2} + \gamma ct'\right) \tag{1.42}$$

ここで、$1/\beta^2 = \gamma^2/(\gamma^2-1)$ を用いると

$$= \mathbf{x}' + \boldsymbol{\beta}\left(\frac{\gamma^2}{\gamma+1}\boldsymbol{\beta}\cdot\mathbf{x}' + \gamma ct'\right) \tag{1.43}$$

となって、最終的には

$$ct = \gamma(ct' + \boldsymbol{\beta}\cdot\mathbf{x}') \tag{1.44}$$

$$\mathbf{x} = \mathbf{x}' + \boldsymbol{\beta}\gamma\left(\frac{\gamma}{\gamma+1}\boldsymbol{\beta}\cdot\mathbf{x}' + ct'\right) \tag{1.45}$$

となる。これはブーストする方向を一般化したローレンツ逆変換の公式である。

1.5 特殊相対論的時空

ガリレイ変換では時間は空間座標とは独立に決められる。しかしながら、ローレンツ変換では時間と空間の座標は一体となって変換する。この1次元の時間と3次元の空間を合わせた4次元時空をミンコフスキー時空と呼ぶ。

ここでいくつか特殊相対論で用いることばを定義しておくことにする。4次元時空の1点は「世界点（world point）」という。世界点での出来事、例えば粒子の衝突が起こった、などは、「事象（event）」という。4次元時空での質点の運動の軌跡を「世界線（world line）」と呼ぶ。

4次元時空の原点Oから放たれた光は $(ct)^2 = x^2 + y^2 + z^2$ という4次元空間の超円錐上を $ct > 0$ の方向に直線的に進む。これを光円錐（light cone）と呼ぶ。4次元時空を図示するわけにはいかないので、図1.6のように時間 (ct) 軸を縦方向にとり空間軸のうち x 軸と y 軸をそれに直交するように描くことが多く、ここでは原点から出た光は円錐上を未来の方向（$ct > 0$ の方向）に直線で進む。また、過去に放たれた光で原点に達するものは、過去に伸びた光円錐上を直線的に原点に向かってくる。

2つの世界点 (ct_1, x_1, y_1, z_1) と (ct_2, x_2, y_2, z_2) の間の距離の二乗を「世界間隔」s_{12}^2 と呼んで次で定義する。

$$s_{12}^2 = (ct_1 - ct_2)^2 - (x_1 - x_2)^2 - (y_1 - y_2)^2 - (z_1 - z_2)^2 \tag{1.46}$$

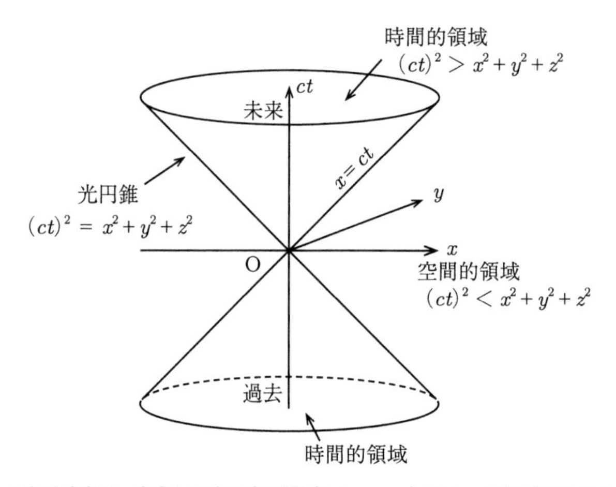

図 1.6 4次元時空は、未来と過去の光円錐（light cone）によって領域が分けられる。原点と因果律を持つ世界点は過去も未来も光円錐上もしくはその内側だけである。光円錐の外側は原点とは因果律を持たない。光円錐の外側の世界点には原点からは光より速い速度でなければ到達できず、情報は光の速さよりも早く伝わることが出来ないので、原点とは因果的関係を持てない。過去と未来の光円錐の内側を時間的領域（time-like region）、光円錐の外側の領域を空間的領域（space-like region）と呼ぶことがある。再度強調すると、原点と因果的関係を持てるのは、時間的領域と光円錐上の世界点だけである。

また、原点と世界点 (ct, x, y, z) の間の世界間隔を「世界長」s^2 と呼んで次で定義する。

$$s^2 = (ct)^2 - x^2 - y^2 - z^2 \tag{1.47}$$

$s^2 > 0$ は時間的領域、$s^2 < 0$ は空間的領域、$s^2 = 0$ は光円錐上である。世界間隔はローレンツ変換に対して不変である。

ローレンツ変換を双曲線関数（hyperbolic functions）で表すことがある。ξ を新しい“回転の”パラメターとして、

$$\beta = \frac{v}{c} = \tanh\xi = \frac{e^{\xi} - e^{-\xi}}{e^{\xi} + e^{-\xi}} \tag{1.48}$$

$$\gamma = \cosh\xi = \frac{e^{\xi} + e^{-\xi}}{2} \tag{1.49}$$

$$\gamma\beta = \sinh\xi = \frac{e^{\xi} - e^{-\xi}}{2} \tag{1.50}$$

とすると、K系からK′系へのローレンツ変換は

$$\begin{pmatrix} ct' \\ x' \\ y' \\ z' \end{pmatrix} = \begin{pmatrix} \cosh\xi & -\sinh\xi & 0 & 0 \\ -\sinh\xi & \cosh\xi & 0 & 0 \\ 0 & 0 & 1 & 0 \\ 0 & 0 & 0 & 1 \end{pmatrix} \begin{pmatrix} ct \\ x \\ y \\ z \end{pmatrix} \tag{1.51}$$

で与えられる。

ローレンツ変換は一般に可換ではない。例えば x 方向に速度 $v_x = c\beta_x$ でブーストするローレンツ変換を $L_x(\beta_x)$、y 方向に速度 $v_y = c\beta_y$ でブーストするローレンツ変換を $L_y(\beta_y)$ とすると、

$$L_x(\beta_x)L_y(\beta_y) \neq L_y(\beta_y)L_x(\beta_x) \tag{1.52}$$

であることが行列を計算すれば直ちにわかる。ただし、同じ方向へのローレンツ変換は可換である。

ローレンツ変換は、一般的には4次元時空（ミンコフスキー時空）の世界間隔を不変にする変換と定義する。連続群の基礎を勉強すれば、ローレンツ変換は $\mathrm{O}(1,3)$ 群をなすとある。この群の要素に対応する線形変換には、空間反転（パリティ変換）や時間反転を含む時空変換を含んでいる。空間反転に対応する行列は次の形をとる。

$$\begin{pmatrix} ct' \\ x' \\ y' \\ z' \end{pmatrix} = \begin{pmatrix} 1 & 0 & 0 & 0 \\ 0 & -1 & 0 & 0 \\ 0 & 0 & -1 & 0 \\ 0 & 0 & 0 & -1 \end{pmatrix} \begin{pmatrix} ct \\ x \\ y \\ z \end{pmatrix} \tag{1.53}$$

また、時間反転に対応する行列は次の形をとる。

$$\begin{pmatrix} ct' \\ x' \\ y' \\ z' \end{pmatrix} = \begin{pmatrix} -1 & 0 & 0 & 0 \\ 0 & 1 & 0 & 0 \\ 0 & 0 & 1 & 0 \\ 0 & 0 & 0 & 1 \end{pmatrix} \begin{pmatrix} ct \\ x \\ y \\ z \end{pmatrix} \tag{1.54}$$

一般のローレンツ変換を

表 1.1 ローレンツ群の連結成分（I、II、III、及び IV）

a_{00} \ $\det(L)$	$+1$	-1
>0	I	II
<0	III	IV

$$\begin{pmatrix} ct \\ x \\ y \\ z \end{pmatrix} \to \begin{pmatrix} ct' \\ x' \\ y' \\ z' \end{pmatrix} = L \begin{pmatrix} ct \\ x \\ y \\ z \end{pmatrix}; L = \begin{pmatrix} a_{00} & a_{01} & a_{02} & a_{03} \\ a_{10} & a_{11} & a_{12} & a_{13} \\ a_{20} & a_{21} & a_{22} & a_{23} \\ a_{30} & a_{31} & a_{32} & a_{33} \end{pmatrix} \tag{1.55}$$

と表す。L はローレンツ群の表現行列である。ローレンツ群は 4 つの連結成分よりなる。連結成分とは、連続なパラメータ $a_{\mu\nu}$ の変化によって移り得るローレンツ群の部分集合である。

連結成分 I($\det(L) = +1$、$a_{00} > 0$) はローレンツ群の部分群である。これを正規ローレンツ群（proper Lorentz group、SO(1,3)）という。連結成分 IV は時間反転を含み空間反転は含まない。II は空間反転を含み時間反転は含まない。III は時間反転と空間反転の両方を含む。II、III、IV の連結成分は、単位元を含まないのでローレンツ群の部分群ではない。

1.6 速度の合成

ニュートン力学では、K′ 系の K 系に対する速度を $\mathbf{v}$ として、K′ 系でのある質点の速度を $\mathbf{w}'$ とすると、K 系でのその質点の速度は $\mathbf{w} = \mathbf{w}' + \mathbf{v}$ という単純なベクトルの足し算となる。

特殊相対論での速度の合成を求めてみる。K′ 系が K 系に対して x 軸方向に速さ v で等速度運動しているとする。K 系から K′ 系へのローレンツ逆変換を両系での無限小の時空座標について記述すると以下のようになる。

$$cdt = \gamma[cdt' + \beta dx'] \tag{1.56}$$

$$dx = \gamma[\beta cdt' + dx'] \tag{1.57}$$

$$dy = dy' \tag{1.58}$$

$$dz = dz' \tag{1.59}$$

これから K 系での速度 $\mathbf{w}$ の各成分は以下のように与えられる。

$$w_x = \frac{dx}{dt} = \frac{c\gamma[\beta c dt' + dx']}{\gamma[cdt' + \beta dx']} = \frac{v + dx'/dt'}{1 + (v/c^2)(dx'/dt')} = \frac{v + w'_x}{1 + vw'_x/c^2} \tag{1.60}$$

$$w_y = \frac{dy}{dt} = \frac{dy'}{\gamma(dt' + \beta dx'/c)} = \frac{dy'/dt'}{\gamma[1 + \beta(dx'/dt')/c]} = \frac{w'_y}{\gamma[1 + vw'_x/c^2]} \tag{1.61}$$

$$w_z = \frac{dz}{dt} = \frac{dz'}{\gamma(dt' + \beta dx'/c)} = \frac{dz'/dt'}{\gamma[1 + \beta(dx'/dt')/c]} = \frac{w'_z}{\gamma[1 + vw'_x/c^2]} \tag{1.62}$$

3 次元の速度 (w_x, w_y, w_z) は、座標 (x, y, z) とは同じローレンツ変換を受けない。w_y と w_z は、w_x に直交しているが、時間の進み方が異なる変換を受けることになる。ここで、$v = c$ または $w'_x = c$（$w'_y = 0$ 及び $w'_z = 0$）のときには $w_x = c$ となる。いかに速度を合成しても、光速 c よりも速い速さは得られない。

非相対論的（$v, |\mathbf{w}| \ll c$）な場合は $\gamma \simeq 1$、$v/c \simeq 0$ なので、

$$w_x = v + w'_x \tag{1.63}$$

$$w_y = w'_y \tag{1.64}$$

$$w_z = w'_z \tag{1.65}$$

となり、ニュートン力学と一致する。

1.7 ローレンツ短縮

図 1.7 に示すように、簡単のために空間は 1 次元 x-座標だけを考える。時間軸（ct 軸）を縦軸に空間軸（x 軸）を横軸にとる。これを K 系での「時空のダイアグラム」と呼ぶ。(ct, x) の系、即ち K 系に対して、x 軸方向に速さ v で走る K′ 系の座標はローレンツ変換によって次の式で与えられる。

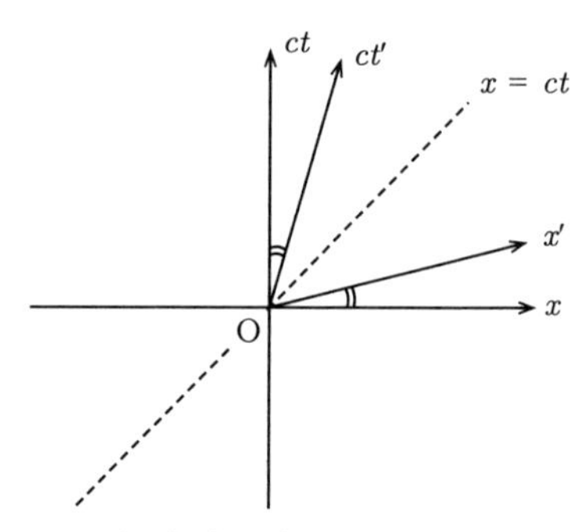

図 1.7 座標系Kにおいて時間軸（ct 軸）を縦軸、空間軸（x 軸）を ct 軸に直交する横軸に選ぶ。これを時空のダイアグラムと呼ぶ。座標系K′の ct' 軸と x' 軸はこのダイアグラムの上ではそれぞれ $ct = x/\beta$ および $ct = \beta x$ で与えられる。

$$ct' = \gamma[ct - \beta x] \tag{1.66}$$

$$x' = \gamma[x - \beta ct] \tag{1.67}$$

$$y' = y \tag{1.68}$$

$$z' = z \tag{1.69}$$

ただし、$\beta = v/c$、$\gamma = 1/\sqrt{1-\beta^2}$ である。ここでK′系の ct' 軸は $x' = 0$ で与えられるので、K系での時空のダイアグラムでは

$$ct = \frac{1}{\beta}x \tag{1.70}$$

となる。これはK系に対して x 軸の方向に速さ v で等速直線運動する質点の時空のダイアグラム上での軌跡である。また、K′系の x' 軸は $ct' = 0$ で与えられるので、

$$ct = \beta x \tag{1.71}$$

となる。$|\beta| < 1$ $(|v| < c)$ であるから、x' 軸は、x 軸との角度は 45° より小さく、ct' 軸は x 軸との角度は 45° より大きい。

いまK′系の x' 軸上に長さ L_0 の棒が図 1.8 にあるように置かれているとする。この棒の長さをK系で測定することを考える。ある系で棒の長さを測るには、同じ時刻において棒の両端の座標を測定しなければならない。同時刻での測定ということがミソである。K系において同時刻 $t = 0$ で棒の長さを測る。

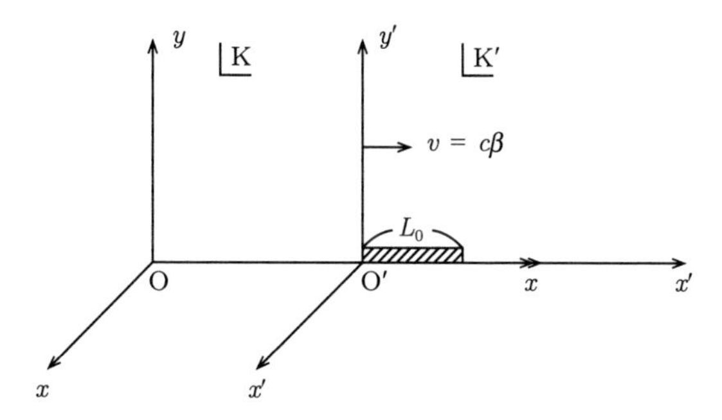

図 1.8 座標系 K′ において、x' 軸上に長さ L_0 の棒が置かれている。その一端は K′ 系の原点 O′ にあり、他端は $x' = L_0$ である。

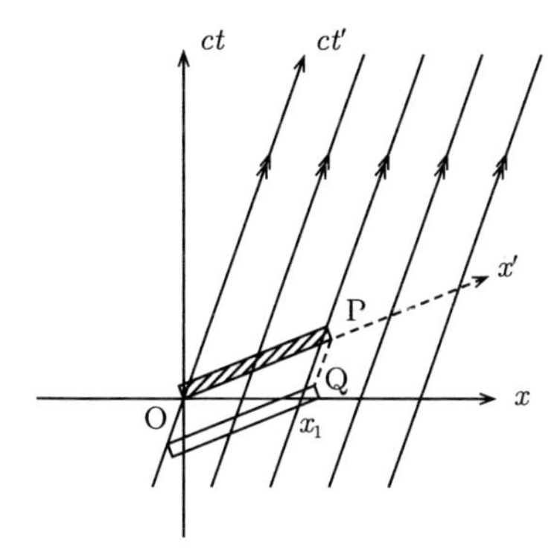

図 1.9 K 系での時空のダイアグラムにおいて、x' 軸上に置かれた長さ L_0 の棒の長さを K 系で $t = 0$ において測定する。その左端の座標は $(ct, x) = (0, 0)$ で右端の座標は $(ct, x) = (0, x_1)$ である。従って、長さは x_1 である。

この関係を K 系での時空のダイアグラムに図示すると図 1.9 のようになる。棒の左端 O の座標は $(ct, x) = (0, 0)$ であり、右端 Q の座標は $t = 0$ において x_1 とすると $(ct, x) = (0, x_1)$ である。

ローレンツ変換の式より、

$$x' = \gamma[x - \beta ct] \tag{1.72}$$

ここで、$x' = L_0$、$t = 0$、$x = x_1$ を代入すると、

$$x_1 = \frac{1}{\gamma}L_0 = \sqrt{1-\beta^2}L_0 < L_0 \tag{1.73}$$

となって、K系から見ると棒の長さは $\sqrt{1-\beta^2}$ 倍短く見える。これをローレンツ短縮という。

K′系ではOとPは同時刻であるが、K系では時刻が異なる。K系ではOとQが同時刻である。

ローレンツ短縮は、第3章で述べるように、相対論的速さで走る荷電粒子の電場が進行方向に圧縮されることや、相対論的速さで走る電荷分布が進行方向に圧縮されることで電場分布が変化するなどの効果を説明するなど極めて重要である。

1.8 粒子の寿命（飛行距離）の延び

ある不安定粒子の静止系（K′系）での単位時間当たりの崩壊確率は

$$P(t') = \frac{1}{\tau}\exp\left(-\frac{t'}{\tau}\right) \tag{1.74}$$

となる。ここで τ は平均寿命で

$$\tau \equiv \int_0^\infty t'P(t')dt' = \langle t' \rangle \tag{1.75}$$

で与えられる。

その不安定粒子が $t'=0$ で N_0 個存在したとき、時刻 t' においてまだ崩壊しないで残存している粒子の数 $N(t')$ は

$$N(t') = N_0 \exp\left(-\frac{t'}{\tau}\right) \tag{1.76}$$

である。粒子がK系に対して速度 $v=c\beta$ で x 軸方向に飛んでいるとき、K系で $t=0$ において生成された粒子が崩壊する時刻を t、崩壊までに走る距離を ℓ とすると、これらはローレンツ逆変換から計算できる。

$$\begin{pmatrix} ct \\ \ell \end{pmatrix} = \begin{pmatrix} \gamma & \gamma\beta \\ \gamma\beta & \gamma \end{pmatrix}\begin{pmatrix} ct' \\ 0 \end{pmatrix} = \begin{pmatrix} \gamma ct' \\ \gamma\beta ct' \end{pmatrix} \tag{1.77}$$

即ち、

$$t = \gamma t' \tag{1.78}$$

$$\ell = \gamma\beta c t' \tag{1.79}$$

これらの平均をとると

$$\langle t \rangle = \gamma\tau \tag{1.80}$$

$$\langle \ell \rangle = \gamma\beta c\tau \tag{1.81}$$

となる。崩壊までの平均時間 $\langle t \rangle$ は γ 倍に伸び、崩壊までの平均飛距離も $\gamma\beta$ 倍に伸びる。β は1より大きくならないが、γ はいくらでも大きくなる。

地球に降り注ぐ1次宇宙線は、殆どが陽子（p）である。これが上空で空気を構成する分子である窒素や酸素の原子核（N、O）と衝突して核反応を起こして多数の π（パイ）中間子が生成される。π 中間子には電荷が異なる π^+、π^0、π^- の3種が存在するが、π^0 は約 10^{-16} 秒で2個の光子（$\gamma\gamma$）に崩壊する。一方 π^+ は $\mu^+ + \nu_\mu$ に、π^- は $\mu^- + \bar{\nu}_\mu$ に、それぞれ約 10^{-8} 秒程度で崩壊する。これら π 中間子の崩壊までの飛距離は γ 係数がよほど大きくない限り生成高度（数十 km）に比べて短く、ほとんどが上空で崩壊する。一方 $\pi^\pm$ の崩壊で生成された $\mu^\pm$（ミュー粒子）の寿命は $\tau_\mu \simeq 2.2 \times 10^{-6}$ 秒と長いので崩壊までに地表まで届くものが多い。これら $\mu^\pm$ は二次宇宙線と呼ばれる。海抜0[m]付近では水平な1[cm^2]の面積当たりに1分に1個程度の $\mu^\pm$ が降り注いでいる。水平に開いた手のひらの面積を約60[cm^2]とすると、ここには1秒に1個程度の $\mu^\pm$ が降ってくることになる。

1.9　時間のパラドクス

慣性系Kは地球に留まり、これに対して x 軸方向に速さ $v = c\beta$ で等速度で宇宙旅行に出発する慣性系K$'$を考える。光速に近い速さのロケットなどないので、いくらでも突っ込み所のある話であるが、思考実験につきあってほしい。K系に固定された時計をW、K$'$系に固定された時計をW$'$とする。$t = t' = 0$ でWとW$'$は原点（O=O$'$）にあり、両者の時刻をゼロにセットした。

図1.10の時空のダイアグラムに示したように、K$'$系でのある時刻 T' にお

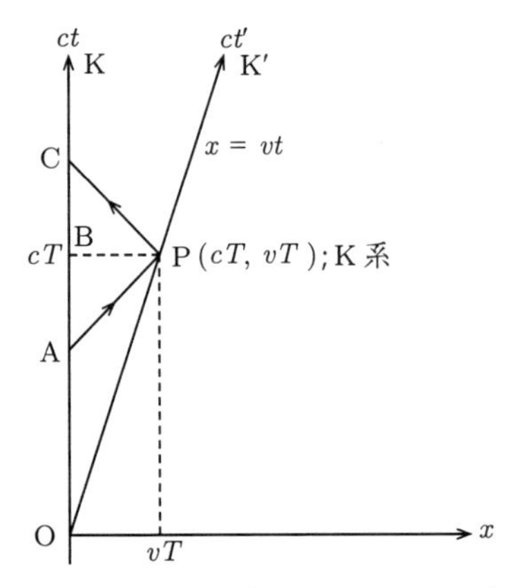

図 1.10 K 系での時空のダイアグラムにおいて、K′ 系の原点 O′ に固定した時計 W′ の時刻 T' を K 系から観測する方法を考える。K 系から W′ の文字盤に時空の点 A から光を発して、点 P で W′ の文字盤を写して C 点でそれを読み取れば、原理的には K 系から点 P にある W′ の時刻を読み取ることが出来る。一方、世界点 P の K 系での時刻は点 A と点 C の時刻の平均であり、それは点 B での時刻である。

けるこの系での世界点 P の座標は $(cT', 0)$ である。K 系での同じ世界点 P は (cT, vT) となる。これをローレンツ変換の式に代入すると、

$$cT' = \gamma(cT) - \gamma\beta(vT) \tag{1.82}$$
$$= \gamma(1-\beta^2)cT$$
$$= \sqrt{1-\beta^2}cT \tag{1.83}$$

となる。$T' < T$ となって、観測者に対して運動している時計は遅れて見える。

K にいる観測者がいかにして K′ に静止した W′ の時刻を観測するかを考える。原理的には図 1.10 に示したように、K 系から W′ の文字盤に時空の点 A から光を発して、点 P で W′ の文字盤に反射させて C 点でそれを読み取れば、K 系から点 P にある W′ の時刻を読み取ることが出来る。一方、世界点 P の K 系での時刻は点 A と点 C の時刻の平均であり、それは点 B での時刻である。

時間のパラドクスとは、逆に K′ に静止した観測者から見ると W は速さ v で動いているので、

$$cT = \sqrt{1-\beta^2}cT' \tag{1.84}$$

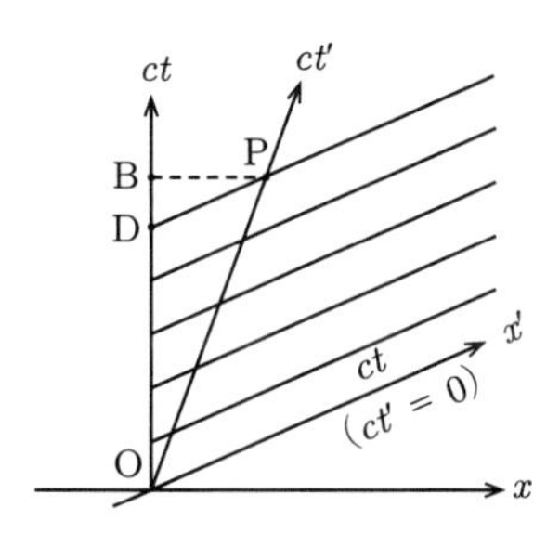

図 1.11 K系での時空のダイアグラムにおいて、K′ の固有時 t' と同時刻の軌跡を描いている。それは各 ct' に対して $ct = \beta x + ct'/\gamma$ なる直線群である。世界点Pと K′ 系で同時刻の ct 軸上の点は点Bではなく点Dである。

となり、$T' < T$ となってしまい (1.83) と矛盾することである。

もう一度初めから考えて、何が矛盾の原因かを探っていこう。K系での時空のダイアグラムで、K′ 系のある時刻 t' と同時刻の点は

$$ct' = \gamma[ct - \beta x] \tag{1.85}$$

を解いて、

$$ct = \beta x + ct'/\gamma \tag{1.86}$$

となって、傾き β で切片が ct'/γ の直線となる。異なる時刻 t' に対応する直線群は、図1.11に示したような x' 軸に平行な直線群である。K′ 系で世界点Pと ct 軸上で同時刻の点はBではなくDである。

ここで逆に、K′ からKに固定した時計Wを観測することを考える。K′ 系から見るとK系は x' 軸方向に $-v$ で等速度運動をしている。図1.12ではK′ 系の時空のダイアグラム (ct', x') を示す。Kの原点の軌跡は $ct' = -\frac{1}{\beta}x'$ である。ct' 軸上で $ct' = cT'$ の点は、図1.11の世界点Pそのものである。この点とK′ 系で同時刻の点P′ の座標は $(ct', x') = (cT', -vT')$ である。この点P′ のK系での座標を $(ct, x) = (c\tilde{T}, 0)$ と置く。するとローレンツ逆変換によって、

$$\begin{aligned}
c\tilde{T} &= \gamma[ct' + \beta x'] && (1.87)\\
&= \gamma[cT' + \beta(-vT')] \\
&= \gamma(1 - \beta^2)cT' \\
&= \sqrt{1 - \beta^2}cT' && (1.88)
\end{aligned}$$

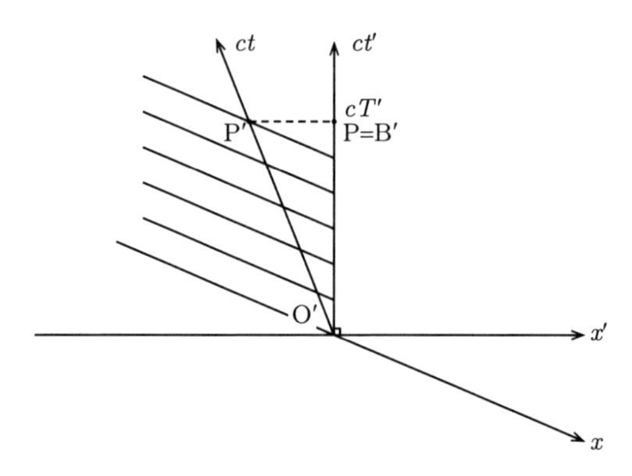

図 1.12 K′ 系での時空のダイアグラムである (ct', x') 平面において、K の原点の軌跡は $ct' = -\beta x'$ である。ct' 軸上で $ct' = cT'$ の点は、図 1.11 の世界点 P である。この点と K′ 系で同時刻の点 P′ の座標は $(ct', x') = (cT', -vT')$ である。

従って

$$\tilde{T} = \sqrt{1-\beta^2}T' \tag{1.89}$$

となって、やはり K′ 系からみても、それに対して動いている K 系に固定した時計 W は $\sqrt{1-\beta^2}$ 倍遅れて見える。これは K 系から観測した K′ の時計の遅れ（$T' < T$）とは矛盾しない。即ち、$\tilde{T} < T' < T$ となる。時刻を測った P′、P、B が異なる世界点であることが本質的である。

1.10 双子のパラドクス

双子の一方 T は地球にとどまるが、もう一方の T′ は速さ v のロケットに乗って等速度で宇宙旅行に出かけた。T は出発点に置いた時計を、T′ はロケットに固定した時計を持っている。T′ はロケットに固定した時計が時刻 τ を示したときに瞬時に速度を反転させて帰路に向かい時刻 2τ を示したときに地球に帰還する。

K 系を地球に固定した座標系（地球の自転、公転は無視する）、K′ 系は T′ の行きの慣性系、K″ 系を T′ の帰りの慣性系とする。図 1.13 に K 系での時空のダイアグラムを描くと T の軌跡は OQ であるが、T′ の軌跡は行きが OP、帰り

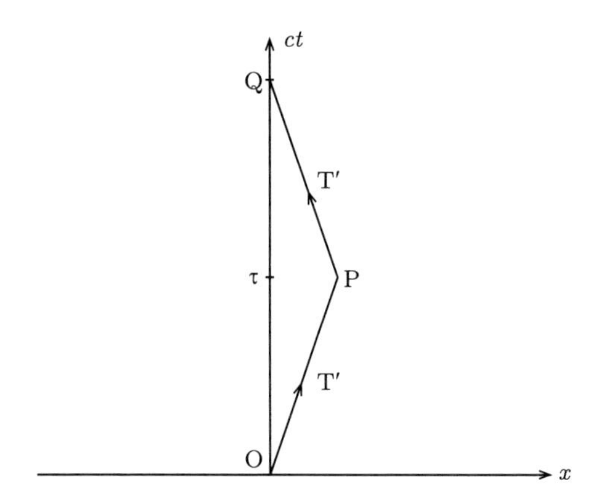

図 1.13 K 系の時空のダイアグラムにおける T′ の軌跡。行きの軌跡は OP、帰りの軌跡は PQ である。P で瞬間的に方向を変える。

は PQ である。P で瞬間的に方向を変える。

双子のパラドクスとは、T の立場からは動いていた T′ の時計のほうが遅れているはず、つまり T′ のほうが T よりも若いが、T′ の立場からは動いていた T の時計のほうが遅れており T のほうが若い、というものである。T′ が地球に帰還してから同じ世界点で時計を比較するので、一方が進んでいれば他方は必ず遅れているはずであり、互いに相手の時計が遅れるという主張は成り立たない。

K′ 系と K″ 系の座標は、K 系からのローレンツ変換で次のようになる。K′ 系の座標は、

$$ct' = \gamma[ct - \beta x] \tag{1.90}$$

$$x' = \gamma[-\beta ct + x] \tag{1.91}$$

K″ 系の座標は

$$ct'' = \gamma[ct + \beta x] \tag{1.92}$$

$$x' = \gamma[\beta ct + x] \tag{1.93}$$

と表される。折り返し点 P は T′ が持つ同じ時計で同時刻 τ が示されるので $c\tau = ct' = ct''$ となる。

図1.14(a) に示すように、点PとK系において同時刻の ct 軸上の点をB、点PとK$'$系において同時刻である ct 軸上の点をA、点PとK$''$系において同時刻の ct 軸上の点をCとする。点Pで折り返すときに、T$'$はK$'$系からK$''$系に乗り換える。このとき、点Pと同時刻のK系の点がAからCに飛ぶ。経路OPにおいてK$'$系の各点と同時刻な ct 軸上の点はOAにマップされる。一方、経路PQにおいてK$''$系の各点と同時刻な ct 軸上の点はCQにマップされる。T$'$の行き帰りの軌跡において、K$'$系はAPより下の部分（$0 \leq ct' \leq c\tau$）で、K$''$系はCPよりも上の部分（$c\tau \leq ct'' \leq 2c\tau$）であるから、線分ACの各点と同時刻のK$'$系の軌跡上の点はOP上に存在せず、またK$''$系と同時刻の点もPQ上にも存在しない。

K系において次の各点の座標を、A $(ct_A, 0)$、B$(ct_B, 0)$、Q$(2ct_B, 0)$とする。T$'$が地球に帰ってきて、点Qにおいて時計を比較するが、点QのK系での固有時は $2t_B$、K$''$系での固有時は 2τ である。

時間の式(1.83)から

$$\tau = \sqrt{1-\beta^2}\ t_B \tag{1.94}$$

であるから、$2\tau < 2t_B$ となって、従って、双子のうち地球に留まっていたTの主張が正しいということになる。

逆の立場から考えてみよう。図1.14(b)は、K$'$とK$''$の静止系からK系を見たときのT$'$およびTの軌跡の時空のダイアグラムである。T$'$の時計は、引き返しの時刻である τ の前後においてもスムースに時を刻み、時刻 2τ で地球に戻ってくる。K$'$系の時空のダイアグラムからみると、T$'$は点Pで方向を変えるが、P点と同時刻のK$'$の点は既にA$'$まで進んでいる。Pで座標を乗り換えて点Qで両者が会うためには、帰りの座標K$''$はPと同時刻の点C$'$からスタートすることになる。ロケットから地球を見たダイアグラムでは空間座標が同じ世界点のA$'$からC$'$に飛ぶことになる。A$'$とC$'$はTの時計では同時刻であり、それはPと同時刻であるから t_B である。OA$'$とC$'$Qの時間をTの時計で測ればそれぞれ t_B でありこれらを足すと $2t_B$ となるので、逆の立場から考えても $2\tau = \sqrt{1-\beta^2}\ 2t_B$ となって何ら矛盾は生じていない。

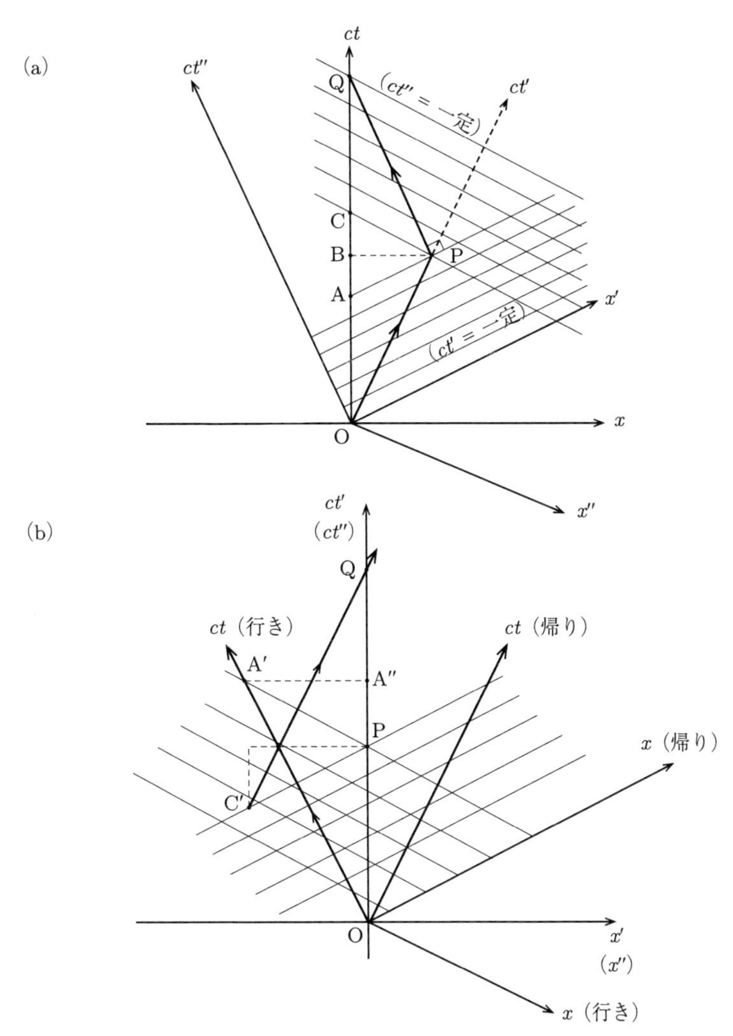

図 1.14 (a) K 系の時空のダイアグラムにおける T′ の軌跡。T′ は P で瞬間的に方向を変えるが、行きの経路 OP の K′ 系での時刻と同時刻な ct 軸上の線分は OA である。一方、帰りの経路 PQ の K″ 系での時刻と同時刻な ct 軸上の線分は CQ である。点 P で急に方向を変えるときに線分 AC は T′ の時計と同時刻となることがない空白域となる。(b) K′（行き）と K″（帰り）の静止系から K 系を見たときの T の軌跡を描いた。K′ 系の時空のダイアグラムからみると、T′ は P 点で方向を変えるが P 点と同時刻の K′ 系の点は既に A′ まで進んでいる。P で座標を乗り換えて点 Q で両者が会うためには、帰りの座標 K″ は P と同時刻の点 C′ からスタートする。A′C′ の時間間隔分、T′ の時計は遅れて時を刻むことになる。

1.11 特殊相対論と因果律

簡単のため空間座標は x だけを考える（$y = z = 0$ とする）。図1.15に示すように、ある慣性系Kで3つの事象を考える。

(1) 原点Oで粒子Aが生成された（粒子Aは x 軸の方向に速さ u で走っていった。ただし $0 < u < c$）

(2) 点 $\mathrm{P}(ct_P, x_P)$ でこの粒子Aが崩壊した。

(3) Oとは空間的な点 $\mathrm{Q}(ct_Q, x_Q)$ で他の粒子Bが生成された。

ここに示した3つの点はO、P、Qは、K系からK′系にローレンツ変換で、それぞれO′、P′、Q′に移ったと考える。

ローレンツ変換では世界長は不変である。Oと時間的な関係にある点Pに関しては、

$$s_P^2 = (ct_P)^2 - x_P^2 = (ct'_P)^2 - x'^2_P > 0 \tag{1.95}$$

が常に成立し、点P′はK′のKに対する速さ $v = c\beta$ が大きくなると双曲線上を左に動いていく。このとき

$$ct_{P'} = \gamma[ct_P - \beta x_P] = \gamma[ct_P - \beta u t_P] > 0 \tag{1.96}$$

であるから、$t_{P'} > 0$ が常に成立して、因果律が保たれる。自明のことである

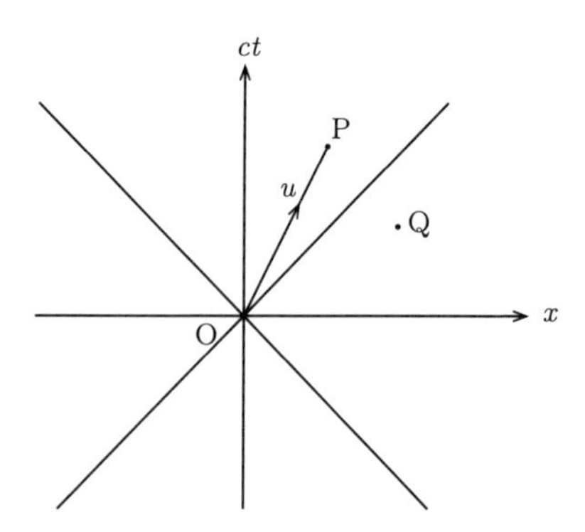

図 1.15 K系の時空のダイアグラムで原点Oと時間的な関係にある点P、空間的な関係にある点Qを考える。

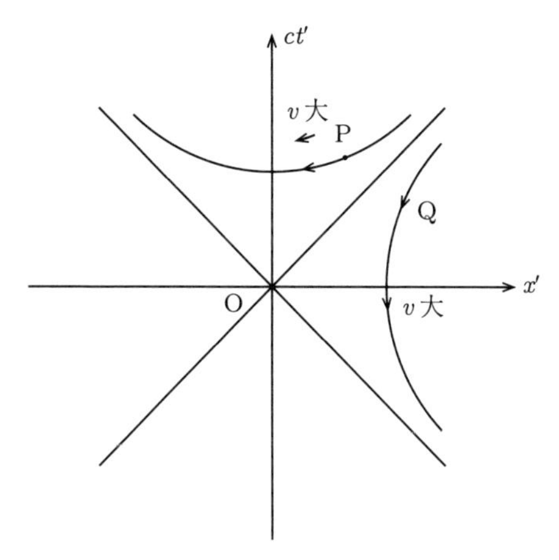

図 1.16 K系をローレンツ変換したときに、原点Oと時間的な関係にある点P、空間的な関係にある点Qがいかなる軌跡で動くかを示す。Oと時間的な関係にある点Pは変換後も常に $t_{P'} > 0$ となって、因果律が保たれるがOと空間的な関係にある点Qは変換後には $t_{Q'} < 0$ となることもあり、点Oとは因果的関係にない。

が、ローレンツ変換でいかなる系に移っても、粒子Aの崩壊はその粒子Aの生成よりも後になる。

一方、Oと空間的な関係にある点Qに関して世界長を計算すると、

$$s_Q^2 = (ct_Q)^2 - x_Q^2 = (ct'_Q)^2 - x_Q'^2 < 0 \tag{1.97}$$

が常に成立する。Q′はK′のKに対する速さ $v = c\beta$ が大きくなると、双曲線上を下に動く。

$$ct_{Q'} = \gamma[ct_Q - \beta x_Q] \tag{1.98}$$

であるから、β が大きくなると、(1.97) より $|ct_Q| < |x_Q|$ であるから $ct_{Q'} < 0$ となり得る。この時には、粒子Bは粒子A よりも先に生成される。粒子Aの生成と粒子Bの生成の間には、因果関係はないのでどちらが先に起こってもよい。粒子Aと粒子Bの生成点が空間的な関係にあるときローレンツ変換によって別の系に移れば、粒子Aと粒子Bの生成の順番が入れ替わることがある。

1.12 ローレンツ・スカラー、ベクトル、テンソル

ここで特殊相対論の数学的な整備を行う。将来、一般相対論や場の理論を学ぶときには、これらは必須となるが、ここでは、概念だけを学べばよい。

4次元時空の座標をいままでは (ct, x, y, z) と書いてきたが、その代わりに $(ct, x, y, z) \equiv (x^0, x^1, x^2, x^3)$ を用いる。これらをまとめて x^μ; $\mu = 0, 1, 2, 3$ と表す。

世界長は

$$
\begin{aligned}
s^2 &= (ct)^2 - x^2 - y^2 - z^2 = (x^0)^2 - (x^1)^2 - (x^2)^2 - (x^3)^2 \\
&= \sum_{\mu=0}^{3} \sum_{\nu=0}^{3} g_{\mu\nu} x^\mu x^\nu \qquad (1.99)
\end{aligned}
$$

ここで $g_{\mu\nu}$ はミンコフスキー空間の計量テンソル（metric tensor）と呼ばれ、

$$
(g_{\mu\nu}) = \begin{pmatrix} 1 & 0 & 0 & 0 \\ 0 & -1 & 0 & 0 \\ 0 & 0 & -1 & 0 \\ 0 & 0 & 0 & -1 \end{pmatrix} \qquad (1.100)
$$

である。

上下に同じ添え字があるときには $\sum$ の記号を省略して自動的に0から3までの和をとることにする。これをアインシュタインの省略という。例えば

$$
\begin{aligned}
s^2 &= \sum_{\mu=0}^{3} \sum_{\nu=0}^{3} g_{\mu\nu} x^\mu x^\nu \qquad (1.101) \\
&= g_{\mu\nu} x^\mu x^\nu \qquad (1.102)
\end{aligned}
$$

我々が通常用いていたK系からK′系へのローレンツ変換は

$$x'^0 = \gamma[x^0 - \beta x^1] \qquad (1.103)$$

$$x'^1 = \gamma[\beta x^0 - x^1] \qquad (1.104)$$

$$x'^2 = x^2 \qquad (1.105)$$

$$x'^3 = x^3 \tag{1.106}$$

一般のローレンツ変換は、アインシュタインの省略を使うと、

$$x'^\mu = L^\mu_\nu x^\nu \tag{1.107}$$

と記述できる。ここで、

$$L^\mu_\nu = \frac{\partial x'^\mu}{\partial x^\nu} \tag{1.108}$$

である。従って、

$$x'^\mu = \frac{\partial x'^\mu}{\partial x^\nu} x^\nu \tag{1.109}$$

となる。

ここで $g_{\mu\nu}$ が、ローレンツ変換で不変であることを示す。

$$s'^2 = g_{\mu\nu} x'^\mu x'^\nu = g_{\mu\nu} L^\mu_\sigma x^\sigma L^\nu_\rho x^\rho \tag{1.110}$$

$$= g_{\sigma\rho} L^\sigma_\mu L^\rho_\nu x^\mu x^\nu \tag{1.111}$$

2行目では添え字を付け替えた。一方、

$$s^2 = g_{\mu\nu} x^\mu x^\nu \tag{1.112}$$

であり、$s'^2 = s^2$ より、$g_{\mu\nu} = g_{\sigma\rho} L^\sigma_\mu L^\rho_\nu$ となり、ローレンツ変換でその成分は変わらない。

1.12.1 ローレンツ・スカラー（Lorentz Scalar）

ローレンツ変換によってその値が変わらない1次元の量をローレンツ・スカラーという。ローレンツ・スカラー関数 $\phi(x^0, x^1, x^2, x^3)$ を簡単に $\phi(x)$ と書く。即ち x は4元座標を表す。ローレンツ変換 L によって、

$$\phi(x) \to \phi'(x') = \phi(x) \tag{1.113}$$

ならば $\phi(x)$ はローレンツ・スカラーである。

ローレンツ・スカラーの例は、世界長 $s^2 = g_{\mu\nu} x^\mu x^\nu$、粒子の静止質量、電荷、などである。

1.12.2 反変ベクトル（Contravariant Vector）

ローレンツ変換に対して、4元座標 x^μ と同じ変換を受ける4元ベクトルを反変ベクトルという。即ち、U^μ $(\mu = 0,1,2,3)$ がローレンツ変換に対して、

$$U^\mu(x) \to U'^\mu = \frac{\partial x'^\mu}{\partial x^\nu} U^\nu(x) = L^\mu_\nu U^\nu(x) \tag{1.114}$$

という変換を受ければ $U^\mu(x)$ は反変ベクトルである。

1.12.3 共変ベクトル（Covariant Vector）

ローレンツ変換に対して、スカラー量を4元座標 x^μ で偏微分した量と同じ変換を受ける4元ベクトルを共変ベクトルという。即ち、V_μ $(\mu = 0,1,2,3)$ がローレンツ変換に対して、

$$V_\nu(x) \to V'_\nu = \frac{\partial x^\mu}{\partial x'^\nu} V_\nu(x) = \partial'_\nu(x^\mu) V_\mu = (L^{-1})^\mu_\nu V_\mu(x) \tag{1.115}$$

という変換を受ければ $V_\nu(x)$ は共変ベクトルである。

1.12.4 2階反変テンソル（2nd Order Contravariant Tensor）

2つの反変ベクトルの成分の積（$A^\mu B^\nu$）と同じローレンツ変換を受ける、2階のテンソル $T^{\mu\nu}$ を2階反変テンソルという。即ち、

$$T^{\mu\nu}(x) \to T'^{\mu\nu}(x') = \frac{\partial x'^\mu}{\partial x^\sigma} \frac{\partial x'^\nu}{\partial x^\rho} T^{\sigma\rho}(x) \tag{1.116}$$

を満たす2階テンソルを2階反変テンソルという。

1.12.5 2階共変テンソル（2nd Order Covariant Tensor）

2つの共変ベクトルの成分の積（$X_\mu Y_\nu$）と同じローレンツ変換を受ける、2階のテンソル $S_{\mu\nu}$ を2階共変テンソルという。即ち、

$$S_{\mu\nu}(x) \to S'_{\mu\nu}(x') = \frac{\partial x^\sigma}{\partial x'^\mu} \frac{\partial x^\rho}{\partial x'^\nu} S_{\sigma\rho}(x) \tag{1.117}$$

を満たす2階テンソルを2階共変テンソルという。

1.12.6 2階混合テンソル（2nd Order Mixed Tensor）

1つの反変ベクトルと1つの共変ベクトルの成分の積（$A^\mu X_\nu$）と同じロー

レンツ変換を受ける、2階のテンソル R^{μ}_{ν} を2階混合テンソルという。即ち、

$$R^{\mu}_{\nu}(x) \to R'^{\mu}_{\nu}(x') = \frac{\partial x'^{\mu}}{\partial x^{\sigma}} \frac{\partial x^{\rho}}{\partial x'^{\nu}} R^{\sigma}_{\rho}(x) \tag{1.118}$$

を満たす2階テンソルを2階混合テンソルという。

1.12.7 テンソルに関する注意

ローレンツ・スカラーはゼロ階のテンソルである。反変ベクトルと共変ベクトルは1階のテンソルである。3階以上のテンソル $M^{\mu\nu\sigma}$、$M^{\mu\nu}_{\sigma}$、$M^{\mu}_{\nu\sigma}$、$M_{\mu\nu\sigma}$ なども同じように定義される。

テンソル（ベクトルも含めて）の上付きの添え字を下げるには $g_{\mu\nu}$ を作用させ、下付きの添え字を上げるには $g^{\mu\nu}$ を作用させればよい。ここで $g^{\mu\nu}$ の値は $g_{\mu\nu}$ の値に等しい。

特に、座標 x^{μ} は反変ベクトルであるが、共変ベクトル x_{μ} も定義できる。共変ベクトルは $g_{\mu\nu}$ を作用させることで、次のように定義される。

$$(x_{\nu}) = (x^{\mu} g_{\mu\nu}) = (x_0, x_1, x_2, x_3) = (x^0, -x^1, -x^2, -x^3) = (ct, -x, -y, -z) \tag{1.119}$$

添え字の数だけではテンソルか否かは判別できない。テンソルか否かはローレンツ変換に対する変換の形で決まるものである。$\Lambda^{\mu}_{\nu\sigma}$ のような一見3階のテンソルに見える量も

$$\Lambda'^{\mu}_{\nu\sigma}(x') = \frac{\partial x'^{\mu}}{\partial x^{\alpha}} \frac{\partial x^{\beta}}{\partial x'^{\nu}} \frac{\partial x^{\delta}}{\partial x'^{\sigma}} \Lambda^{\alpha}_{\beta\delta}(x) \tag{1.120}$$

のような形に変換されなければテンソルではない。方程式の各項は必ず同じ形のテンソルだけでできている。例えば、全ての項が「2階共変テンソル」で表されている。項ごとに異なる形のテンソルで方程式が出来ていることはない。

1.13 質点の4元速度、4元運動量

1.13.1 4元速度

速度の合成で出てきた3次元の速度、

$$w^i = \frac{dx^i}{dt} = c\frac{dx^i}{dx^0}; (i = 1, 2, 3) \tag{1.121}$$

はローレンツ変換に対して4元ベクトルの空間3成分とは異なった変換を受ける（1.60–1.62 参照）。ローレンツ変換に対して、反変ベクトルとして振舞う速度を定義する。無限小の座標成分 dx^μ $(\mu = 0, 1, 2, 3)$ は反変ベクトルであり、これをスカラー量で割った量も反変ベクトルである。質点に固定した時計の時間（質点にどうやって時計を固定するかという疑問はもっともだが）である固有時間 τ もその微小量 $d\tau$ もスカラー量である。

従って4元速度として次を定義する。

$$\begin{pmatrix} u^0 \\ u^1 \\ u^2 \\ u^3 \end{pmatrix} \equiv \begin{pmatrix} dx^0/d\tau \\ dx^1/d\tau \\ dx^2/d\tau \\ dx^3/d\tau \end{pmatrix} \equiv \begin{pmatrix} cdt/d\tau \\ dx/d\tau \\ dy/d\tau \\ dz/d\tau \end{pmatrix} \tag{1.122}$$

これらをまとめて u^μ $(\mu = 0, 1, 2, 3)$ と書く。4元速度の内積は、

$$u^\mu u_\mu = c^2(dt/d\tau)^2 - [(dx/d\tau)^2 + (dy/d\tau)^2 + (dz/d\tau)^2] \tag{1.123}$$

$$= ds^2/(d\tau)^2 \tag{1.124}$$

$$= ds'^2/(d\tau)^2 \tag{1.125}$$

$$= c^2(dt'/d\tau)^2 - [(dx'/d\tau)^2 + (dy'/d\tau)^2 + (dz'/d\tau)^2] \tag{1.126}$$

$$= c^2 \tag{1.127}$$

となる。質点上では $dt' = d\tau$、$dx' = dy' = dz' = 0$ であり、世界長はスカラー量なので $ds^2 = ds'^2$ である。また、$dt = \gamma d\tau$ なので $|v/c| \ll 1$ のときには $dt \simeq d\tau$ となり、$u^i \simeq v^i$ となって相対論的拡張としての意味をなす。

1.13.2 4元運動量

質点の静止質量を m とする。質点の4元運動量は次のように定義される。

$$p^0 = mu^0 = mc\frac{dt}{d\tau} = mc\gamma = \frac{mc}{\sqrt{1-\beta^2}} \tag{1.128}$$

$$p^1 = mu^1 = mc\gamma(\beta^1) = \frac{mc(\beta^1)}{\sqrt{1-\beta^2}} \tag{1.129}$$

$$p^2 = mu^2 = mc\gamma(\beta^2) = \frac{mc(\beta^2)}{\sqrt{1-\beta^2}} \tag{1.130}$$

$$p^3 = mu^3 = mc\gamma(\beta^3) = \frac{mc(\beta^3)}{\sqrt{1-\beta^2}} \tag{1.131}$$

ここで $(\beta^i) = v^i/c$ である。

4 元運動量の内積は、

$$\begin{aligned} p^\mu p_\mu &= (p^0)^2 - [(p^1)^2 + (p^2)^2 + (p^3)^2] && (1.132) \\ &= m^2c^2\gamma^2 - m^2c^2\gamma^2[(\beta^1)^2 + (\beta^2)^2 + (\beta^3)^2] \\ &= m^2c^2\gamma^2(1-\beta^2) \\ &= m^2c^2 > 0 && (1.133) \end{aligned}$$

となる。

cp^0 と非相対論的な運動エネルギーの関係について述べる。cp^0 は、

$$\begin{aligned} cp^0 = mc^2\gamma &= \frac{mc^2}{\sqrt{1-\beta^2}} && (1.134) \\ &= mc^2 + \frac{1}{2}mc^2\beta^2 + \frac{3}{8}mc^2\beta^4 + ... \\ &= mc^2 + \frac{1}{2}mv^2 + \frac{3}{8}mv^2\beta^2 + ... && (1.135) \end{aligned}$$

のように β^2 のべきで展開できる。ここで第 1 項は、静止エネルギーである。第 2 項は非相対論的な運動エネルギーである。第 3 項以降は $|\beta| = |v/c| \ll 1$ の場合は無視できる。従って、cp^0 は静止エネルギーを含めた質点の全エネルギーで、E と書くことにする。

質点の運動方程式は、外力が働いていない場合は、

$$\frac{dp^\mu}{d\tau} = 0 \tag{1.136}$$

となり、4 元運動量（エネルギー・運動量）が保存する。即ち、

$$E = cp^0 = const \tag{1.137}$$

$$p^i = \frac{mv^i}{\sqrt{1-\beta^2}} = const \tag{1.138}$$

となる。

慣性系Kにおいて、4元力 f^μ が質点に作用している場合には運動方程式は

$$\frac{dp^\mu}{d\tau} = f^\mu \tag{1.139}$$

となる。ニュートン力学では力は慣性座標系には依らないが（式 (1.1) 及び (1.2))、特殊相対論では4元力は慣性系が異なれば4元ベクトルとしてのローレンツ変換を受ける。

第2章

相対論的運動学

相対論的運動学（Relativistic Kinematics）は特殊相対性理論を習得するうえで、実際に質点（粒子）がいかに振舞うかを直感的に理解するときに極めて有用である。特に、粒子同士の衝突や散乱、不安定粒子の崩壊の姿を追っていくことで、いかなる物理を学習するためにも必要な力学的なセンスが磨かれる。急いでいる読者は、この章を省略して電磁気学の本体に進んでもよいが、のちに戻って学習することを勧める。素粒子物理学や原子核物理学だけでなく、宇宙論や宇宙物理学などでは、この章は必須であり、それらの分野に興味を持っている読者はぜひ読んでほしい。

2.1　自然単位

自然単位はこの章のみで使う。$c \equiv 1$ と $\hbar \equiv h/(2\pi) \equiv 1$ と置くことによって全ての物理量をエネルギーのべき乗の単位で表す。特に、エネルギー（E）、運動量（p）、質量（m）、角振動数（ω）等は全て同じエネルギーの単位で測れる。よく使われるエネルギーの単位は電子ボルト [eV] である。通常の単位に換算すると

$$1\,[\mathrm{eV}] = 1.602 \times 10^{-19}\,[\mathrm{CV}] = 1.602 \times 10^{-19}\,[\mathrm{J}]$$

である。電子や陽子などの素電荷が $|e|$ の荷電粒子を 1[V] の電位で加速すると、運動エネルギー 1[eV] が得られる。通常の乾電池の電圧は 1.5[V] で、これは化学変化によって電圧が生じているので、$O(1)$[eV] は化学変化に対応するエネルギーの大きさである。これに対して原子核同士の反応のエネルギーは $O(1)$[MeV] 程度であり、10^6 倍である。錬金術によって鉛の原子核を金の原子核にかえて一儲けしようとするのは所詮無理であろう。素粒子実験の加速器

表 2.1 SI（国際単位系）の prefix（接頭辞）：1より大きな単位

桁	10^{18}	10^{15}	10^{12}	10^{9}	10^{6}	10^{3}	10^{2}	10^{1}
記号	E	P	T	G	M	k	h	da
名称	exa	peta	tera	giga	mega	kilo	hecto	deca

表 2.2 SI（国際単位系）の prefix（接頭辞）：1より小さな単位

桁	10^{-18}	10^{-15}	10^{-12}	10^{-9}	10^{-6}	10^{-3}	10^{-2}	10^{-1}
記号	a	f	p	n	μ	m	c	d
名称	atto	femto	pico	nano	micro	milli	centi	deci

は、第二次大戦のすぐ後には $O(10)$[GeV] 程度であったが、現在の最高エネルギーの加速器は $O(10)$[TeV] 程度である。桁が違うほど大きな数値や小さな数値の単位は、それぞれ表2.1と表2.2にまとめたprefix（接頭辞）を用いて表す。例えば、今例に挙げた1[MeV]は 10^6[eV]、1[TeV]は 10^{12}[eV] である。

長さ ℓ は $\hbar c = 197.3$ [MeV・fm]$\simeq$ 200 [MeV・fm] を用いて、

$$[\ell] = \frac{\hbar c}{[E]} = \frac{1}{[E]} = \frac{1}{[eV]} \tag{2.1}$$

となり、1/[エネルギー] の単位となる。ここで1[MeV]は電子質量の約2倍である。1[fm] $= 10^{-15}$ [m] はほぼ陽子の大きさである。同様に、面積は

$$[\ell^2] = \frac{(\hbar c)^2}{[E^2]} = \frac{1}{[E^2]} = \frac{1}{[eV^2]} \tag{2.2}$$

という単位で与えられる。衝突断面積などは自然単位（$\hbar = c = 1$）で計算して $[(\mathrm{eV})^{-2}]$ の単位で答えを出したのちに $(\hbar c)^2$ を掛けて [長さ ^{2}] の単位に戻せばいい。

自然単位は様々な計算をするときにいちいち c や $\hbar$ の数を数えたりしなくて済むので、極めて便利である。初めは取っ付きにくいが、慣れると $\hbar$ や c がうろついている計算に戻れない。多分、このご利益は経験しないとわからない。最近の素粒子や宇宙物理の教科書は自然単位を用いているものが多い。

本章に限ってこれ以降は自然単位を用いる。

2.2 K′ 系に静止している粒子の K 系での 4 元運動量と 4 元運動量の任意の方向へのローレンツ・ブースト

質量 m の粒子の静止系である K′ 系におけるその粒子の 4 元運動量は

$$(p'^{\mu}) = \begin{pmatrix} E' \\ p'_x \\ p'_y \\ p'_z \end{pmatrix} = \begin{pmatrix} m \\ 0 \\ 0 \\ 0 \end{pmatrix} \tag{2.3}$$

である。K′ 系は K 系に対して x 軸方向に速さ $v = c\beta$ で等速度運動をしている。K 系でのこの粒子の 4 元運動量は、ローレンツ逆変換をして次のように求められる。

$$\begin{pmatrix} E \\ p_x \\ p_y \\ p_z \end{pmatrix} = \begin{pmatrix} \gamma & \gamma\beta & 0 & 0 \\ \gamma\beta & \gamma & 0 & 0 \\ 0 & 0 & 1 & 0 \\ 0 & 0 & 0 & 1 \end{pmatrix} \begin{pmatrix} m \\ 0 \\ 0 \\ 0 \end{pmatrix} = \begin{pmatrix} m\gamma \\ m\gamma\beta \\ 0 \\ 0 \end{pmatrix} \tag{2.4}$$

3 次元運動量は x 成分しかないので、これを p と書くと、

$$E = m\gamma \tag{2.5}$$

$$p = m\gamma\beta \tag{2.6}$$

となる。エネルギーと運動量から逆に β と γ が求められる。

$$\beta = \frac{p}{E} \tag{2.7}$$

$$\gamma = \frac{E}{m} \tag{2.8}$$

また、

$$E^2 - p^2 = m^2\gamma^2 - m^2\gamma^2\beta^2 = m^2 \tag{2.9}$$

これより

$$E^2 = p^2 + m^2 \tag{2.10}$$

という関係が導かれる。

相対論では粒子の運動エネルギー T はエネルギー E から静止エネルギー m を差し引いたものと定義する。

$$T = E - m = \sqrt{p^2 + m^2} - m = m\left(\sqrt{1 + \frac{p^2}{m^2}}\right) - m \tag{2.11}$$

第1章でも説明したが、極端に相対論的な場合（$|\beta| \simeq 1$）及び非相対論的な場合（$|\beta| \ll 1$）の運動エネルギーは以下の通りである。

$$p \gg m \Rightarrow T \simeq E \tag{2.12}$$

$$p \ll m \Rightarrow T \simeq m\left(1 + \frac{1}{2}\frac{p^2}{2m}\right) - m = \frac{p^2}{2m} \tag{2.13}$$

質量がゼロの粒子は光速で走る。なぜならば、

$$p = \frac{m\beta}{\sqrt{1 - \beta^2}} \tag{2.14}$$

において、質量がゼロの場合は、$\beta = 1$ でなければ $p = 0$ となってしまう。光子や重力子は質量がゼロで、真空中では光速で飛んでいると考えられる。光子に関するよく慣れ親しんだ関係を自然単位を用いずに以下に示す。

$$p = \frac{h}{\lambda} = \frac{h\nu}{c} = \frac{E}{c} \tag{2.15}$$

ここで λ は光子の波長、ν は対応する振動数である。$\hbar$ を使えば

$$p = \frac{\hbar\omega}{c} \tag{2.16}$$

となって、自然単位では $p = E = \omega$ となる。

第1章では、4元座標 $(ct', \mathbf{x}')$ を任意の方向に速度 $\mathbf{v} = c\boldsymbol{\beta}$ でローレンツ・ブーストする公式を得たが、一般の4元運動量 $(p'^0, \mathbf{p}')$ もまったく同じ変換則 (1.44)、(1.45) に従ってブーストできる。即ち、

$$p^0 = \gamma(p'^0 + \boldsymbol{\beta}\cdot\mathbf{p}') \tag{2.17}$$

$$\mathbf{p} = \mathbf{p}' + \boldsymbol{\beta}\gamma\left(\frac{\gamma}{\gamma+1}\boldsymbol{\beta}\cdot\mathbf{p}' + p'^0\right) \tag{2.18}$$

となる。p^0 と p'^0 は自然単位では E と E' なので、次が得られる。

$$E = \gamma(E' + \boldsymbol{\beta} \cdot \mathbf{p}') \tag{2.19}$$

$$\mathbf{p} = \mathbf{p}' + \boldsymbol{\beta}\gamma \left(\frac{\gamma}{\gamma+1} \boldsymbol{\beta} \cdot \mathbf{p}' + E' \right) \tag{2.20}$$

2.3 Center of Momentum System: CMS

非相対論では系にいる粒子の質量の重心系が意味を持つが、特殊相対論の場合は系にいる全ての粒子の3次元運動量のベクトル和がゼロになる慣性系が俗に“重心系”とよばれる Center of Momentum System（CMS）である。

相対論的運動学の CMS（$\sum \mathbf{p}_i = \mathbf{0}$）と非相対論の重心系（$\sum m_i \mathbf{r}_i / \sum m_i$）とは直接的には対応しない。

図2.1にあるように N 個の粒子が存在するとき、i 番目の粒子のエネルギー・運動量を $(E_i, \mathbf{p}_i)$ $(i = 1, 2, ..., N)$ とする。この系の全エネルギー及び全運動量は

$$E = \sum_{i=1}^{N} E_i \tag{2.21}$$

$$\mathbf{P} = \sum_{i=1}^{N} \mathbf{p}_i \tag{2.22}$$

である。CMS とは、全運動量が $\mathbf{0}$ になるようにローレンツ（逆）変換した系である。CMS での物理量は * をつけて区別する。例えば、E^*、E_i^*、$\mathbf{P}^* \equiv \mathbf{0}$、

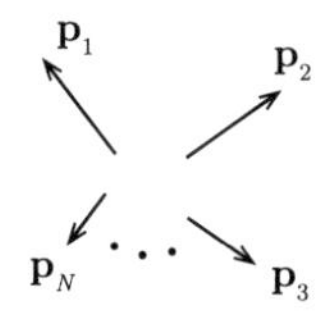

図 2.1 ある慣性系に N 個の粒子が存在し、i 番目の粒子のエネルギーを E_i、3次元運動量を $\mathbf{p}_i$ とする。これを全運動量がゼロとなる慣性系にローレンツ（逆）変換したものが CMS である。

$\mathbf{p}_i^*$ などである。

CMS エネルギーの2乗 s は次で定義される。

$$s = E^2 - \mathbf{P}^2 = \left(\sum_{i=1}^{N} E_i\right)^2 - \left(\sum_{i=1}^{N} \mathbf{p}_i\right)^2 \tag{2.23}$$

$$= (E^*)^2 - (\mathbf{P}^*)^2 = (E^*)^2 \tag{2.24}$$

即ち、$\sqrt{s} = E^*$ である。s はローレンツ不変量なので、どの系で測っても CMS での値と同じになる。世界長にも s^2 を使ってきたが、混同はしないであろう。

全運動量 $\mathbf{P}$ の方向を x 軸の正方向にとって、CMS へのローレンツ・ブースト（ローレンツ逆変換）のパラメター γ、β を求めよう。ここで、$|\mathbf{P}| = P$ と置く。

$$\begin{pmatrix} E \\ P \end{pmatrix} = \begin{pmatrix} \gamma & \gamma\beta \\ \gamma\beta & \gamma \end{pmatrix} \begin{pmatrix} E^* \\ P^* \end{pmatrix} = \begin{pmatrix} \gamma & \gamma\beta \\ \gamma\beta & \gamma \end{pmatrix} \begin{pmatrix} E^* \\ 0 \end{pmatrix} = \begin{pmatrix} \gamma E^* \\ \gamma\beta E^* \end{pmatrix} \tag{2.25}$$

この計算から

$$\beta = \frac{P}{E} \tag{2.26}$$

$$\gamma = \frac{1}{\sqrt{1-\beta^2}} = \frac{1}{\sqrt{1-(P/E)^2}} = \frac{E}{\sqrt{E^2 - P^2}} = \frac{E}{\sqrt{s}} \tag{2.27}$$

というパラメターで $-\mathbf{P}$ の方向へ系全体を逆ブーストすれば CMS 系が得られる。

2.3.1 粒子衝突型加速器（Collider）の威力

従来の素粒子・原子核実験は粒子を加速器で加速して固定標的に衝突させて図2.2(a) のように実験していた。例えば、陽子を加速して固定標的の陽子に衝突させることを考える。加速された粒子（エネルギー E、運動量 $\mathbf{p}$、質量 m）が左から固定標的である質量 m の粒子に向かって飛んでくる。このときの CMS エネルギー2乗は

$$s = (E+m)^2 - \mathbf{p}^2 = E^2 + 2mE + m^2 - \mathbf{p}^2 = 2(E+m)m \tag{2.28}$$

となるので、

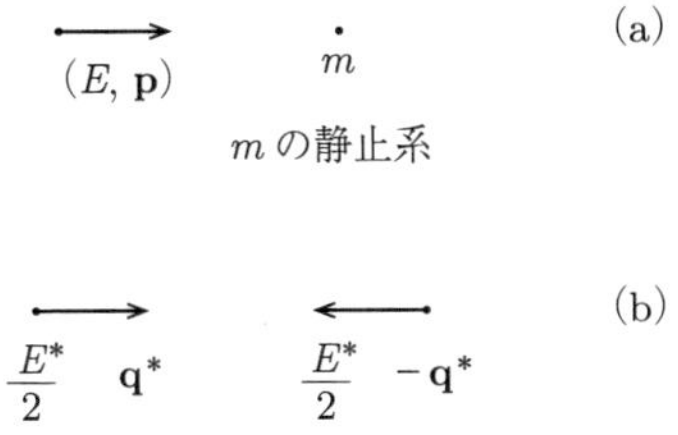

$\longrightarrow$ (a)
$(E, \mathbf{p})$ $\quad \dot{m}$
m の静止系

$\longrightarrow \quad \longleftarrow$ (b)
$\frac{E^*}{2}\ \mathbf{q}^* \qquad \frac{E^*}{2}\ -\mathbf{q}^*$

図 2.2 (a) 固定標的実験の模式図である。加速された粒子（エネルギー E、運動量 $\mathbf{p}$、質量 m）が左から固定標的である質量 m の粒子に向かって飛んでくる。このときの CMS エネルギーは、$E \gg m$ の場合は $\sqrt{2\,mE}$ と近似できる。(b) 同じ衝突反応を、標的も同じエネルギーに加速して正面衝突するコライダーの場合である。このときに一つの粒子のエネルギーを $E^*/2$、運動量を $\mathbf{q}^*$ とし、他方の粒子のエネルギーを $E^*/2$、運動量を $-\mathbf{q}^*$ とすると、CMS エネルギーは E^* となる。両者の加速器での加速に要するエネルギーを $E = E^*$ とすれば原理的には等しくなるが、CMS エネルギーはコライダーのほうが圧倒的に大きくできる。

$$\sqrt{s} = \sqrt{2(E+m)m} \tag{2.29}$$

となる。従って $E \gg m$ の場合は $\sqrt{s} \simeq \sqrt{2mE}$ となって、CMS エネルギーは E を増加してもその平方根でしか増加できない。CMS エネルギーは新粒子の生成などに用いられるが、標的実験の場合には加速された粒子のエネルギーは、衝突後では前方へ向かう散乱粒子の運動エネルギーとなって消費されてしまう。衝突エネルギー（CMS エネルギー）を 10 倍に上げようとすると加速器のビームエネルギー E を 100 倍にする必要がある。

一方、図 2.2(b) に示したように、粒子衝突型加速器では加速器で標的も同じエネルギーに加速して正面衝突させる。このときに一つの粒子のエネルギーを $E^*/2$、運動量を $\mathbf{q}^*$ とし、他方の粒子のエネルギーを $E^*/2$、運動量を $-\mathbf{q}^*$ とすると、CMS エネルギーは E^* となる。CMS エネルギーが加速された 2 つのビームにいる粒子のエネルギーの 2 倍となるから、CMS エネルギーを 10 倍にするには加速される粒子のエネルギーを単に 10 倍にすればよい。加速した粒子同士を衝突させるには高度な技術が必要であるので、1960 年代の終わりごろにやっと粒子衝突型加速器が建設され稼働した。1974 年に米国のスタンフォード線形加速器センター（SLAC）の電子・陽電子の粒子衝突型加速器が 4 番目のクォークであるチャーム・クォークを発見したのを契機に、陽子・陽子や陽子・反陽子のコライダーのほかに、電子・陽電子コライダーも建設されるようになった。陽子や反陽子はクォークや反クォークと呼ばれる素粒子が3個ずつ結合している複合粒子で、その衝突反応は複雑であるが、電子や陽電子は素粒子なので電子と陽電子の衝突反応は単純であり実験がクリーンである。

現在、最高エネルギーの陽子・陽子衝突型加速器はジュネーブ郊外のCERN研究所にあるLHC（Large Hadron Collider）である。陽子のエネルギーは設計値で 7[TeV] $= 7 \times 10^{12}$ [eV] であり、CMSエネルギーは $\sqrt{s}$ =14 [TeV] である。LHCのCMSエネルギーを標的実験で得ようとすると、加速器の加速粒子のエネルギーは、陽子の質量 $m = 935$[MeV]$\simeq 10^9$ [eV] を用いて、

$$E \simeq \frac{s}{2m} \simeq \frac{(14 \times 10^{12})^2[\mathrm{eV}^2]}{2 \times 10^9[\mathrm{eV}]} \simeq 10^{17}[\mathrm{eV}] = 10^5[\mathrm{TeV}] \tag{2.30}$$

である。10^5 [TeV] ような高エネルギーを出すには現在の加速器技術では全く歯が立たない。粒子衝突型加速器（コライダー）の威力は明らかである。

2.4 4元運動量の保存

ある慣性系Kからほかの慣性系K′にローレンツ変換で移るときに、4元運動量 $(E, \mathbf{p})$ は時空の座標 $(t, \mathbf{x})$ と同じ変換を受ける反変ベクトルである。

図2.3(a)にあるように、2体粒子の散乱反応 $a + b \to c + d$ の前後で系の4元運動量の各成分は保存する。即ち

$$E_a + E_b = E_c + E_d \tag{2.31}$$

$$\mathbf{p}_a + \mathbf{p}_b = \mathbf{p}_c + \mathbf{p}_d \tag{2.32}$$

となる。CMSでは、図2.3(b)のようになり、

$$E_a^* + E_b^* = E_c^* + E_d^* \tag{2.33}$$

$$\mathbf{p}_a^* + \mathbf{p}_b^* = \mathbf{p}_c^* + \mathbf{p}_d^* = \mathbf{0} \tag{2.34}$$

質量 M_a の粒子 a が n 個の粒子 b_1、b_2、$...b_n$ に崩壊するときも当然、崩壊の前後で4元運動量は保存する。

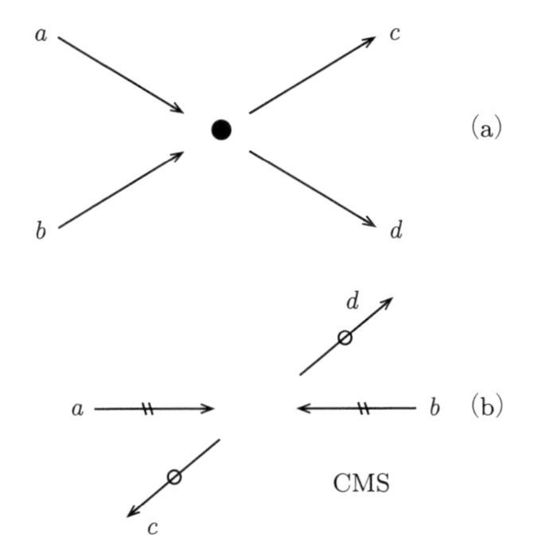

図 2.3 (a) 2体粒子から2体粒子への散乱反応 $a+b \to c+d$、(b) 同じ反応をCMS系で見た場合。

$$E_a = E_{b_1} + E_{b_2} + ... + E_{b_n} \tag{2.35}$$

$$\mathbf{p}_a = \mathbf{p}_{b_1} + \mathbf{p}_{b_2} + ... + \mathbf{p}_{b_n} \tag{2.36}$$

粒子aの静止系では次のようになる。

$$M_a = E^*_{b_1} + E^*_{b_2} + ... + E^*_{b_n} \tag{2.37}$$

$$\mathbf{p}^*_a = \mathbf{0} = \mathbf{p}^*_{b_1} + \mathbf{p}^*_{b_2} + ... + \mathbf{p}^*_{b_n} \tag{2.38}$$

2.4.1 陽子・陽子衝突での反陽子の生成

ここでは、エネルギーEの陽子が静止した陽子に衝突して反陽子を生成することが可能なEの最小値（閾値 threshold）を求める。座標系を標的陽子の静止系である実験室系からCMS系に移っても、CMSエネルギー2乗sが不変であることを使うと簡単に求まる。

反陽子を生成するとき、バリオン数の保存という法則がある。陽子のバリオン数は1、反陽子のバリオン数は-1である。始状態は2個の陽子なのでバリオン数は2であり、バリオン数が保存すれば終状態のバリオン数も2でなければならない。従って、反陽子を生成するときは次の反応式のように同時に陽子も1個余分に生成しなければならない。

始状態 終状態(@閾値)

(a) Lab 系 p $(E,\ \mathbf{p})$ p $(m,\ \mathbf{0})$

(c) $(\ (4m+\mathbf{p}^2)^{1/2},\ \mathbf{p})$

(b) CMS $(E^*,\ \mathbf{p}^*)$ $(E^*,\ -\mathbf{p}^*)$

(d) $(4m,\ \mathbf{0})$

図 2.4 (a) 標的の陽子が静止している実験室系で見た始状態。(b) CMS 系で見た始状態。(c) 実験室系で見た終状態。(d) CMS 系でみた終状態で、4つの粒子 $(p, p, p, \bar{p})$ が静止状態で生成された場合でありこのときに CMS エネルギーは最小になり、従って E も最小値となる。

$$p + p \rightarrow p + p + p + \bar{p} \tag{2.39}$$

陽子と反陽子は粒子と反粒子の関係にあり、質量は等しく、電荷は絶対値は等しく符号が反対である。

図 2.4(a) は標的の陽子が静止している実験室系で見た始状態であり、ここで CMS エネルギー 2 乗を計算すると

$$s = (E + m)^2 - \mathbf{p}^2 = 2m(E + m) \tag{2.40}$$

となる。この値はローレンツ変換で不変なので図 2.3(b) のように CMS 系に移っても変わらない。さらに、s は反応の前後でも変わらないので、終状態でも変わらない。CMS 系の終状態で s が最小になるのは、4つの粒子 $(p, p, p, \bar{p})$ が運動量を持たないで、即ち静止状態で生成された場合である (図 2.4(d))。このとき、CMS エネルギー 2 乗の最小値は 4 つの同じ質量の粒子が静止状態でいるので

$$s_{min} = (4m)^2 \tag{2.41}$$

となる。s は E の単調増加関数であるから

$$s = 2m(E + m) \geq s_{min} = (4m)^2 \tag{2.42}$$

$$s_{min} = 2m(E_{min} + m) = (4m)^2 \tag{2.43}$$

$$E_{min} = [(4m)^2 - 2m^2]/(2m) = 7\,m \tag{2.44}$$

となって、E の最小値は $7m$ となる。反陽子を生成するには、$m = 0.935$ [GeV] なので、少なくとも約 7[GeV] のエネルギーに加速できる陽子加速器が必要で

ある。反陽子は1955年にカリフォルニア大学バークレー校の陽子加速器ベバトロンを用いてセグレ（E. Segré）とチェンバレン（O. Chamberlain）達が発見した。

2.4.2 光のドップラー効果

光のドップラー効果は、光源が観測者に対して運動することにより光源から発した光がローレンツ変換を受けることによる。光源が静止している系をK′系とする。光源が速度 $\mathbf{v}$ で動いているK系でこの光を観測するときにローレンツ変換を受ける。先ず、光源の静止系であるK′系での光子の4元運動量を以下のように記述する。

$$\begin{pmatrix} \epsilon^* \\ k_x^* \\ k_y^* \\ k_z^* \end{pmatrix} \tag{2.45}$$

ここで光子は質量ゼロなので $|\mathbf{k}^*| = \epsilon^*$ である。K系において光源の進む方向を x 軸にとると、K系での光子の4元運動量は光源の静止系であるK′系の4元運動量に対して以下のようにローレンツ・ブーストされる。

$$\begin{pmatrix} \epsilon \\ k_x \\ k_y \\ k_z \end{pmatrix} = \begin{pmatrix} \gamma & \gamma\beta & 0 & 0 \\ \gamma\beta & \gamma & 0 & 0 \\ 0 & 0 & 1 & 0 \\ 0 & 0 & 0 & 1 \end{pmatrix} \begin{pmatrix} \epsilon^* \\ k_x^* \\ k_y^* \\ k_z^* \end{pmatrix} \tag{2.46}$$

ここでは特に2つの特別な場合について、$\mathbf{k}^* \parallel \mathbf{v}$ と $\mathbf{k}^* \perp \mathbf{v}$ の場合を調べよう。

■縦ドップラー効果（$\mathbf{k}^* \parallel \mathbf{v}$ の場合） K系に対して x 軸方向に速さ v で等速運動しているK′系の光源から x' 方向へ出たエネルギー ϵ の光をK系で観測することを考える。K′系の光源からの光をK系にローレンツ・ブーストすると、

$$\begin{pmatrix} \epsilon \\ k_x \\ k_y \\ k_z \end{pmatrix} = \begin{pmatrix} \gamma & \gamma\beta & 0 & 0 \\ \gamma\beta & \gamma & 0 & 0 \\ 0 & 0 & 1 & 0 \\ 0 & 0 & 0 & 1 \end{pmatrix} \begin{pmatrix} \epsilon^* \\ \epsilon^* \\ 0 \\ 0 \end{pmatrix} = \begin{pmatrix} \gamma(1+\beta)\epsilon^* \\ \gamma(1+\beta)\epsilon^* \\ 0 \\ 0 \end{pmatrix} \tag{2.47}$$

となる。これから、K系で観測されるエネルギーϵを得る。

$$\epsilon = \gamma(1+\beta)\epsilon^* = \sqrt{\frac{1+\beta}{1-\beta}}\epsilon^* \tag{2.48}$$

従って、

$$\frac{\epsilon}{\epsilon^*} = \frac{\nu}{\nu^*} = \frac{\lambda^*}{\lambda} = \sqrt{\frac{1+\beta}{1-\beta}} \tag{2.49}$$

$$\simeq 1 + \frac{v}{c} \quad (|\beta| \ll 1) \tag{2.50}$$

が得られる。

光源が向かってくるときは　$(\beta > 0)$ で　$\epsilon/\epsilon^* > 1$　$\lambda < \lambda^*$

光源が遠ざかっているときは $(\beta < 0)$ で　$\epsilon/\epsilon^* < 1$　$\lambda > \lambda^*$

後者は波長λの長いほうにずれるので赤方偏移（red shift）という（可視光に限れば赤い光の波長は長い）。宇宙が膨張していれば、遠くの銀河は我々から遠ざかっているので、そこからくる光のスペクトルは赤方偏移している。

■横ドップラー効果（$\mathbf{k}^* \perp \mathbf{v}$の場合） K系に対して$x$軸方向に速さ$v$で等速運動しているK$'$系の光源から$y'$方向へ出たエネルギー$\epsilon$の光をK系で観測することを考える。K$'$系の光源から$y'$方向へ出た光をK系にローレンツ・ブーストすると、

$$\begin{pmatrix} \epsilon \\ k_x \\ k_y \\ k_z \end{pmatrix} = \begin{pmatrix} \gamma & \gamma\beta & 0 & 0 \\ \gamma\beta & \gamma & 0 & 0 \\ 0 & 0 & 1 & 0 \\ 0 & 0 & 0 & 1 \end{pmatrix} \begin{pmatrix} \epsilon^* \\ 0 \\ \epsilon^* \\ 0 \end{pmatrix} = \begin{pmatrix} \gamma\epsilon^* \\ \gamma\beta\epsilon^* \\ \epsilon^* \\ 0 \end{pmatrix} \tag{2.51}$$

となる。これから、

$$\epsilon = \gamma\epsilon^* \tag{2.52}$$

である。従って、$|\beta| \ll 1$のときには、

$$\epsilon \simeq \epsilon^* \tag{2.53}$$

$$k_x = \gamma\beta\epsilon^* \simeq 0 \tag{2.54}$$

$$k_y = \epsilon^* \tag{2.55}$$

$$k_z = 0 \tag{2.56}$$

である。非相対論的近似では、横からの光は殆ど影響を受けず、光源からの光とあまり変わらない。

2.4.3 宇宙線の高エネルギーカットオフ（Greisen-Zatsepin-Kuzmin cut off）

■宇宙マイクロ波背景放射（Cosmic Microwave Background: CMB） 1927年ハッブル（E. Hubble）は宇宙が膨張していることを発見した。遠方の銀河は我々から遠ざかっており、図2.5に示したように、遠ざかる速度はその銀河までの距離に比例することを示した。当時はこの比例関係の測定はかなり怪しいものであったが、その後精度が上がり明確になってきた。当時はアインシュタインも含めて宇宙は定常的で永劫不変であると考えられており、宇宙の膨張は常識を覆すものであった。宇宙が膨張しているのであれば、過去において非常に高密度でエネルギー密度の高い状態の時代があったはずで、これから爆発的に宇宙は膨張していったと考えられた。これがガモフ（G. Gamov）らが唱えたいわゆるビッグバン宇宙論である。1960年代にプリンストン大学のディッケ（R. Dicke）やピーブルス（J. Peebles）は、ビッグバン宇宙論が正しければ、宇宙初期に空間を満たしていた当時高温だった放射（光）が、宇宙膨張によって波長が伸びて現在低温になった名残の光が観測されるはずだと予言した。この予言を全く知らずにベル研究所で高性能アンテナを開発していたペンジアス（A. Penzias）とウイルソン（R. Wilson）は、宇宙のあらゆる方向から到来する正体不明の電波を偶然に観測した。これがまさにディッケ達が

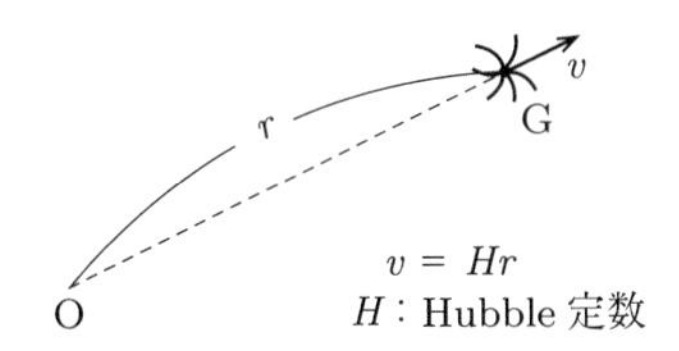

図 2.5 観測者Oから距離rの位置にある速さvで遠ざかる銀河Gに対して、vとrが比例していることが、遠方の銀河で観測されたことが宇宙膨張の証拠となった。

予言していたビッグバンの名残の光（電波）であった。

1990年代からCOBE、WMAP、Planckの3衛星の測定によってCMBは精密科学になった。最近はCMBの偏極に宇宙論で重要な物理を含んでいることがわかってきたが、これはこの本の範囲を超えているので（CMBさえも範囲外と思う人がいるかもしれないが）興味のある人はインターネットで「CMB偏極」と検索してみよう。

CMBは $\langle \epsilon/k_B \rangle = 2.735$ [K] の黒体放射のエネルギー分布を示す。ここで $k_B = 1.3801 \times 10^{-23}$[J/K] $= 8.617 \times 10^{-5}$ [eV/K] はボルツマン定数である。この放射は、宇宙がまだ電子と原子核の結合状態である電気的に中性の原子を形成する前に、ばらばらに存在した電子と原子核に散乱されていた光子である。宇宙が開闢38万年ごろ3000[K] 程度まで膨張によって温度が下がると、原子が形成されて電荷が遮蔽されるので、光子は散乱されなくなり直進するようになって宇宙は光子に対して透明になった。これを「宇宙の晴れ上がり」という。宇宙の晴れ上がり以降、宇宙はさらに膨張を続け、現在までに1100倍に膨張した。これに伴ってCMB光子のエネルギーが下がり、平均温度は3000[K]/1100 $\simeq$ 2.7[K] となった。この光は現在、宇宙のいたるところに充満している。

■宇宙線のGZK高エネルギーカットオフ　さて、本題に入ろう。宇宙から地球の大気圏外に降ってくる宇宙線を1次宇宙線という。その成分は、ニュートリノなどの電磁相互作用をしない粒子や電気的に中性な粒子を除いて、荷電粒子であり、主成分は陽子であり、それにヘリウムなどの軽い原子核が混ざっている。超高エネルギーの1次宇宙線がCMBの光子と衝突したときに、$p + \gamma \to p + \pi^0$ の過程で π^0 （$m_{\pi^0} = 0.135$ [GeV]）が生成されれば※3、1次宇宙線の陽子は急激にエネルギーを失う。この現象が生ずる陽子のエネルギー閾値を計算してみよう。CMB光子のエネルギーは非常に低いので、π^0 粒子を陽子との衝突で生成するには、陽子のエネルギーは非常に大きいはずである。計算は上に述べた反陽子の生成閾値の計算を参考にすれば比較的容易にできる。

まず、実験室系での、CMSエネルギー2乗 s を計算しよう。図2.6(a) にあるように1次宇宙線陽子の4元運動量を $(E, \mathbf{p})$、陽子の質量を M、CMB光子の

※3……この反応の閾値の近くでは Δ^+ というレゾナンス（共振）が生じて散乱断面積（陽子と光子の衝突確率）が著しく増える。

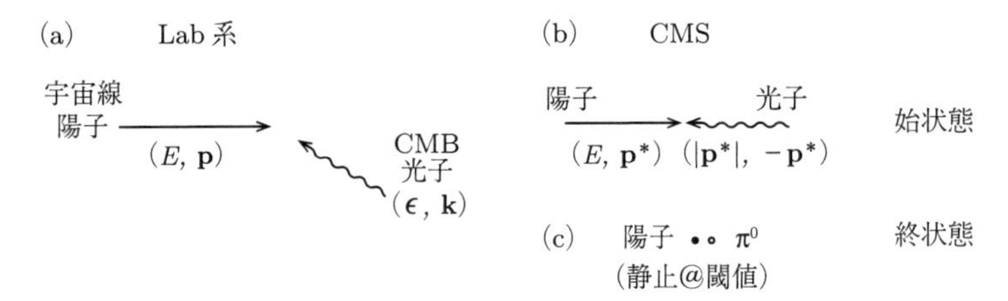

図 2.6 (a) は超高エネルギー陽子が CMB 光子と衝突する始状態を描いたものである (エネルギーの相対的な大きさは無視している)。(b) は CMS 系で見た始状態である。(c) は CMS 系で見た終状態で、2つの粒子 $p\pi^0$ が静止している場合でありこのときに CMS エネルギーは最小になり、宇宙線陽子の入射エネルギー E も最小値（閾値）となる。

運動量を $(\epsilon, \mathbf{k})$ とすると、

$$
\begin{aligned}
s &= (E+\epsilon)^2 - (\mathbf{p}+\mathbf{k})^2 \qquad (2.57)\\
&= E^2 + 2\epsilon E + \epsilon^2 - \mathbf{p}^2 - 2\mathbf{p}\cdot\mathbf{k} - \mathbf{k}^2\\
&= E^2 - \mathbf{p}^2 + 2(E\epsilon - \mathbf{p}\cdot\mathbf{k})\\
&= M^2 + 2\epsilon(E - |\mathbf{p}|\cos\psi) \qquad (2.58)
\end{aligned}
$$

ここで $E^2 - \mathbf{p}^2 = M^2$、光子は質量ゼロなので $\epsilon = |\mathbf{k}|$ であり、これらの関係を用いた。ψ は、$\mathbf{p}$ と $\mathbf{k}$ の間のなす角度（$0 \le \psi \le \pi$ [radian]）である。$|\mathbf{p}|$ と ϵ が与えられれば、ψ が π のとき s が最大となる。従って、以降は $\psi = \pi$（正面衝突）と仮定する。このときは

$$
s = M^2 + 2\epsilon(E + |\mathbf{p}|) \qquad (2.59)
$$

ここで、重心系（CMS）において終状態での s の最小値 s_{min} を求める。陽子と π^0 が運動量を持っていなければ、即ち重心系で静止して生成されれば s は最小値をとるので、π^0 の質量を m とすると、

$$
s_{min} = (M+m)^2 \qquad (2.60)
$$

となる。従って

$$
s = M^2 + 2\epsilon(E + |\mathbf{p}|) \ge s_{min} = (M+m)^2 \qquad (2.61)
$$

となるが、陽子が非常に高いエネルギーでは $E \simeq |\mathbf{p}|$ なので

$$4\epsilon E \geq m(2M+m) \tag{2.62}$$

となり、π^0 を生成できる E の閾値 E_{min} は、

$$E_{min} = \frac{m(2M+m)}{4\epsilon} \tag{2.63}$$

となる。ϵ は $\langle \epsilon/k_B \rangle = 2.735$ [K] の黒体放射のエネルギー分布、つまりプランク分布をなすが、簡単のために中央値をとって $\epsilon = k_B T = 8.617 \times 10^{-5}$ [eV/K] $\times$ 2.735 [K] $= 2.36 \times 10^{-4}$[eV] とエネルギーで表して、$m = 0.135$[GeV] と $M = 0.938$[GeV] を代入して、

$$E_{min} = \frac{0.135 \times 10^9[\mathrm{eV}](2 \times 0.938 + 0.135) \times 10^9[\mathrm{eV}]}{4 \times 2.36 \times 10^{-4}[\mathrm{eV}]} \tag{2.64}$$

$$= 2.9 \times 10^{20}[\mathrm{eV}] \tag{2.65}$$

従って高エネルギーの1次宇宙線の陽子が、CMB光子と衝突して π^0 を生成する閾値よりも高いエネルギーを持てば大量に存在するCMB光子と衝突してエネルギーを失うため、この閾値よりもエネルギーが高い宇宙線陽子の数が急激に減るだろう。高エネルギーの1次宇宙線が大気に突入して引き起こす空気シャワー現象を解析し、宇宙線粒子のエネルギーを導出して、図2.7にあるようにその分布をプロットすると、このエネルギーカットオフが見えている※4。10^{20}[eV] は、LHCビームの陽子のエネルギー7[TeV] よりも7桁以上高エネル

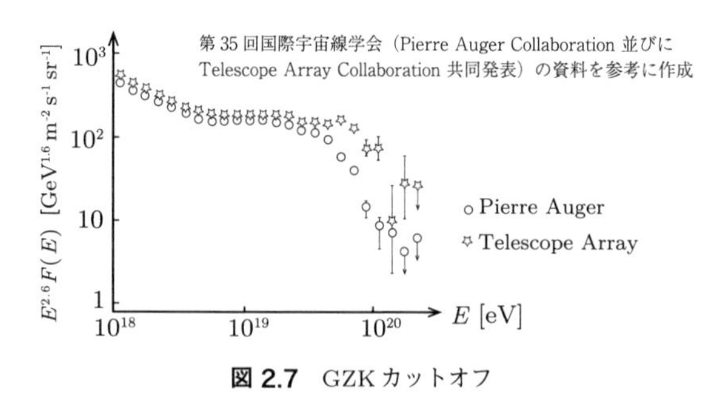

図 2.7 GZKカットオフ

※4……米国のユタ州の Telescope Array やアルゼンチンでの国際共同実験 Pierre Auger Observatory などの大規模な空気シャワー実験でこのカットオフは見えているが、閾値などの詳細が実験同士で合っていない。この原因は調査中である。

ギーである。ただし、LHCはコライダーなのでCMSエネルギー13–14[TeV]はGZKカットオフ（π^0 粒子生成の閾値）のCMSエネルギーに比べて桁違いに大きい。

2.5 粒子崩壊の運動学

一般の2体崩壊 $c \to a + b$ を考える。それぞれの質量は $m_c = M$、m_a、m_b とする。CMS（K′系）では、x-y 平面を崩壊平面とすると、図2.8左図にあるように p_y^*-p_x^* のプロットにおいて、粒子 a と粒子 b は反対方向に放出され、運動量は $|p_a^*| = |p_b^*| = p^*$ の円周上にある。粒子 a の運動量の p_x^* 軸からの角度を θ^* とすると、粒子 b の p_x^* 軸からの角度は $\pi - \theta^*$ である。CMS系での a と b のエネルギーと運動量は以下の通りである。

$$E_a^* + E_b^* = M \tag{2.66}$$

$$p^* = \sqrt{E_a^* - m_a^2} = \sqrt{E_b^* - m_b^2} \tag{2.67}$$

上の2式から E_a^* を求めると、

$$E_a^{*2} - m_a^2 = (M - E_a^*)^2 - m_b^2 \tag{2.68}$$

となる。これから、

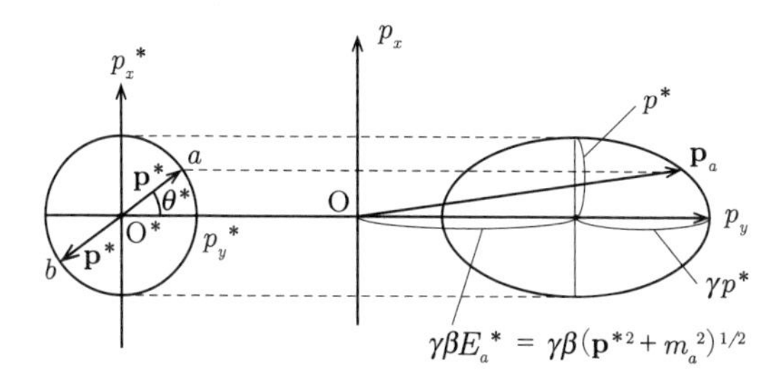

図 2.8 左図は粒子 c の静止系において、崩壊面 (p_x^*, p_y^*) の上での崩壊での生成粒子 a の運動量の先端が動く円を示した。右図は粒子 c が x 軸方向に速さ β で等速度運動しているK系において、(p_x, p_y) 崩壊平面において、粒子 a の運動量ベクトルの先端が動く楕円を示している。

$$E_a^* = \frac{M^2 + m_a^2 - m_b^2}{2M} \tag{2.69}$$

ここでaとbを交換してE_b^*が得られる。

$$E_b^* = \frac{M^2 + m_b^2 - m_a^2}{2M} \tag{2.70}$$

これからp^*を計算する。

$$p^* = \sqrt{(E_a^*)^2 - m_a^2} \tag{2.71}$$

$$\begin{aligned}
&= \frac{[(M^2 + m_a^2 - m_b^2)^2 - 4M^2 m_a^2]^{1/2}}{2M} \\
&= \frac{[(M^2 + m_a^2 - m_b^2 + 2Mm_a)(M^2 + m_a^2 - m_b^2 - 2Mm_a)]^{1/2}}{2M} \\
&= \frac{[\{(M + m_a)^2 - m_b^2\}\{(M - m_a)^2 - m_b^2\}]^{1/2}}{2M} \\
&= \frac{[(M + m_a + m_b)(M - m_a + m_b)(M + m_a - m_b)(M - m_a - m_b)]^{1/2}}{2M}
\end{aligned} \tag{2.72}$$

$m_a = m_b = m$の特別な場合は、

$$p^* = \frac{\sqrt{M^4 - 4M^2 m^2}}{2M} = \frac{\sqrt{M^2 - 4m^2}}{2} \tag{2.73}$$

さらに$m_a = m_b = 0$の場合は

$$p^* = \frac{M}{2} \tag{2.74}$$

ここからは粒子cがx軸方向にβの速さで直線運動しているK系（実験室系）から見た場合である。x-y平面を崩壊平面とし、崩壊粒子aとbがこの平面上に放出されると仮定する。K系での4元運動量は、ローレンツ逆変換を受けて次のように与えられる。崩壊粒子aに着目すると、そのエネルギー・運動量は

$$L: \begin{pmatrix} E_a^* \\ p_{ax}^* \\ p_{ay}^* \\ p_{az}^* \end{pmatrix} \to \begin{pmatrix} E_a \\ p_{ax} \\ p_{ay} \\ p_{az} \end{pmatrix} = \begin{pmatrix} \gamma[E_a^* + \beta p^* \cos\theta^*] \\ \gamma[\beta E_a^* + p^* \cos\theta^*] \\ p^* \sin\theta^* \\ 0 \end{pmatrix} \tag{2.75}$$

となる。崩壊平面において$-1 \le \cos\theta^* \le 1$より、

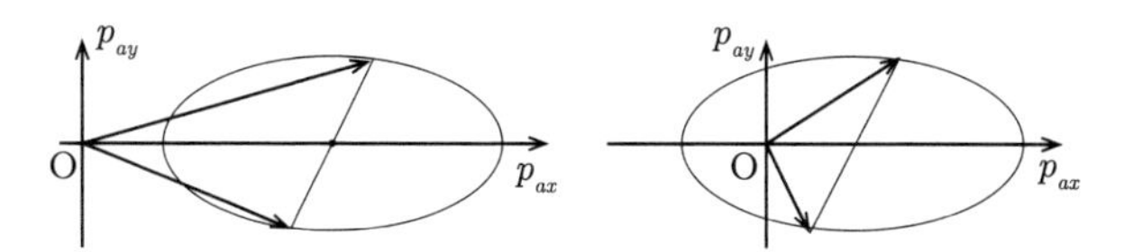

図 2.9 粒子 c が x 軸方向に速さ β で等速度運動しているK系において、(p_x, p_y) 崩壊平面での粒子 a の運動量ベクトルの先端が動く楕円を示している。左図は $\beta = p_c/E_c > \beta^* \equiv p^*/E_a^*$ の場合、右図は $\beta = p_c/E_c < \beta^* \equiv p^*/E_a^*$ の場合である。

$$\gamma[E_a^* - \beta p^*] \leq E_a \leq \gamma[E_a^* + \beta p^*] \tag{2.76}$$

ここで

$$\cos\theta^* = \frac{p_{ax} - \gamma\beta E_a^*}{\gamma p^*}, \qquad \sin\theta^* = \frac{p_{ay}}{p^*} \tag{2.77}$$

$\cos^2\theta^* + \sin^2\theta^* = 1$ から、(p_{ax}, p_{ay}) は、以下の式で与えられる (p_x, p_y) 平面上の楕円の周上にある。

$$\left[\frac{p_x - \gamma\beta E_a^*}{\gamma p^*}\right]^2 + \left[\frac{p_y}{p^*}\right]^2 = 1 \tag{2.78}$$

従って、楕円の中心座標は $(p_x, p_y) = (\gamma\beta E_a^*, 0)$、長径は γp^*、短径は p^* である。

現象論的には、2通りの場合がある。1つは図2.9左図の場合であり、この場合は $\gamma\beta E_a^* > \gamma p^*$、即ち、$\beta = p_c/E_c > \beta^* \equiv p^*/E_a^*$ の場合であり、$p_{ax} > 0$ が常に成立し、即ち崩壊粒子 a は必ず前方に放出される。もう1つの場合は図2.9右図の場合であり、この場合は $\gamma\beta E_a^* < \gamma p^*$、即ち、$\beta = p_c/E_c < \beta^* \equiv p^*/E_a^*$ であり、$p_{ax} < 0$ が成立する可能性がある。この場合は、崩壊粒子 a が後方にも放出される可能性がある。特に、崩壊粒子 a が光子のときには $E_a^* = p^*$ であるから、必ず図2.9右図のようになる。

崩壊粒子 b に関しては、

$$L: \begin{pmatrix} E_b^* \\ p_{bx}^* \\ p_{by}^* \\ p_{bz}^* \end{pmatrix} \to \begin{pmatrix} E_b \\ p_{bx} \\ p_{by} \\ p_{bz} \end{pmatrix} = \begin{pmatrix} \gamma[E_b^* - \beta p^* \cos\theta^*] \\ \gamma[\beta E_b^* - p^* \cos\theta^*] \\ -p^* \sin\theta \\ 0 \end{pmatrix} \tag{2.79}$$

となる。$E_b^* \neq E_a^*$ の場合は、K系で粒子 b の運動量が動く楕円の中心は

$(p_x, p_y) = (\gamma\beta E_b^*, 0)$ に移るが、長径 γp^* と短径 p^* の長さは変わらない。

例として $K_S^0 \to \pi^+ + \pi^-$ の崩壊過程を考える。質量は $M_{K_S^0} = M = 0.498$ [GeV]、$M_{\pi^\pm} = m = 0.140$ [GeV] とする。K_S^0 の静止系においては、

$$E^* = E_a^* = E_b^* = M/2 = 0.249[\mathrm{GeV}] \tag{2.80}$$

$$p^* = \sqrt{E^{*2} - m^2} = 0.206[\mathrm{GeV}] \tag{2.81}$$

実験室系（K系）での K_S^0 のエネルギー、運動量をそれぞれ E、P とすると、

$$E = \sqrt{P^2 + M^2} \tag{2.82}$$

$$\beta = \frac{P}{E} \tag{2.83}$$

$$\gamma = \frac{E}{M} \tag{2.84}$$

となる。図2.10に示すように、K系での運動量平面において、π^+ と π^- の運動量ベクトルの先端が動くのは、π^+、π^- ともに同じ楕円上であるが、楕円の

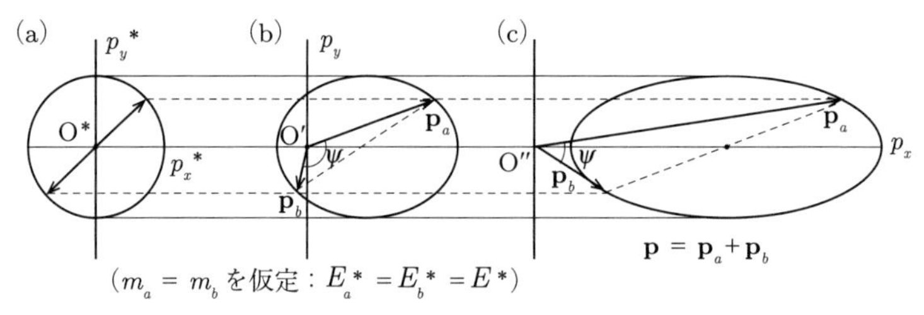

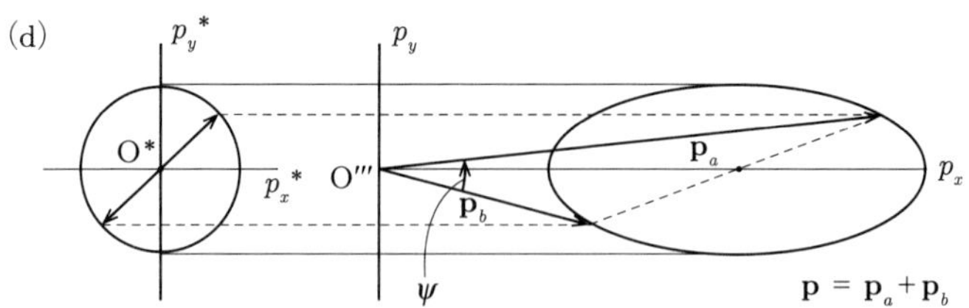

図 2.10 粒子 K_S^0 が x 軸方向に速さ β で等速度運動しているK系において、(p_x, p_y) 崩壊平面において、崩壊で生成した粒子 $\pi^\pm$ の運動量ベクトルの先端が動く楕円を示している。π^+、π^- ともに同じ楕円上を動く。但し、π^+ と π^- の2つの運動量の先端は楕円の中心に対して対称的な位置にくる。K_S^0 の運動量をゼロから徐々に大きくしていったときに、(a) $P = 0$[GeV]、(b)、(c)、(d) のように2粒子の開きの角度 ψ が小さくなり、前方に2粒子がまとまって放出されるようになる。

中心に対して対称の位置にくる。共通の楕円の方程式は、

$$\left[\frac{p_x-\gamma\beta E^*}{\gamma p^*}\right]^2+\left[\frac{p_y}{p^*}\right]^2=1 \tag{2.85}$$

となる。図2.10にはK_S^0の運動量を増やしていった場合が描かれている。崩壊粒子の運動量を増やしていくと、崩壊で生成された粒子は前方に飛ばされ2粒子の開く角度ψが減少していく。

K_S^0粒子は、スピンがゼロの擬スカラー粒子であり（スカラーでパリティ変換に対して波動関数に負号がつく）、電子のスピンのような特定の方向を持たないので、K_S^0の静止系での崩壊で生成する$\pi^\pm$の分布は均一である。つまり、図2.10(a)の円周上に均一に分布する。崩壊数をNとすると、

$$\frac{dN}{d\cos\theta^*}=\mathrm{const} \tag{2.86}$$

となる。$E_{\pi^\pm}$の分布も下の式から均一になることがわかる。

$$E_{\pi^\pm}=\gamma[E^*\pm\beta p^*\cos\theta^*] \tag{2.87}$$

$$dE_{\pi^\pm}=\pm\gamma[\beta p^* d\cos\theta^*] \tag{2.88}$$

従って$dN/dE_{\pi^\pm}$の分布は$-1\leq\cos\theta^*\leq 1$より

$$\gamma[E^*-\beta p^*]\leq E_{\pi^\pm}\leq\gamma[E^*+\beta p^*] \tag{2.89}$$

となり、この領域で均一となる。この様子を図2.11に示した。

2粒子の弾性的正面衝突$a+b\to a'+b'$も同じ運動学を用いることができる。ただし、粒子aとa'の質量m_aは等しく、粒子bとb'の質量m_bは等し

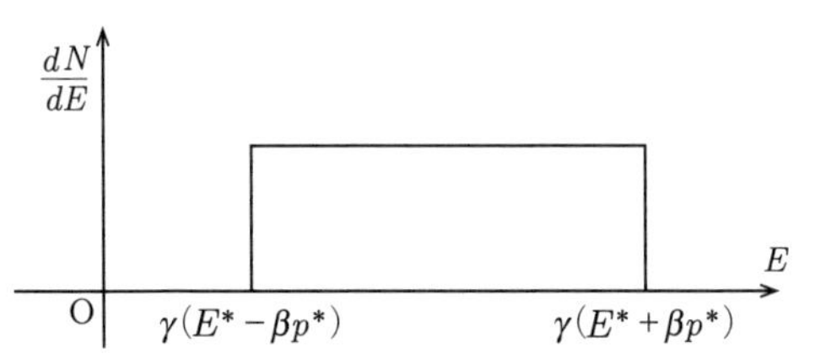

図 2.11 粒子K_S^0がx軸方向に速さβで等速度運動しているK系において、崩壊で生成した$\pi^\pm$粒子のエネルギー分布$dN/dE_{\pi\pm}$を示す。$\gamma[E^*-\beta p^*]\leq E_{\pi\pm}\leq\gamma[E^*+\beta p^*]$の区間に均一に分布する。

いとする。実験室系で静止している粒子 $b(p_b = 0)$ に、加速した粒子 a が衝突する場合は、散乱した粒子 b' のとるべき運動量 (p'_{bx}, p'_{by}) は b の初期運動量 $p_b = \gamma p^* - \gamma\beta\epsilon_b^* = 0$ より、楕円

$$\left(\frac{p'_{bx} - \gamma p^*}{\gamma p^*}\right)^2 + \left(\frac{p'_{by}}{p^*}\right)^2 = 1 \tag{2.90}$$

の上にあり、この楕円の左端は原点 $\mathrm{O}(p'_{bx}, p'_{by}) = (0, 0)$ である。

■崩壊角とヤコビアン・ピーク 次の例は $\pi^0 \to \gamma\gamma$ 崩壊である。崩壊粒子を光子にしたのは、単に計算を簡単にするためで、崩壊の運動学の本質は変わらない。図2.12のように入射 π^0 の4元運動量を $(E, \mathbf{p})$ とする。2つの光子を粒子 a、粒子 b と名付ける。2つの光子のエネルギー E_a、E_b と開き角 ψ $(0 < \psi \leq \pi)$ を測れば、元の π^0 の質量が計算できることを示そう。ここで、粒子 a、b は質量がゼロなので、$|\mathbf{p}_a| = E_a$、$|\mathbf{p}_b| = E_b$ である※5。

π^0 の質量は、2つの光子のエネルギー E_a、E_b と2つの光子の開き角 ψ によって次のように再生できる。

$$\begin{aligned} m_{\pi^0}^2 &= E^2 - \mathbf{p}^2 \\ &= (E_a + E_b)^2 - (\mathbf{p}_a + \mathbf{p}_b)^2 \end{aligned} \tag{2.91}$$

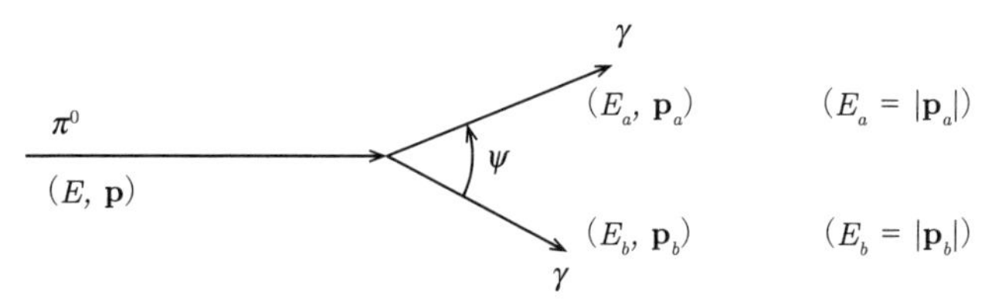

図2.12 $\pi^0 \to \gamma\gamma$ 崩壊において、2個の光子のエネルギーと開き角 ψ を測れば元の π^0 の質量の値を再構成できる。もとの π^0 の4元運動量を $(E, \mathbf{p})$ として、2つの光子の4元運動量を $(E_a, \mathbf{p}_a)$、$(E_b, \mathbf{p}_b)$ とする。

※5……2012年にジュネーブにあるCERNで「素粒子の質量獲得の起源となる」ヒッグス粒子 H^0 が発見されたときには、$H^0 \to \gamma\gamma$ の崩壊モードを用いて、2つの光子のエネルギーと光子の開き角 ψ を測って不変質量分布をつくり、ちょうど H^0 の質量125 [GeV] に統計的なふらつきでは説明がつかない鋭い H^0 粒子のピークを発見した。H^0 は π^0 とは質量こそ1000倍ほども違うが、運動学的には違いはない。

$$
\begin{aligned}
&= E_a^2 + 2E_aE_b + E_b^2 - \mathbf{p}_a^2 - 2\mathbf{p}_a \cdot \mathbf{p}_b - \mathbf{p}_b^2 \\
&= 2E_aE_b - 2\mathbf{p}_a \cdot \mathbf{p}_b \\
&= 2E_aE_b - 2|\mathbf{p}_a||\mathbf{p}_b|\cos\psi \\
&= 2E_aE_b(1-\cos\psi) \\
&= 4E_aE_b\sin^2\frac{\psi}{2}
\end{aligned}
\tag{2.92}
$$

従って、

$$
m_{\pi^0} = 2\sqrt{E_aE_b}\sin\frac{\psi}{2} \tag{2.93}
$$

と求まる。

ここでは ψ の分布において ψ の最小値に鋭いピークがあることを示す。これをヤコビアン・ピークという。以下で述べるように変数変換のヤコビアンがピークの原因である。

$m_{\pi^0}^2$ の式で $\sin^2\frac{\psi}{2}$ は $0 < \psi \leq \pi$ において ψ に関して単調増加関数である。ここで $E_a = xE$、$E_b = (1-x)E$ と置く。但し、x は $0 < x < 1$ であり、2つの光子へのエネルギー分配のパラメターである。

$$
\sin^2\frac{\psi}{2} = \frac{m_{\pi^0}^2}{4E_aE_b} = \frac{m_{\pi^0}^2}{4E^2x(1-x)} = \frac{m_{\pi^0}^2}{4E^2}\left(\frac{1}{x} + \frac{1}{1-x}\right) \tag{2.94}
$$

これを x に関して微分して極値を探す。

$$
\frac{d\sin^2\frac{\psi}{2}}{dx} = \frac{m_{\pi^0}^2}{4E^2}\left(-\frac{1}{x^2} + \frac{1}{(1-x)^2}\right) \tag{2.95}
$$

となって、これが0となるのは、$x = 1/2$ である。もう一度 x で微分すると

$$
\frac{d^2\sin^2\frac{\psi}{2}}{dx^2} = \frac{m_{\pi^0}^2}{4E^2}\left(\frac{1}{x^3} + \frac{1}{(1-x)^3}\right) > 0 \tag{2.96}
$$

であるから、$x = 1/2$ $(E_a = E_b = E/2)$ のときに $\sin^2\frac{\psi}{2}$ は最小値をとり、従って ψ も最小値をとる。

π^0 の崩壊数を N とすると、その ψ 分布は以下で与えられる。

$$
\frac{dN}{d\psi} = \frac{dN}{dx}\frac{dx}{d(\sin^2\frac{\psi}{2})}\frac{d(\sin^2\frac{\psi}{2})}{d\psi} \tag{2.97}
$$

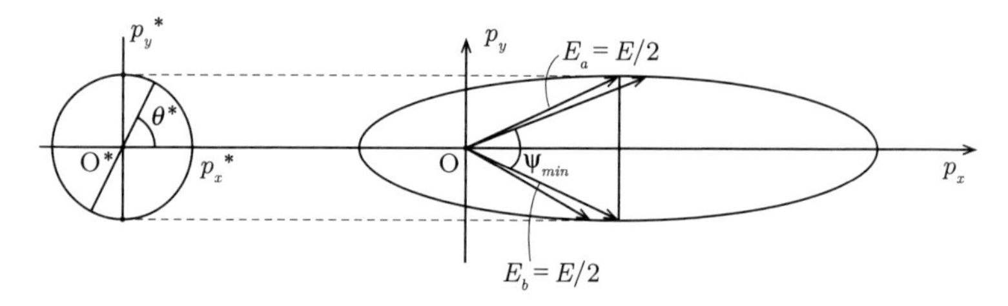

図 2.13 $\pi^0 \to \gamma\gamma$ 崩壊において、2個の光子のエネルギーが等しいときに開き角 ψ は最小値をとるが、このときは π^0 の静止系での放出角 θ^* を $\pi/2$ から少し変えても、ψ は ψ_{min} から殆ど変化しない。これがヤコビアン・ピークが立つ原因である。

右辺の第1因子 $dN/dx = EdN/(dE_a)$ は K_S^0 の場合と同じで一定値である。また第3因子は $\frac{d(\sin^2\frac{\psi}{2})}{d\psi} = \sin\frac{\psi}{2}\cos\frac{\psi}{2} = \sin\psi/2$ であるから $\psi \simeq \psi_{min}$ においても有限値である。第2因子であるが、

$$\frac{dx}{d(\sin^2\frac{\psi}{2})} \propto \frac{1}{-\frac{1}{x^2} + \frac{1}{(1-x)^2}} \tag{2.98}$$

となって $x = 1/2$ で、すなわち $\psi = \psi_{min}$ で発散する。これは、図2.13に示したように $x = 1/2$ 近傍においては、θ^* を少し変えても ψ が ψ_{min} から殆ど変化しないことによる。従って $dN/d\psi$ の分布は最小値である ψ_{min} に鋭いピーク（ヤコビアン・ピーク）を持ち、その後 $dN/d\psi$ は、ゆっくりと降下して最大値の $\psi = \pi$ まで分布する。2体崩壊において生成する2粒子が光子の場合は、楕円の中にK系の原点が来るので $\theta^* = 0$ の特別な場合は、$\psi = \pi$ となり、二つの光子が逆方向に放出される。

第3章

電場

3.1 クーロンの法則とガウスの法則

粒子の静止質量も電荷もローレンツ・スカラーである。しかし電荷は質量と違って正負の符号を持つ。さらに、同じ符号の電荷の間には斥力は働くが、質量は常に同じ正の符号を持ち、その間には引力だけが働く。従って、クーロン力と重力は何か本質的な違いがある。相互作用はミクロに見ればそれを媒介する粒子がなければ働かない。クーロン力は電磁相互作用の一種で、光子が媒介する粒子である。一方、重力は重力子が媒介しているとされる。両者の本質的な違いは光子のスピン（粒子の自転に相当する量子数）が1で、重力子のスピンが2であるという違いで、同じ符号の荷量（電荷や質量）に働く力は、媒介する粒子のスピンが奇数の場合は斥力となり、スピンが偶数の場合は引力となる。残念ながらこれ以上の説明はこの本の守備範囲を超える。

クーロン力と重力で共通なのは、力の大きさが2つの電荷や質量の間の距離の2乗に反比例することである。これは空間が3次元であることが原因でガウスの定理によるものであるから、両者に共通である。もし、空間が$3+n$次元であれば、力は距離の$2+n$乗に反比例するだろう。

図3.1にあるように、3次元座標系の原点を始点とする変位ベクトル$\mathbf{r}_1$に電荷q_1が静止しており、$\mathbf{r}_2$に電荷q_2が静止しているときに、$\mathbf{r}_2$における電荷q_2が電荷q_1から受ける力$\mathbf{F}_2$は次で与えられる。

$\mathbf{F}_1$　$\mathbf{r}_1\, q_1$　　　　$\mathbf{r}_2\, q_2$　$\mathbf{F}_2$

図 3.1　空間の点$\mathbf{r}_1$と$\mathbf{r}_2$にそれぞれ電荷q_1とq_2が存在する。このとき、q_2がq_1から受けるクーロン力を$\mathbf{F}_2$とする。$\mathbf{F}_1$はq_1がq_2から受けるクーロン力である。$\mathbf{F}_1$と$\mathbf{F}_2$は絶対値は等しく向きは反対である。

$$\mathbf{F}_2 = \frac{1}{4\pi\epsilon_0}\frac{q_1 q_2}{r^3}\mathbf{r} = \frac{1}{4\pi\epsilon_0}\frac{q_1 q_2}{r^2}\hat{\mathbf{r}} \tag{3.1}$$

ここでは、$\mathbf{r} \equiv \mathbf{r}_2 - \mathbf{r}_1$、$r \equiv |\mathbf{r}|$、$\hat{\mathbf{r}} \equiv \frac{\mathbf{r}}{r}$ と定義する。

電荷 q_1 には作用反作用の法則によって、

$$\mathbf{F}_1 = -\frac{1}{4\pi\epsilon_0}\frac{q_1 q_2}{r^3}\mathbf{r} = -\frac{1}{4\pi\epsilon_0}\frac{q_1 q_2}{r^2}\hat{\mathbf{r}} \tag{3.2}$$

が働く。負号は $\mathbf{r} \equiv \mathbf{r}_2 - \mathbf{r}_1$ の定義による。

電荷は保存する。これは電磁相互作用が「ゲージ対称性」を持つことが本質であるが、この説明も本書の範囲を超える。また、一般に電荷は電気素量の整数倍である。電気素量は e と書き、陽子の電荷の値であり、電子の電荷の絶対値である。電気素量は $1.602176634 \times 10^{-19}$[C] であり、現在の国際単位系（SI）では逆にこれが [C]（Coulomb）の単位を決めている。この電気素量はミリカンの有名な実験以降精度を上げている。電荷は全て電気素量の整数倍であり、これ以外の電荷は実験的に発見されていない。さらに、陽子と電子の電荷の和は実験的にもゼロと矛盾していない（$|q_p + q_e|/e < 10^{-21}$）。陽子と電子の電荷が完全に相殺していないと、分子のレベルで電荷が現れ電荷の差の大きさにもよるが宇宙の進化にも影響を与えるであろう。銀河が全体として帯電していれば、銀河同士が反発するからである。電磁力は一般に重力よりも強いが、ほぼ重力だけを日常の生活で感じるのは、質量は正の値しか持たないので地球や太陽のようなマクロな質量をもつものから大きな力を受けるが、電荷は通常は分子のレベルで正負の電荷が相殺しているのでマクロな力が働かないからである。

空間のある点での電場 $\mathbf{E}(\mathbf{x})$ はそこに置いた単位テスト電荷に働く力として定義される。図 3.2 のように静止している電荷 q を原点において、原点からの変位ベクトル $\mathbf{r}$ に置いた電荷 Q には次の力がかかる。

$$\mathbf{F} = \frac{1}{4\pi\epsilon_0}\frac{qQ}{r^3}\mathbf{r} = Q\left[\frac{1}{4\pi\epsilon_0}\frac{q}{r^2}\hat{\mathbf{r}}\right] = Q\mathbf{E}(\mathbf{r}) \tag{3.3}$$

従って、この特別な場合には電場は

$$\mathbf{E}(\mathbf{r}) = \frac{1}{4\pi\epsilon_0}\frac{q}{r^3}\mathbf{r} \tag{3.4}$$

図 3.2 空間の点 $\mathbf{r}$ における電場 $\mathbf{E}(\mathbf{r})$ は、そこにおいた単位電荷に働く力として定義される。したがって、座標の原点に電荷 q があるとき、座標 $\mathbf{r}$ における電場は $\mathbf{E}(\mathbf{r}) = \frac{1}{4\pi\epsilon_0}\frac{q}{r^3}\mathbf{r}$ で与えられる。

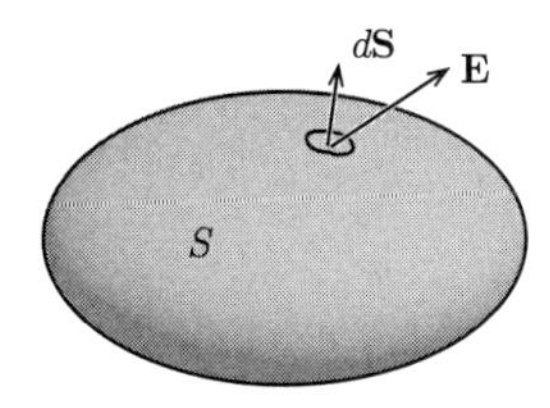

図 3.3 任意の曲面 S の上の微小な面素片 $d\mathbf{S}$ を考える。この面素片のベクトルの向きは面 S に対して外向き法線 $\mathbf{n}$ 方向と定義する。この点における微小電束を $d\Phi_E = \epsilon_0\mathbf{E}(\mathbf{r})\cdot d\mathbf{S}$ と定義する。曲面全体の電束 Φ_E は微小電束を曲面 S 上で面積分したものである。

となる。

次に電束（electric flux）を定義する。図3.3に示すように、S を空間の任意の曲面とする。この曲面上のある点 $\mathbf{r}$ を含む微小な面素 $d\mathbf{S}$ を考える。この面素のベクトルの向きは面 S に対して外向き法線 $\mathbf{n}$ 方向と定義する。この点における微小電束を

$$d\Phi_E \equiv \epsilon_0\mathbf{E}(\mathbf{r})\cdot d\mathbf{S} \tag{3.5}$$

と定義する。曲面の全体で $d\Phi_E$ を積分したときに S を貫く電束は、S の上での面積分で次のように与えられる。

$$\Phi_E = \int_S \epsilon_0\mathbf{E}(\mathbf{r})\cdot d\mathbf{S} \tag{3.6}$$

S が閉曲面であれば、電束 Φ_E は閉曲面 S の中の電荷の総和となることを段階的に説明していこう。これをガウスの法則という。

(1) 図3.4(a) にあるように、中心に電荷 q のある半径 r の球面を考える。

電場は球面上どこでも等しくその絶対値は $[1/(4\pi\epsilon_0)](q/r^2)$ であり、方向は球面に垂直であるから、

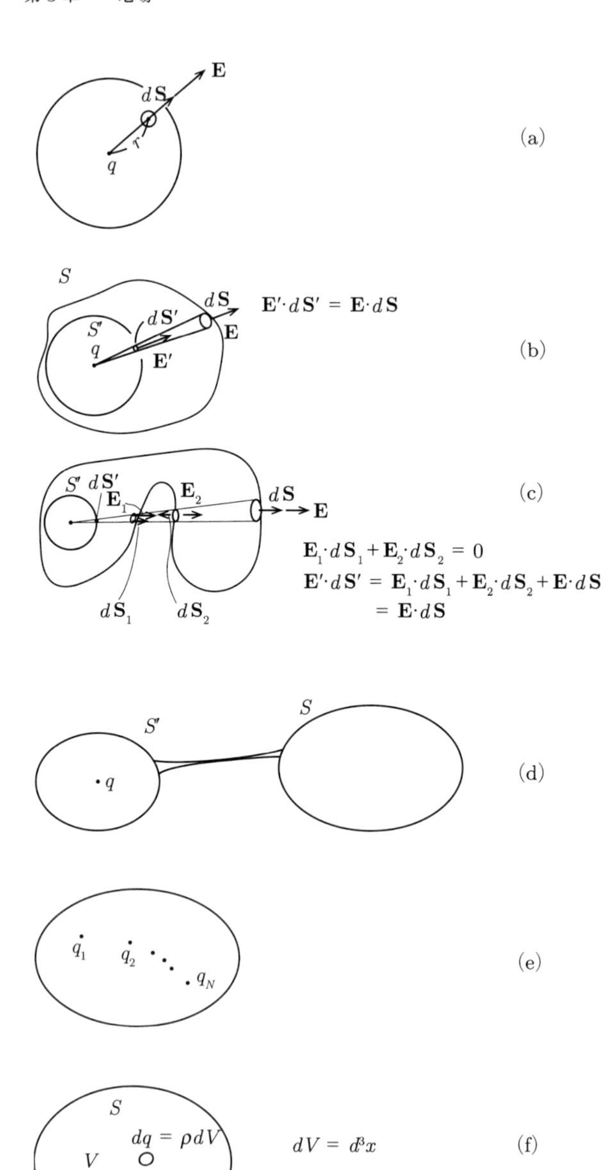

図 3.4 一般に電束 Φ_E を閉曲面 S 上で面積分するとその中に含まれる電荷の総和となる。様々な場合に関して段階的に理解していく。(a) 中心に電荷 q のある半径 r の球面上で Φ_E を積分したとき。(b) 一般の閉曲面 S 上で Φ_E を積分したとき。(c) 凹閉曲面 S で Φ_E を積分したとき。(d) 電荷を含まない閉曲面で Φ_E を積分したとき。(e) 閉曲面内に複数の電荷が存在する場合 Φ_E を積分したとき。(f) 閉曲面内の電荷分布が $\rho(\mathbf{x})$ で与えられているとき。

$$\Phi_E = \epsilon_0 \left[\frac{1}{4\pi\epsilon_0} \frac{q}{r^2} \right] (4\pi r^2) = q \tag{3.7}$$

となって球面内の電荷の総和になっている。このとき Φ_E は球面の半径に依らない。電場が r^{-2} に比例し表面積が r^2 に比例するので打ち消される。

(2) 図3.4(b) にあるように、電荷 q だけが任意の凸閉曲面の中にある場合、この閉曲面上で積分した電束は q であることを示す。電荷を中心にしてこの閉曲面に含まれるような半径 r' の球面 S' をとると、(1) より全球面上での電束の積分は q となる。図3.4(b) にあるように閉曲面 S の任意の面素片 $d\mathbf{S}$ が底面となり電荷 q を頂点とした角錐を考える。この角錐は球面 S' と交差して球面に面素片 $d\mathbf{S}'$ を切り取る。$d\mathbf{S}$ と $d\mathbf{S}'$ での微小電束は等しいことが示せる。$d\mathbf{S}$ とここでの電場 $\mathbf{E}$ とのなす角を θ、電荷 q から $d\mathbf{S}$ までの距離を r とすると、$d\mathbf{S}$ における微小電束は、

$$\begin{aligned} d\Phi_E &= \epsilon_0 \mathbf{E}(r) \cdot d\mathbf{S} \qquad (3.8) \\ &= \epsilon_0 E(r) dS \cos\theta \\ &= \epsilon_0 \left[E(r') \left(\frac{r'}{r} \right)^2 \right] \left[dS' \left(\frac{r}{r'} \right)^2 \frac{1}{\cos\theta} \right] \cos\theta \\ &= \epsilon_0 E(r') dS' \\ &= \epsilon_0 \mathbf{E}(r') \cdot d\mathbf{S}' \\ &= d\Phi'_E \qquad (3.9) \end{aligned}$$

となって、$d\mathbf{S}'$ における微小電束 $d\Phi'_E$ と等しくなる。従って、S と S' 全体で面積分を実行すると下のように等しくなる。

$$\int_S d\Phi_E = \int_{S'} d\Phi'_E = q \tag{3.10}$$

(3) 図3.4(c) にあるような凹曲面 S の場合、図にあるように $d\mathbf{S}$ のとりかたによっては、q を頂点として $d\mathbf{S}$ を底面とする角錐が何度も S を横切ることがある。図にあるように2つの面素片 $d\mathbf{S}_1$ と $d\mathbf{S}_2$ は向きが逆であり微小電束 $d\Phi_{1E}$ と $d\Phi_{2E}$ は、相殺されるので、

$$d\Phi'_E = d\Phi_E + d\Phi_{1E} + d\Phi_{2E} = d\Phi_E \tag{3.11}$$

となる。従って、

$$\int_S d\Phi_E = \int_S \epsilon_0 \mathbf{E}(r) \cdot d\mathbf{S} \tag{3.12}$$
$$= \int_{S'} \epsilon_0 \mathbf{E}(r') \cdot d\mathbf{S}'$$
$$= \int_{S'} d\Phi'_E$$
$$= q \tag{3.13}$$

が成立する。

(4) 図3.4(d) にあるように、閉曲面 S に電荷がない場合は、電荷 q がある閉曲面 S' を無限小の太さの管で連結して一つの閉曲面 S_0 を形成する。管の表面積を無視すると

$$q = \int_{S_0} d\Phi_{0E} \tag{3.14}$$
$$= \int_S d\Phi_E + \int_{S'} d\Phi'_E \tag{3.15}$$
$$q = \int_{S'} d\Phi'_E \tag{3.16}$$

から

$$\int_S d\Phi_E = 0 \tag{3.17}$$

(5) 図3.4(e) にあるように、閉曲面 S に複数の電荷 $q_1, q_2, ..., q_n$ が存在する場合は、Φ_E は線形関数の重ね合わせの原理に従って、これらの電荷の和になる。各電荷の寄与が独立に足し合わされる。

$$\Phi_E = q_1 + q_2 + ... + q_n \tag{3.18}$$

(6) 図3.4(f) にあるように、任意の閉領域 V に電荷が分布しているとき、V の全表面 S での電束の積分は閉領域 V 内の全電荷の和 q となる。閉領域 V の座標点 $\mathbf{x}$ における電荷密度を $\rho(\mathbf{x})$ とすると、

$$\int_S \epsilon_0 \mathbf{E} \cdot d\mathbf{S} = \int_V \rho(\mathbf{x}) dV = q \tag{3.19}$$

ここで $dV \equiv d^3x$ である。ガウスの定理（補遺参照）によって、表面積分を体

積積分に変換する。

$$\int_S \epsilon_0 \mathbf{E} \cdot d\mathbf{S} = \int_V \epsilon_0 (\nabla \cdot \mathbf{E}) dV \tag{3.20}$$

従って、

$$\int_V \rho(\mathbf{x}) dV = \int_V \epsilon_0 (\nabla \cdot \mathbf{E}) dV \tag{3.21}$$

ここで V は任意であるから、任意に小さくできるので、そこでは被積分関数が等しい。

$$\nabla \cdot \mathbf{E}(\mathbf{x}) = \frac{1}{\epsilon_0} \rho(\mathbf{x}) \tag{3.22}$$

これがマクスウエルの 4 つの方程式のうちの一つである。

3.2 電位

図 3.5 にあるように、点 P から点 Q へ単位電荷を動かすときに得る仕事を電位差 ϕ_{QP} という。

$$\phi_{QP} = -\int_P^Q \mathbf{E} \cdot d\mathbf{x} \tag{3.23}$$

積分の前の負号は、単位電荷がする仕事ではなく得る仕事であるという理由からだ。

電位とはある基準点を決め（通常は無限遠点）、そこからの電位差である。例えば、座標原点に電荷 q があるときに、そこからの変位が $\mathbf{r}$ である点 P の電場は

$$\mathbf{E} = \frac{1}{4\pi\epsilon_0} \frac{q}{r^2} \hat{\mathbf{r}} \tag{3.24}$$

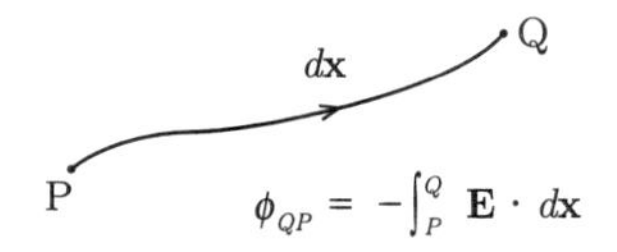

図 3.5 点 Q から P へ単位電荷を動かしたときに得る仕事を電位差という。電位差は線積分 $\phi_{QP} = -\int_P^Q \mathbf{E} \cdot d\mathbf{x}$ で与えられる。

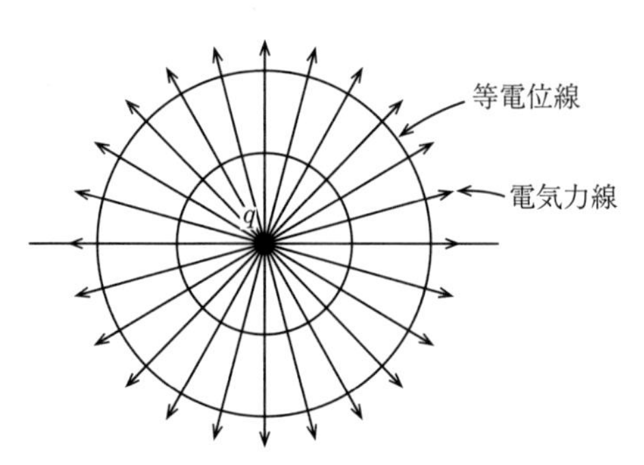

図 3.6 電場の様子は電気力線によって視覚的に表す。ある場所の電気力線の密度は電場の強さを表し、電気力線の方向は電場の方向を表す。電気力線と等電位面は直交する。

であるから、全3次元空間をV_0として、無限遠点での電位をゼロとすると、

$$\phi(\mathbf{r}) = -\int_{V_0} \mathbf{E} \cdot d\mathbf{x} = -\int_{\infty}^{r} \frac{1}{4\pi\epsilon_0}\frac{q}{r'^2}dr' = \frac{1}{4\pi\epsilon_0}\frac{q}{r} \tag{3.25}$$

となる。従って、ある点の電位$\phi(\mathbf{r})$を知ればそこでの電場は

$$\mathbf{E}(\mathbf{r}) = -\nabla\phi(\mathbf{r}) \tag{3.26}$$

で与えられる。

図3.6に示すように、電場の様子は視覚的には電気力線によって表す。電気力線の密度は電場の強さを表し、その方向は電場の方向を表す。従って、以前に定義した電束Φ_Eを視覚的に表したものである。電位の等しい面である等電位面と電気力線は直交する。これは電位ϕの等高線とその電位の最急降下線である$\nabla\phi$の方向が直交するからである。

静電場では、ϕ_{QP}は、PからQの経路に依らない。これがPQ間の電位差が決定できる理由である。図3.7に示すように、点PからQに2つの経路C_1とC_2をとる。

$$\int_{C_1} \mathbf{E} \cdot d\mathbf{x} = \int_{C_2} \mathbf{E} \cdot d\mathbf{x} \tag{3.27}$$

なので、

$$\int_{C_1} \mathbf{E} \cdot d\mathbf{x} + \int_{-C_2} \mathbf{E} \cdot d\mathbf{x} = 0 \tag{3.28}$$

となる。ただし、$\int_{-C_2}$は、逆に点Qから点Pに至る経路で積分することを意

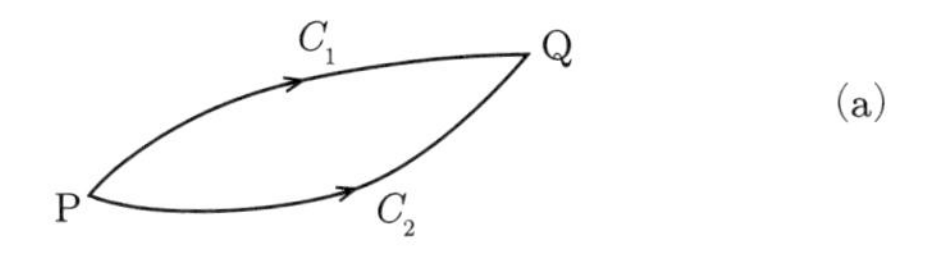

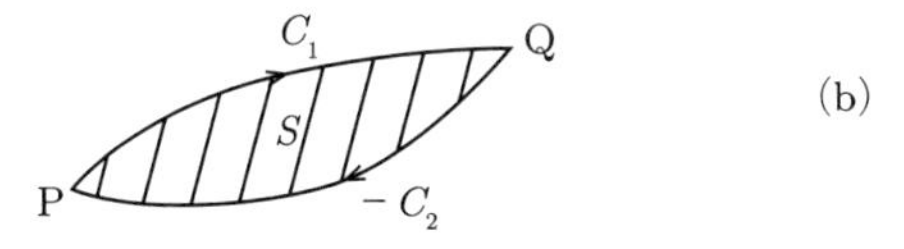

図 3.7 上図のように点 P から Q への電位差 ϕ_{QP} は経路 C_1、C_2 に依らない。下図は P から C_1 を通り Q に達し、Q から C_2 を逆に通り P に戻る閉曲線を C とする。閉曲線 C の内側を張る曲面を S とする。ストークスの定理（補遺参照）より、$\oint_C \mathbf{E}\,.\,d\mathbf{x} = \int_S (\nabla \times \mathbf{E})\,.\,d\mathbf{S}$ となる。

味する。経路 C_1 と $-C_2$ を合併すると閉回路 C となるので、一般に、

$$\oint_C \mathbf{E}\,.\,d\mathbf{x} = 0 \tag{3.29}$$

が成り立つ。閉回路 C で囲まれた曲面を S とすると、ストークスの定理（補遺参照）を用いて

$$\oint_C \mathbf{E}\,.\,d\mathbf{x} = \int_S (\nabla \times \mathbf{E})\,.\,d\mathbf{S} \tag{3.30}$$

なので、

$$\int_S (\nabla \times \mathbf{E})\,.\,d\mathbf{S} = 0 \tag{3.31}$$

となり、閉曲線 C もそれに囲まれた曲面 S も任意であるから、被積分関数がゼロとなる。従って、静電場 $\mathbf{E}$ に対しては、

$$\nabla \times \mathbf{E} = 0 \tag{3.32}$$

となる。

3.3 ポアッソン（Poisson）方程式とラプラス（Laplace）方程式

次の 2 つの方程式

$$\mathbf{E} = -\nabla\phi \tag{3.33}$$

$$\nabla \cdot \mathbf{E} = \frac{\rho}{\epsilon_0} \tag{3.34}$$

をまとめると、下のポアッソン方程式となる。

$$\triangle\phi \equiv \nabla^2\phi = -\frac{\rho}{\epsilon_0} \tag{3.35}$$

ポアッソン方程式は、電位（スカラーポテンシャル）を計算するだけでなく、あとで磁場の章でベクトルポテンシャルを計算するときにも出てくるので、極めて重要である。

電荷密度 ρ がゼロの領域ではこの方程式は

$$\triangle\phi = \nabla^2\phi = 0 \tag{3.36}$$

となって、これをラプラス方程式と呼ぶ。

ポアッソン方程式の解の一意性に関して述べる。ある閉じた領域 V で与えられた電荷密度 ρ に関するポアッソン方程式があったとしよう。また、境界条件として領域 V の表面 S で ϕ の値が与えられている（Dirichlet の境界条件）、または S で ϕ の法線微分係数

$$\frac{\partial\phi}{\partial n} = n_x\frac{\partial\phi}{\partial x} + n_y\frac{\partial\phi}{\partial y} + n_z\frac{\partial\phi}{\partial z} \tag{3.37}$$

$$= \mathbf{n} \cdot \nabla\phi \tag{3.38}$$

の値が与えられている（Neumann の境界条件）とする。このときに、共通のポアッソン方程式と境界条件を満たす2つの関数 ϕ_1 と ϕ_2 は、恒等的に等しい。即ち、ポアッソン方程式の境界値問題が一意的な解を持つことを証明しよう。

ここで2つの解の差を $\Phi = \phi_1 - \phi_2$ とおくと $\triangle\Phi = \nabla^2\Phi = \nabla^2\phi_1 - \nabla^2\phi_2 = \rho/\epsilon_0 - \rho/\epsilon_0 = 0$ となる。従って $\Phi\nabla^2\Phi = 0$ が V のなかで恒等的に成立する。そこで

$$\Phi\nabla^2\Phi = \nabla(\Phi\nabla\Phi) - (\nabla\Phi)^2 = 0 \tag{3.39}$$

が成立する。この2項をそれぞれ領域 V で積分すると

$$\int_V \nabla(\Phi\nabla\Phi)dV = \int_V (\nabla\Phi)^2 dV \tag{3.40}$$

となるが、左辺はガウスの法則を使って、次に $d\mathbf{S} = \mathbf{n}dS$ を使うと、

$$\int_V \nabla(\Phi\nabla\Phi)dV = \int_S (\Phi\nabla\Phi)\cdot d\mathbf{S}$$
$$= \int_S \Phi\nabla\Phi\cdot\mathbf{n}dS = \int_S \Phi\frac{\partial\Phi}{\partial n}dS \tag{3.41}$$

となる。従って、境界条件によって S 上で Φ が恒等的に 0、または $\partial\Phi/\partial n$ が恒等的に 0 なので、$(\nabla\Phi)^2$ は、V において 0 となり、V の任意性によって $\nabla\Phi = 0$ が成立する。

V において $\nabla\Phi = 0$ が成り立ち、境界の S 上で $\Phi = 0$ ならば、V の内部でも $\Phi = 0$ となって、$\phi_1 = \phi_2$ が恒等的に成り立つ。S 上で $\partial\Phi/\partial n$ が 0 ならば、$\nabla\Phi = 0$ が V 内部と S 上で成り立つので、この場合は ϕ_1 と ϕ_2 は定数だけ異なっていてもよいが電場をとれば等しくなり、この定数は意味を持たない。ここで、ポアッソン方程式の解の一意性が（定数の不定性を除いて）証明された。

ポアッソン方程式の解を求めるに当たって、その準備をしよう。

先ずは、ディラック（P.A.M. Dirac）のデルタ関数（$\delta(x)$）を定義する。もっとも簡単と思われる定義は次の関数の極限であろう。

$$f_\epsilon(x) = \begin{cases} \frac{1}{2\epsilon} & -\epsilon \le x \le \epsilon \\ 0 & \text{そのほかの } x \end{cases} \tag{3.42}$$

この関数は ϵ の値に依らず

$$\int_{-\infty}^{\infty} f_\epsilon(x)dx = 1 \tag{3.43}$$

が成り立つ。この関数の極限 $\lim_{\epsilon\to 0} f_\epsilon(x)$ を $\delta(x)$ と定義する。即ち、

$$\delta(x) = \begin{cases} \infty & x = 0 \\ 0 & x \neq 0 \end{cases} \tag{3.44}$$

$$\int_{-\infty}^{\infty} \delta(x)dx = 1 \tag{3.45}$$

が成り立つ。何回でも微分可能な関数 $f(x)$ が区間 $[a,b]$ で有限か、または $x \to \pm\infty$ で $1/|x|^n$（n は任意の整数）よりも速く 0 に近づけば、それぞれの場

合に、

$$\int_a^b \delta(x)f(x)dx = f(0) \tag{3.46}$$

$$\int_{-\infty}^{\infty} \delta(x)f(x)dx = f(0) \tag{3.47}$$

となる。同様に $a \leq c \leq b$ または、$-\infty < c < \infty$ のときにそれぞれ、

$$\int_a^b \delta(x-c)f(x)dx = f(c) \tag{3.48}$$

$$\int_{-\infty}^{\infty} \delta(x-c)f(x)dx = f(c) \tag{3.49}$$

となる。

δ 関数のいくつかの性質を列挙する。

$$\delta(x) = \delta(-x) \tag{3.50}$$

$$x\delta(x) = 0 \tag{3.51}$$

$$\delta(ax) = \frac{\delta(x)}{|a|} \quad a \neq 0 \tag{3.52}$$

$$\int_a^b \delta'(x)f(x)dx = -f'(0) \tag{3.53}$$

初めの3式は、$\delta(x)$ が偶関数であることから明らかである。最後の式は部分積分によって

$$\int_a^b \delta'(x)f(x)dx = [\delta(x)f(x)]_a^b - \int_a^b \delta(x)f'(x)dx = -f'(0) \tag{3.54}$$

となる。

この1次元の δ 関数を拡張して3次元の δ 関数を

$$\delta^{(3)}(\mathbf{r}-\mathbf{r}_0) \equiv \delta(x-x_0)\delta(y-y_0)\delta(z-z_0) \tag{3.55}$$

と定義する。ただし、$\mathbf{r} = (x, y, z)$、$\mathbf{r}_0 = (x_0, y_0, z_0)$ である。

これを用いると次の有用な関係が導かれる。

$$\triangle\left(\frac{1}{r}\right) = \nabla^2\left(\frac{1}{r}\right) = -4\pi\delta^{(3)}(\mathbf{r}) \tag{3.56}$$

ただし、$r = \sqrt{x^2 + y^2 + z^2}$である。

■証明 $r \neq 0$のとき、

$$\nabla \frac{1}{r} = -\frac{\mathbf{r}}{r^3} \tag{3.57}$$

となる。もう一度微分すると

$$\begin{aligned} \nabla^2 \frac{1}{r} &= -\nabla \cdot \left(\frac{\mathbf{r}}{r^3}\right) \qquad (3.58) \\ &= -\frac{\partial}{\partial x}\left(\frac{x}{r^3}\right) - \frac{\partial}{\partial y}\left(\frac{y}{r^3}\right) - \frac{\partial}{\partial z}\left(\frac{z}{r^3}\right) \\ &= -\frac{3}{r^3} + \frac{3(x^2 + y^2 + z^2)}{r^5} \\ &= 0 \qquad (3.59) \end{aligned}$$

となる。

一方、$r = 0$のときには、$r = 0$を含んだ領域Vで積分して、ストークスの定理を使って面積分に変換して

$$\begin{aligned} \int_V \nabla^2 \left(\frac{1}{r}\right) dV &= -\int_V \nabla \cdot \left(\frac{\mathbf{r}}{r^3}\right) dV \qquad (3.60) \\ &= -\int_S \left(\frac{\mathbf{r}}{r^3}\right) \cdot d\mathbf{S} \\ &= -\int_S \frac{1}{r^2} r^2 d\Omega \\ &= -4\pi \qquad (3.61) \end{aligned}$$

となる。rの次元はキャンセルし合って、立体角の積分だけが残る。

$r = 0$の場合と$r \neq 0$の場合を統合すると

$$\triangle \left(\frac{1}{r}\right) = \nabla^2 \left(\frac{1}{r}\right) = -4\pi\delta^{(3)}(\mathbf{r}) \tag{3.62}$$

となる。（証明終わり）

より一般的には

$$\triangle \left(\frac{1}{|\mathbf{r} - \mathbf{r}'|}\right) = \nabla^2 \left(\frac{1}{|\mathbf{r} - \mathbf{r}'|}\right) = -4\pi\delta^{(3)}(\mathbf{r} - \mathbf{r}') \tag{3.63}$$

とも表される。

ポアッソン方程式の解を求めるには、グリーン関数$G(\mathbf{r},\mathbf{r}')$を用いた解法が使われる。グリーン関数は

$$\triangle' G(\mathbf{r},\mathbf{r}') = -\delta^{(3)}(\mathbf{r}-\mathbf{r}') \tag{3.64}$$

と定義すると便利である。即ち(3.63)より、

$$G(\mathbf{r},\mathbf{r}') = -\frac{1}{4\pi|\mathbf{r}-\mathbf{r}'|} \tag{3.65}$$

となる。ここで、グリーン関数を用いて、

$$\phi(\mathbf{r}) = -\int_{V'} G(\mathbf{r},\mathbf{r}')\frac{\rho(\mathbf{r}')}{\epsilon_0}dV' \tag{3.66}$$

$$= \int_{V'} \frac{1}{4\pi\epsilon_0|\mathbf{r}-\mathbf{r}'|}\rho(\mathbf{r}')dV' \tag{3.67}$$

とおくと、

$$\triangle\phi(\mathbf{r}) = -\int_{V'} \triangle G(\mathbf{r},\mathbf{r}')\frac{\rho(\mathbf{r}')}{\epsilon_0}dV' \tag{3.68}$$

$$= \int_{V'} \delta^{(3)}(\mathbf{r}-\mathbf{r}')\frac{\rho(\mathbf{r}')}{\epsilon_0}dV' \tag{3.69}$$

$$= \frac{\rho(\mathbf{r})}{\epsilon_0} \tag{3.70}$$

となって、(3.67)がポアッソン方程式の解になっていることがわかる。グリーン関数を用いることによって簡単に解が求まった。

これでも電磁気学的には十分であるが、もう少し厳密な議論をする。ポアッソン方程式を、解が遠方までの距離Rに対して$1/R$またはそれよりも速くゼロになる境界条件で解く。ポアッソン方程式の変数を$\mathbf{r}'$とすると、

$$\triangle'\phi(\mathbf{r}') = \nabla'^2\phi(\mathbf{r}') = \frac{\rho(\mathbf{r}')}{\epsilon_0} \tag{3.71}$$

である。(3.64)、(3.71)から次の恒等式を得る。

$$\begin{aligned} &-\phi(\mathbf{r}')\triangle' G(\mathbf{r},\mathbf{r}') + G(\mathbf{r},\mathbf{r}')\triangle'\phi(\mathbf{r}') \\ &= \phi(\mathbf{r}')\delta^{(3)}(\mathbf{r}-\mathbf{r}') + G(\mathbf{r},\mathbf{r}')\rho(\mathbf{r}')/\epsilon_0 \end{aligned} \tag{3.72}$$

ここで十分大きな半径R'の領域V'で$\mathbf{r}'$について1行目と2行目を積分し

て、最後に $R' \to \infty$ の極限をとり全3次元空間を V' としてそこでの体積分を計算する。

先ず1行目を積分する。

$$\int_{V'} \{-\phi(\mathbf{r}')\triangle' G(\mathbf{r},\mathbf{r}') + G(\mathbf{r},\mathbf{r}')\triangle'\phi(\mathbf{r}')\}dV' \tag{3.73}$$

これは次のように変形され、

$$\begin{aligned} =\int_{V'} \{ & -\nabla' \cdot [\phi(\mathbf{r}')\nabla' G(\mathbf{r},\mathbf{r}')] + \nabla' G(\mathbf{r},\mathbf{r}') \cdot \nabla'\phi(\mathbf{r}') \\ & + \nabla' \cdot [G(\mathbf{r},\mathbf{r}')\nabla'\phi(\mathbf{r}')] - \nabla'\phi(\mathbf{r}') \cdot \nabla' G(\mathbf{r},\mathbf{r}')\}dV' \end{aligned} \tag{3.74}$$

$\nabla' G \cdot \nabla'\phi$ と $-\nabla'\phi \cdot \nabla' G$ の項は相殺される。さらにガウスの定理を使って V' での体積分を V' の表面 S' での面積分に変換すると、

$$= \int_{S'} \{-[\nabla' G(\mathbf{r},\mathbf{r}')]\phi(\mathbf{r}') + G(\mathbf{r},\mathbf{r}')[\nabla'\phi(\mathbf{r}')]\} \cdot d\mathbf{S}' \tag{3.75}$$

となる。ここで、十分大きな R' をとれば、$G(\mathbf{r},\mathbf{r}')$ は (3.65) から $\mathbf{r}$ を固定すれば $\to 1/R'$ で小さくなり、$\phi(\mathbf{r}')$ は仮定より $\to 1/R'$ またはそれよりも速く小さくなる。また、∇' の微分を含む $\nabla' G(\mathbf{r},\mathbf{r}')$ と $\nabla'\phi(\mathbf{r}')$ は $\to 1/R'^2$ またはそれより速く小さくなる。従って、表面積分の被積分関数は $\to 1/R'^3$ またはそれより速く小さくなり、R'^2 でスケールする表面積分を行っても1行目の積分全体は $\to 1/R'$ またはそれより速く0に収束する。

次に2行目は、V' での積分を $R' \to \infty$ として初めから全空間で行う。

$$G(\mathbf{r},\mathbf{r}') = -\frac{1}{4\pi|\mathbf{r}-\mathbf{r}'|} \tag{3.76}$$

を用いると、

$$\int_{V'} \phi(\mathbf{r}')\delta^{(3)}(\mathbf{r}-\mathbf{r}')dV' + \int_{V'} G(\mathbf{r},\mathbf{r}')\frac{\rho(\mathbf{r}')}{\epsilon_0}dV' = \phi(\mathbf{r}) - \int_{V'} \frac{\rho(\mathbf{r}')}{4\pi\epsilon_0|\mathbf{r}-\mathbf{r}'|}dV' \tag{3.77}$$

となる。式 (3.72) の2行目の全空間積分は1行目の全空間積分と等しくなるので上式 (3.77) はゼロとなる。

即ち、ポアッソン方程式の遠方までの距離 R に対して $\to 1/R$ またはそれよりも速くゼロに収束する境界条件に従う解 $\phi(\mathbf{r})$ は、予想通り、

$$\phi(\mathbf{r}) = \int_{V'} \frac{\rho(\mathbf{r}')}{4\pi\epsilon_0|\mathbf{r}-\mathbf{r}'|}dV' \tag{3.78}$$

である。

3.4 電気双極子モーメントと多重極展開

ここで図3.8に示したような電気双極子による電位を求めてみよう。3次元座標の $(x, y, z) = (0, 0, a/2)$ と $(x, y, z) = (0, 0, -a/2)$ の2点にそれぞれ電荷 q と $-q$ をおく。但し、$|a| \ll \sqrt{x^2+y^2+z^2} = r$ とする。この電気双極子モーメントは

$$\mathbf{P} = qa\hat{\mathbf{z}} \tag{3.79}$$

である。点 $\mathrm{P} = (x, y, z)$ における電位は次式で与えられる。

$$\phi(\mathrm{P}) = \frac{q}{4\pi\epsilon_0}\left[\frac{1}{(x^2+y^2+(z-a/2)^2)^{1/2}} - \frac{1}{(x^2+y^2+(z+a/2)^2)^{1/2}}\right] \tag{3.80}$$

$$\simeq \frac{q}{4\pi\epsilon_0}\left[\frac{1}{(r^2-za)^{1/2}} - \frac{1}{(r^2+za)^{1/2}}\right]$$

$$\simeq \frac{q}{4\pi\epsilon_0 r}\left[\left(1+\frac{za}{2r^2}\right) - \left(1-\frac{za}{2r^2}\right)\right]$$

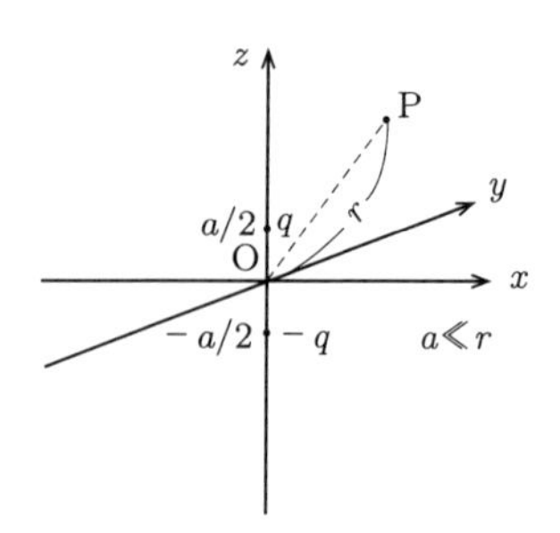

図 3.8 電気双極子モーメントから離れた点での電位の計算。$(x, y, z) = (0, 0, a/2)$ と $(x, y, z) = (0, 0, -a/2)$ の2点にそれぞれ電荷 q と $-q$ をおく。但し、$|a| \ll \sqrt{x^2+y^2+z^2} = r$ とする。この電気双極子モーメントは $\mathbf{P} = qa\hat{\mathbf{z}}$ で与えられる。

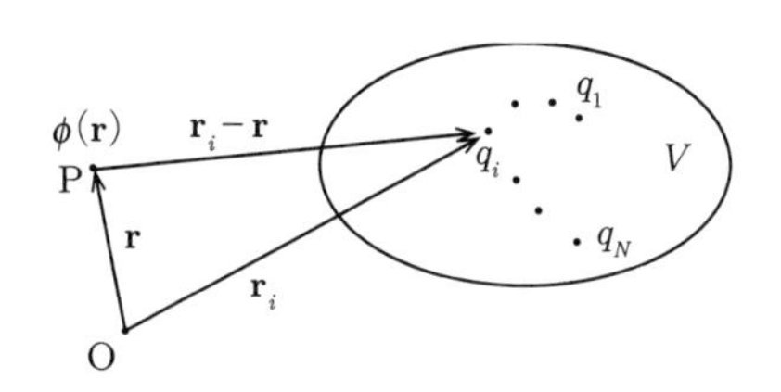

図 3.9 電荷 q_i $(i = 1, 2, ..., n)$ が、それぞれ $\mathbf{r}_i$ にあるときの点 $\mathrm{P} = (x, y, z)$ の電位はそれぞれの電荷からの寄与の和である。

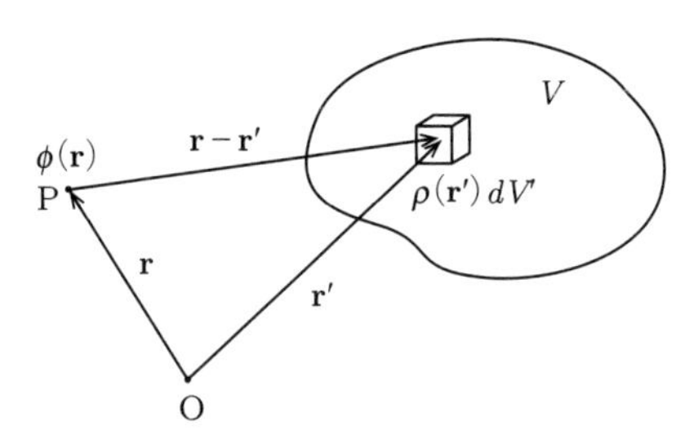

図 3.10 電荷が連続的に分布しているときには、点 $\mathrm{P}(\mathbf{r})$ における電位は、電荷が存在する微小体積 dV' での電荷 $\rho(\mathbf{r}')dV'$ の寄与の和となる。

$$= \frac{qaz}{4\pi\epsilon_0 r^3} \tag{3.81}$$

図 3.9 のように、多数の電荷が存在するときの電位はそれぞれの電荷からの寄与の和となる。即ち、電荷 q_i $(i = 1, 2, ..., n)$ が、それぞれ $\mathbf{r}_i$ にあるときの点 $\mathrm{P}(x, y, z) = \mathrm{P}(\mathbf{r})$ の電位は次で与えられる。

$$\phi(\mathbf{r}) = \sum_1^n \frac{1}{4\pi\epsilon_0} \frac{q_i}{|\mathbf{r} - \mathbf{r}_i|} \tag{3.82}$$

図 3.10 のように、電荷が連続的に分布しているときには、点 $\mathrm{P}(\mathbf{r})$ における電位は、電荷が存在する微小体積 dV' での電荷 $\rho(\mathbf{r}')dV'$ の寄与の和となる。これは前節 (3.71) で証明している。即ち、

$$\phi(\mathbf{r}) = \int_{V'} d^3r' \frac{1}{4\pi\epsilon_0} \frac{\rho(\mathbf{r}')}{|\mathbf{r} - \mathbf{r}'|} \tag{3.83}$$

となる。

領域 V' に電荷が分布しており、それを遠くから眺める場合がある。このと

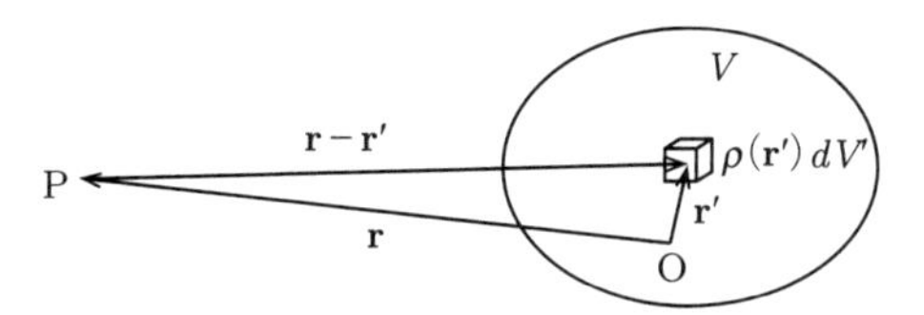

図 3.11 領域 V' に電荷が分布しており、これを遠方の点 $\mathbf{r}$ から眺めるときには、電位を多重極展開すると便利である。

き電位を多重極展開すると状況がよく見える。原子核内の電荷分布を遠方から眺めたときなどがその例である。図3.11にあるように、領域 V' に電荷が分布しているときには V の中に原点をとって電荷までの変位を $\mathbf{r}'$ とする。O から離れた点 $\mathrm{P}(\mathbf{r})$ で測定した電位を求めたい。$|\mathbf{r}| \gg |\mathbf{r}'|$ のとき、

$$\frac{1}{|\mathbf{r}-\mathbf{r}'|} \simeq \frac{1}{r}\left[1 - 2\frac{\mathbf{r}\cdot\mathbf{r}'}{r^2} + \frac{\mathbf{r}'^2}{r^2}\right]^{-\frac{1}{2}} \tag{3.84}$$

であるから、これを $1/r$ で展開すると、

$$\frac{1}{|\mathbf{r}-\mathbf{r}'|} = \frac{1}{r}\left[1 - \frac{1}{2}\left\{\frac{-2\mathbf{r}\cdot\mathbf{r}' + \mathbf{r}'^2}{r^2}\right\} + \frac{3}{8}\left\{\frac{-2\mathbf{r}\cdot\mathbf{r}' + \mathbf{r}'^2}{r^2}\right\}^2 + \ldots\right] \tag{3.85}$$

$$= \frac{1}{r} + \frac{\mathbf{r}\cdot\mathbf{r}'}{r^3} + \frac{1}{2}\frac{\{3(\mathbf{r}\cdot\mathbf{r}')^2 - \mathbf{r}^2\mathbf{r}'^2\}}{r^5} + \ldots \tag{3.86}$$

となる。

これを用いるとP点での電位を $\mathcal{O}(1/r^3)$ まで展開すると

$$\phi(\mathbf{r}) = \int_{V'} d^3r' \; \frac{1}{4\pi\epsilon_0}\rho(\mathbf{r}')\left[\frac{1}{r} + \frac{\mathbf{r}\cdot\mathbf{r}'}{r^3} + \frac{1}{2}\frac{\{3(\mathbf{r}\cdot\mathbf{r}')^2 - \mathbf{r}^2\mathbf{r}'^2\}}{r^5} + \ldots\right] \tag{3.87}$$

$$= \frac{q}{4\pi\epsilon_0 r} + \frac{1}{4\pi\epsilon_0 r^3}\mathbf{P}\cdot\mathbf{r} + \frac{1}{4\pi\epsilon_0 r^3}\sum_{i,j} Q_{ij}\frac{r_i r_j}{2r^2} + \ldots \tag{3.88}$$

が得られる。ここで、

$$q = \int_{V'} d^3r' \; \rho(\mathbf{r}') \tag{3.89}$$

$$\mathbf{P} = \int_{V'} d^3r' \; \mathbf{r}'\rho(\mathbf{r}') \tag{3.90}$$

$$Q_{ij} = \int_{V'} d^3r' \; [3r'_i r'_j - \delta_{ij} r'^2]\rho(\mathbf{r}') \tag{3.91}$$

と表す。q は領域 V' での総電荷、$\mathbf{P}$ は電気双極子モーメント、Q_{ij} は電気四重極モーメントである。ここでは多重極展開の初めの3項のみを示した。

3.5 動いている電荷による電場

図3.12左図のように座標系K′を定め、$y' = 0$ と $y' = a$ にそれぞれ均一な面電荷密度 σ_0 と $-\sigma_0$ に帯電した十分に広い2つの面がある。ここに図3.12右図のようにガウスの法則を適用すると、両面の間の電場成分は y' 方向のみで $E_{y'} = \frac{1}{\epsilon_0}\sigma_0$ で与えられる。K系に対してK′系は x 方向に速さ $v = c\beta$ で等速度運動しているとすると、K系での電荷密度は x 方向にローレンツ短縮を受けて、電荷密度が次のように圧縮されて大きくなる。

$$\sigma = \frac{\sigma_0}{\sqrt{1-\beta^2}} = \sigma_0\gamma \tag{3.92}$$

これによってK系での電場は強くなる。

$$E_y = \frac{\sigma}{\epsilon_0} = \frac{\gamma\sigma_0}{\epsilon_0} = \gamma E_{y'} \tag{3.93}$$

次に、図3.13左図にあるように、座標系K′を定め、$x' = 0$ と $x' = a$ にそれぞれ均一な面電荷密度 σ_0 と $-\sigma_0$ に帯電した十分に広い2つの面がある。この場合には電場は x' 方向だけで $E_{x'} = \frac{1}{\epsilon_0}\sigma_0$ で与えられる。K系に対してK′系

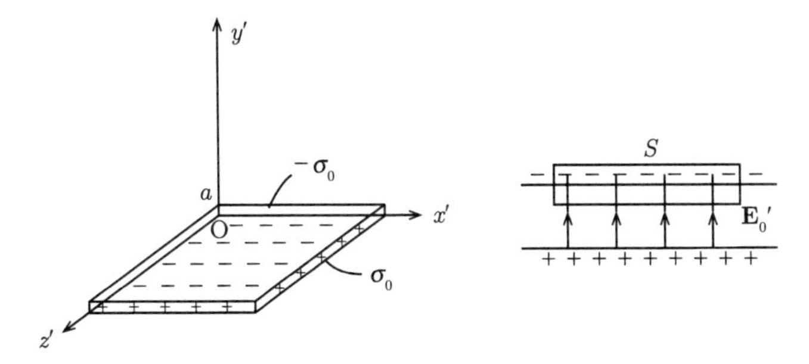

図 3.12 左図：座標系K′を定め、$y' = 0$ と $y' = a$ にそれぞれ均一な面電荷密度 σ_0 と $-\sigma_0$ に帯電した十分に広い2つの面がある。右図：ガウスの法則を適用すると、両面の間の電場成分は y' 方向のみで $E'_y = \frac{1}{\epsilon_0}\sigma_0$ で与えられる。

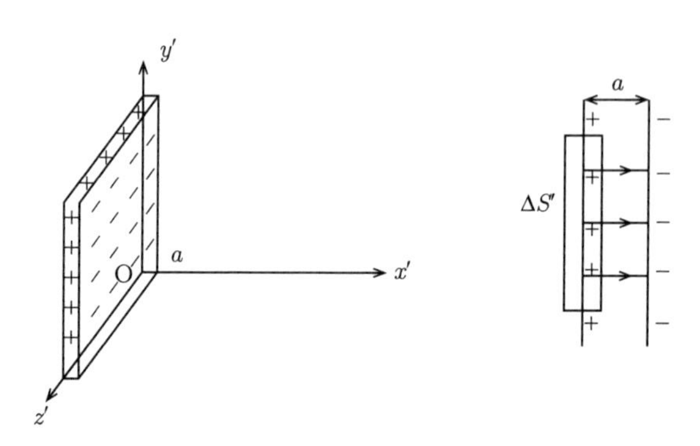

図 3.13 左図：座標系 K′ を定め、$x' = 0$ と $x' = a$ にそれぞれ均一な面電荷密度 σ_0 と $-\sigma_0$ に帯電した十分に広い2つの面がある。右図：ガウスの法則を適用すると、両面の間の電場成分は x' 方向のみで $E_{x'} = \frac{1}{\epsilon_0}\sigma_0$ で与えられる。

は x 方向に速さ $v = c\beta$ で等速度運動しているとすると、帯電している両面の距離 a はローレンツ短縮を受けて、a/γ となるが、K 系での両帯電面の間の x 方向の電場 E_x は、ガウスの法則から帯電面の間の距離 a に依らないので $E_{x'}$ のままである。即ち、

$$E_x = \frac{\sigma_0}{\epsilon_0} = E_{x'} \tag{3.94}$$

一般に、運動方向に平行な電場は変わらず、運動方向と垂直な電場は増加する。

$$E_{\parallel} = E'_{\parallel} \tag{3.95}$$

$$E_{\perp} = \gamma E'_{\perp} \tag{3.96}$$

一定速度で動いている電荷の作る電場を求めよう。いま K′ 系の原点に電荷 Q が静止しているとする。座標点 $(x', y', 0)$ における電場は

$$E_{x'} = \frac{Q}{4\pi\epsilon_0}\frac{1}{r'^2}\cos\theta' = \frac{Q}{4\pi\epsilon_0}\frac{x'}{r'^3} \tag{3.97}$$

$$E_{y'} = \frac{Q}{4\pi\epsilon_0}\frac{1}{r'^2}\sin\theta' = \frac{Q}{4\pi\epsilon_0}\frac{y'}{r'^3} \tag{3.98}$$

K′ 系は例によって K 系に対して x 軸方向に一定の速さ $v = c\beta$ で動いており $t = t' = 0$ において両方の系の原点 O、O′ が重なっていたとすると、

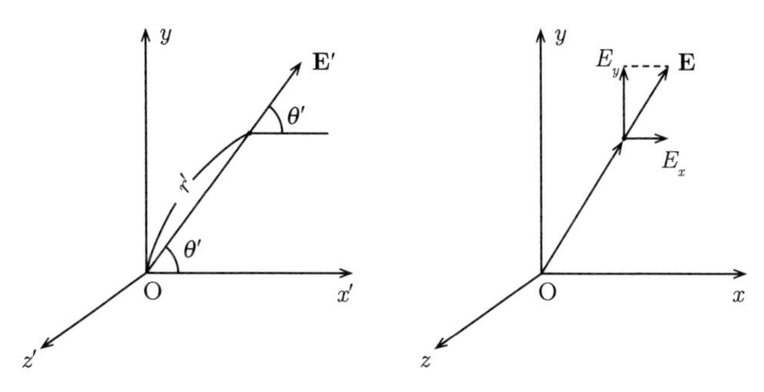

図 3.14 左図：K′ 系の原点に静止した電荷の作る電場。右図：K 系において、x 方向に速さ $v = c\beta$ で等速度運動する電荷の作る電場。

$$ct' = \gamma[ct - \beta x] \tag{3.99}$$

$$x' = \gamma[x - \beta ct] \tag{3.100}$$

$$y' = y \tag{3.101}$$

$$z' = z \tag{3.102}$$

であるから、$t = 0$ においては

$$x' = \gamma x \tag{3.103}$$

$$y' = y \tag{3.104}$$

となる。これを $E_{x'}$、$E_{y'}$ に代入して、かつ進行方向に垂直な電場 $E_{y'}$ は γ 倍になるので、

$$E_x = E_{x'} = \frac{Q}{4\pi\epsilon_0}\frac{\gamma x}{[(\gamma x)2 + y^2]^{3/2}} \tag{3.105}$$

$$E_y = \gamma E_{y'} = \frac{Q}{4\pi\epsilon_0}\frac{\gamma y}{[(\gamma x)2 + y^2]^{3/2}} \tag{3.106}$$

従って、

$$\frac{E_x}{E_y} = \frac{x}{y} \tag{3.107}$$

となって、電荷が動いている場合でも電場ベクトルの向きは原点から外に向けて出ている。

実は、点 (x, y, z) で観測される電場は、時刻が $\Delta t = r/c = \sqrt{x^2 + y^2 + z^2}/c$

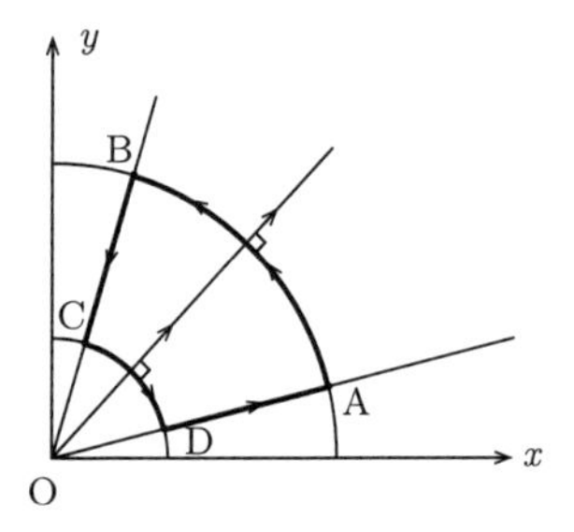

図 3.15 K系において、x 方向に速さ $v = c\beta$ で等速度運動する電荷の作る電場を、扇形の閉経路ABCDに沿って電場の経路に対する平行成分を線積分する。

前に決定されたものである。

図3.15にあるように、K系において、経路ABCDに沿って電場成分を線積分してみる。静電場ならば以前に見たように線積分は0になるはずである。円弧AB及びCDでは電場は経路に垂直なのでこれらからの寄与はない。経路BCとDAをみると、電場は経路に平行でその絶対値はBCのほうが大きい。従って、経路ABCDに沿っての電場の線積分はゼロにならない。これは、この電場が静電場でないことを意味している。

相対性理論で本質的なことは、相互作用は有限の速さで伝達され、その速さは真空中での光の速さを超えないということである。ある慣性系で真空中を直進する荷電粒子は相互作用を伝える電場を出しているが、電場が伝達する速度は有限である。これが顕著に見える簡単な例を示す。

では、$t < 0$で原点$x = 0$に静止していた電荷qが$t = 0$で急に加速されて相対論的な等速$v = c\beta$でx軸方向に動き出した場合を考える。$t < 0$においては図3.16左図のように原点Oに関して球対称の電場であったが、情報はctでしか伝わらないので、$t > 0$においては、右図のように半径ctの球の内部ではx方向に圧縮された電場の形となっている。しかしながら、電気力線は境界面で切れ目なくつながっている。

図3.17左図にあるように電荷が遠方からx軸に沿って相対論的速さで走ってきて、右図に示したように$x = 0$で急に止まった場合を考える。$r > ct$の領

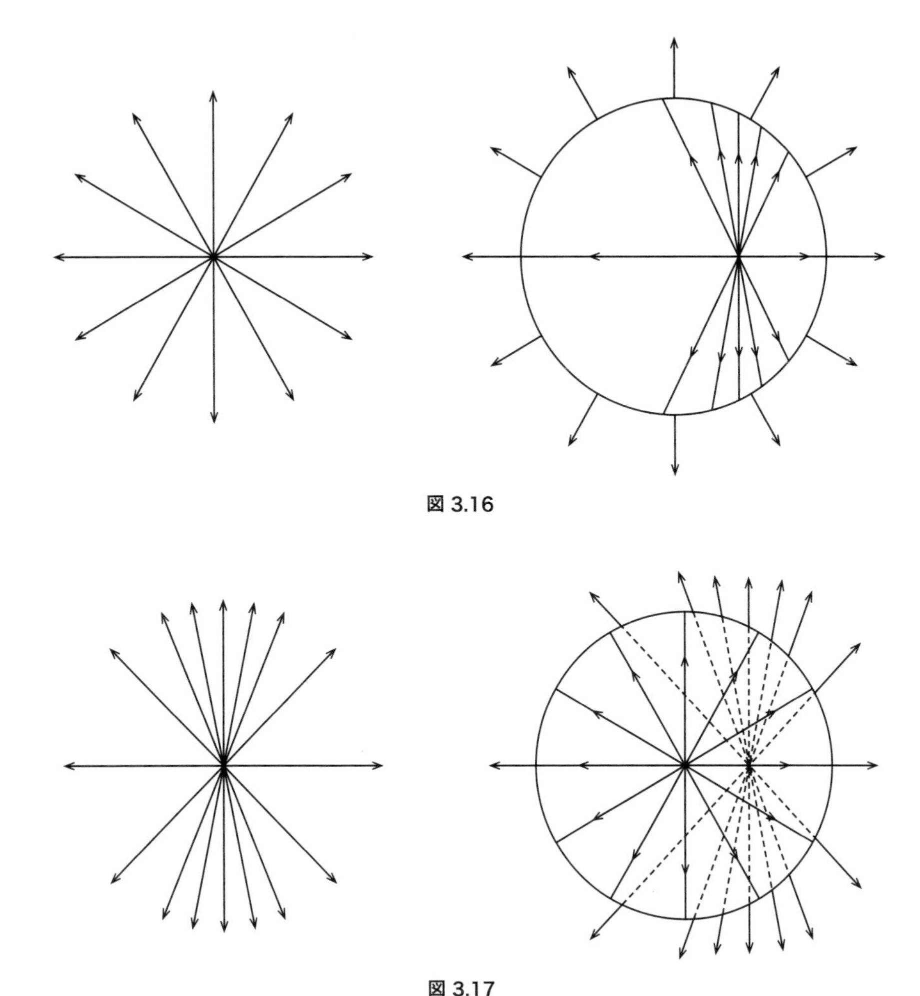

図 3.16

図 3.17

域では電荷が止まったという情報が伝達していないので、電荷がまだ右に動いているような電場となっている。

この他にも、電荷をもった粒子が $t < 0$ で x 軸の遠方から走ってきて、$t = 0$ で壁に衝突して急に反射する場合（弾性散乱）などについて考えてみると面白いだろう。

3.6 動いている電荷と他の動いている電荷の間に働く力

電場のローレンツ変換から磁場が自然に現れてくることを示していこう。図3.18(a) に示したように、K系において $(x, y, z) = (0, r, 0)$ に電荷線密度 λ の線電荷が x 軸に平行に速さ $v_0 = c\beta_0$ で $x > 0$ の方向に走っている。同じようにその線電荷から無限小 δ だけ離れた $(x, y, z) = (0, r + \delta, 0)$ 線上に線電荷密度 $-\lambda$ の線電荷が $x < 0$ 方向に速さ $-v_0 = -c\beta_0$ で走っている。K系では正味の電荷は δ の範囲で相殺されているので、電場は存在しない※6。ここで原点にある速

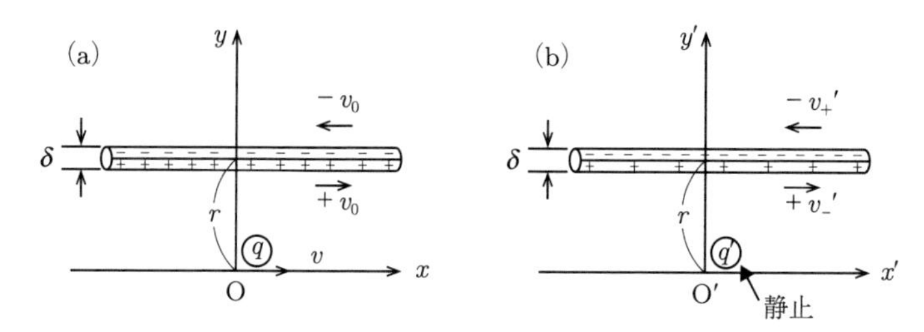

図 3.18 (a) はK系、(b) はK′系。

※6 …… この本では様々な思考実験（Gedankenexperiment, thought experiment）を用いて説明を試みているが、これらの思考実験は現実離れしているものが多いのも事実である。例えば、今の例だとプラスの電荷をもった線電荷のすぐそばにマイナスの電荷をもった線電荷を配置して逆方向に相対論的速さで動かしている。実際の導線はプラスイオンに束縛された電子と自由電子がいて、電場をかけると自由電子が平均的に一定の速度で動き出す。ただし、この自由電子は電場で加速されて、プラスイオンとランダムに衝突して方向を失う。この衝突までの距離を平均自由行程という。従って、導体中の自由電子は一定の速度で走っているのではなく、加速と衝突を繰り返してなんとか平均的に一定の速度で走っているのである。これに対してプラスイオンは、原子の格子に束縛されていて動けない。そもそも、導体中の電子の速度は遅く相対論的速さからは程遠い。プラスイオンの速度は平均ゼロである。従って、プラスの電荷をもった線電荷のすぐそばにマイナスの電荷を持った線電荷を配置して、お互いに相対論的速さで逆方向に動かすことを、現実の導体で行うことはできない。強いてこれを実現しようと思えば、加速器を用いて電子（電荷 $-e$）とその反粒子の陽電子（電荷 $+e$）をすぐそばに走らせることは可能である。細いビームを線電荷と思えばよいし、貯蔵リングという装置を使えば、長い距離を加速せずに一定の速度で電子と陽電子を逆方向に走らせることは可能である。実際には相対論的なエネルギーにならないとビームは安定しないが、プラスとマイナスに帯電した線電荷を反対方向に走らせることは原理的には可能である。従ってこの思考実験も全くの荒唐無稽のものではなく、技術が進歩すれば実現できる可能性はある。

さ $v = c\beta$ で x 軸方向に走っている電荷 q を考えよう。図3.18(b) に示したように、この電荷 q の静止系である K' 系に移ろう。K 系で線電荷密度 λ と $-\lambda$ の電荷の K' 系での速さ $v'_+ = c\beta'_+$ 及び $v'_- = c\beta'_-$ は、速度の合成則によって、

$$v'_+ = \frac{v_0 - v}{1 - vv_0/c^2} \tag{3.108}$$

$$v'_- = \frac{-v_0 - v}{1 + vv_0/c^2} \tag{3.109}$$

即ち、

$$\beta'_+ = \frac{\beta_0 - \beta}{1 - \beta_0\beta} \tag{3.110}$$

$$\beta'_- = \frac{-\beta_0 - \beta}{1 + \beta_0\beta} \tag{3.111}$$

となる。λ_0 を λ の静止系での電荷線密度とすると、ローレンツ短縮に従って

$$\lambda_0 = \frac{\lambda}{\gamma_0} \qquad \gamma_0 = \frac{1}{\sqrt{1-\beta_0^2}} \tag{3.112}$$

$$\lambda'_+ = \gamma'_+\lambda_0 = \frac{\gamma'_+}{\gamma_0}\lambda \qquad \gamma'_+ = \frac{1}{\sqrt{1-\beta'^2_+}} \tag{3.113}$$

$$\lambda'_- = \gamma'_-\lambda_0 = \frac{\gamma'_-}{\gamma_0}\lambda \qquad \gamma'_- = \frac{1}{\sqrt{1-\beta'^2_-}} \tag{3.114}$$

となる。

K' 系では電荷が陽に現れるので電場が存在する。対称性から y' 成分だけがゼロでない。(3.113)、(3.114) を用いると

$$E_{y'} = \frac{-1}{2\pi\epsilon_0 r}(\lambda'_+ - \lambda'_-) \tag{3.115}$$

$$= \frac{-1}{2\pi\epsilon_0 r}\frac{\lambda}{\gamma_0}(\gamma'_+ - \gamma'_-) \tag{3.116}$$

となる。ここで、

アインシュタインは子供のころから光を追い越したらどうなるかの思考実験を繰り返していたと聞いたことがある。思考実験はアイデアを明確にするうえで有効な手段である。

$$\gamma_+{}' - \gamma_-{}' = \frac{1}{\sqrt{1-[\frac{\beta_0-\beta}{1-\beta\beta_0}]^2}} - \frac{1}{\sqrt{1-[\frac{\beta_0+\beta}{1+\beta\beta_0}]^2}} \tag{3.117}$$

$$= \frac{1-\beta\beta_0}{\sqrt{(1-\beta\beta_0)^2-(\beta_0-\beta)^2}} - \frac{1+\beta\beta_0}{\sqrt{(1+\beta\beta_0)^2-(\beta_0+\beta)^2}}$$

$$= \frac{1-\beta\beta_0}{\sqrt{(1-\beta_0^2)(1-\beta^2)}} - \frac{1+\beta\beta_0}{\sqrt{(1-\beta_0^2)(1-\beta^2)}}$$

$$= -2\beta\beta_0\gamma_0\gamma \tag{3.118}$$

となる。これを (3.116) 式に代入して、

$$E_{y'} = \frac{-1}{2\pi\epsilon_0 r}\frac{\lambda}{\gamma_0}(-2\beta_0\beta\gamma_0\gamma) \tag{3.119}$$

$$= \frac{\lambda}{\pi\epsilon_0}\frac{\beta_0\beta}{r}\gamma \tag{3.120}$$

となり、原点に置いた電荷 q にかかる力は K$'$ 系では、

$$F_{y'} = \frac{q\lambda\beta_0\beta}{\pi\epsilon_0 r}\gamma \tag{3.121}$$

となる。K$'$ 系では電荷 q は静止している。運動量の微分は $dp_y = dp'_y$、時間の微分は $dt = \gamma dt'$ である。従って、K 系での力は

$$F_y = \frac{dp_y}{dt} = \frac{1}{\gamma}\frac{dp_{y'}}{dt'} = \frac{1}{\gamma}F_{y'} \tag{3.122}$$

$$= \frac{q}{\pi\epsilon_0}\frac{\lambda\beta_0\beta}{r}$$

$$= \frac{q}{\pi\epsilon_0 c^2}\frac{\lambda v_0 v}{r}$$

$$= qv\mu_0\frac{2\lambda v_0}{2\pi r}$$

$$= qv\left(\mu_0\frac{I}{2\pi r}\right) \tag{3.123}$$

$$= qvB_z \tag{3.124}$$

である。ここで、$I = 2\lambda v_0$ は、K 系での 2 つの逆に走る線電荷密度の作る電流である。従って、電場が存在しない K 系でも動いている電荷同士に働く力が存在する。これはほかならず、次章で述べる磁場によるものである。ここでは真

空の透磁率（磁気定数）μ_0 と真空の誘電率 ϵ_0 の関係である $\epsilon_0\mu_0 = 1/c^2$（c：真空での光速）を用いている。極端なことを言えば、ガウスの法則とローレンツ変換から磁場が自然に現れた。ガウスの法則はクーロンの法則の一般化であるからクーロンの法則とローレンツ変換を知っていれば、磁場は自然に現れる。これがローレンツ力に従う磁場であることは、後から知ってもよいことである。

ここで反対方向に流れる電流同士に反発力が働くことを定性的に説明しよう。

図3.19(a) にあるように、正と負の電荷が同じ線密度で反対方向に同じ速さ v_0 で走っている2組の導体1、2を考える。導体1、2に電流はそれぞれ $I, -I$ で反対方向に流れている。

次に図3.19(b) に示したように、導体1の負電荷と導体2の正電荷が静止する慣性系を考える。導体1の負電荷は静止することで密度が減るが、導体2の

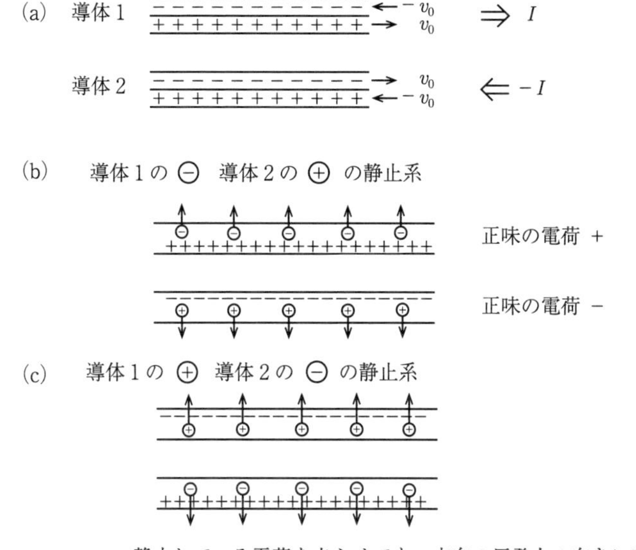

図 3.19 (a) 正と負の電荷が同じ線密度で反対方向に同じ速さ（絶対値）v_0 で走っている2組の導体1、2を考える。導体1の全電流は I、導体2の全電流は $-I$ で逆方向に流れている。(b) 導体1の負電荷と導体2の正電荷が静止する慣性系を考える。(c) 導体1の正電荷と導体2の負電荷が静止する慣性系を考える。

負電荷の密度がローレンツ短縮によって増加し、導体2全体正味の電荷が負になることで、導体1は反発力を受ける。同様に、導体2の正電荷は、導体1の正味の正電荷から反発力を受ける。

次に図3.19(c)に示したように、導体1の正電荷と導体2の負電荷が静止する慣性系を考える。導体1の正電荷は、導体2の正味の正電荷により反発力を受ける。同様に、導体2の負電荷は導体1の正味の負電荷によって反発力を受ける。

図3.19(b)(c)では、2つの導体1、2の静止系に存在する4組全ての静止する電荷が2つの導体全体の外方向に力を受ける。

ところで図(b)から図(a)へのローレンツ変換や、図(c)から図(a)へのローレンツ変換は、x方向のローレンツ変換なので、y方向の力の大きさは変わらない。従って、図(a)においても4組の電荷が2つの導体の外方向に力を受ける。一方、図(a)では電荷はキャンセルされ、クーロン力は働かないので、導体1、導体2の反対方向に流れる2つの電流には磁力によって反発力が働く。

第4章

磁場

4.1　磁場の性質

4.1.1　ローレンツ力

磁場を定義する基本方程式は次のローレンツ力の方程式である。

$$\mathbf{F}(\mathbf{x}) = q(\mathbf{E}(\mathbf{x}) + \mathbf{v} \times \mathbf{B}(\mathbf{x})) \tag{4.1}$$

電場 $\mathbf{E}(\mathbf{x})$ は、点 $\mathbf{x}$ に存在している単位電荷に働くクーロン力である。これに対して磁場 $\mathbf{B}(\mathbf{x})$ の大きさは、点 $\mathbf{x}$ において運動している単位電荷に働く力の中で速度に比例する部分の絶対値であり、図4.1に示したように、右手を握って親指を立てるサインで親指方向を速度の方向とすると磁場の方向は人差し指の方向である。

ある慣性系で電荷がすべて静止していればこれらが作る磁場 $\mathbf{B}$ は0である。また静止している電荷には磁場は作用しない。この単純なことは意外と重要であり、たまに気づかないことがある。

3.4節でみたように、電流 I から距離 r 離れたところの磁場を $B = (\frac{\mu_0 I}{2\pi r})$ と

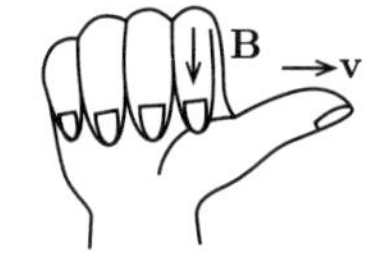

図 4.1　磁場 $\mathbf{B}(\mathbf{x})$ の大きさは、単位電荷に働く電磁力の内で電場からくる部分を除いて、点 $\mathbf{x}$ において運動している単位電荷に働く力の中で速度に比例する部分の絶対値であり、右手を握って親指を立てるサインで親指方向を速度の方向とすると磁場の方向は人差し指の方向である。

すれば $F = qv(\frac{\mu_0 I}{2\pi r})$ においてローレンツ力の式と合う。即ち、電流からの距離を用いて定義されたMKSA単位系の磁場の規格化因子はローレンツ力の式に合うように決めたと考えればよい。そもそもMKSA単位系では磁場の単位を電流からの距離を用いて無理に決めてしまったので、$\frac{\mu_0}{2\pi}$ という面倒な規格化因子がついてくることになったと言ってもよいだろう。

次に、もう一つの思考実験を想定する。図3.18(a)に示したように、K系において $(x, y, z) = (x, r, 0)$ に均一の電荷線密度 λ の線電荷が x 軸に平行に速さ $v_0 = c\beta_0$ で $x > 0$ の方向に走っている。同じようにその線電荷から無限小 δ だけ離れた $(x, y, z) = (x, r + \delta, 0)$ 線上に均一な線電荷密度 $-\lambda$ の線電荷が $x < 0$ 方向に速さ $-v_0 = -c\beta_0$ で走っている。K系では正味の電荷は δ の距離の範囲で相殺されているので、電場は存在しないと考える。図4.2(a)は、図3.18(a)と線電流の配置は同じであるが、電荷 q $(q > 0)$ が x 方向でなく y 軸方向に速さ v で動いている。K$'$系では電荷 q は静止している。従って、K$'$系はK系に対して y 方向に速さ v で等速度運動している。

ここでは、K$'$系の電荷 q は静止しているので磁場からの力は受けないが電場から $-x$ 方向に力を受け、K系では λ や $-\lambda$ の作った電場はなく、電荷 q は動いているので磁場から $-x'$ 方向に力を受ける。これを電場だけを使って定性的に説明してみよう。

図4.2(b)には、電荷 q が静止系であるK$'$系から見て、y' 軸に対して対称な2点 $\mathrm{A}_1' = (x_0, r', 0)$ と $\mathrm{A}_2' = (-x_0, r', 0)$ での線密度電荷 λ の速度を示した。この2点で線電荷密度 λ は右下方向に $\mathbf{v}_+'$ で走っている。

同様に図4.2(c)には、K$'$系における y' 軸に対して対称な2点 $\mathrm{B}_1' = (x_0, r' + \delta', 0)$ と $\mathrm{B}_2' = (-x_0, r' + \delta', 0)$ での線密度電荷 $-\lambda$ の速度を示した。この2点で線電荷密度 $-\lambda$ は左下方向に $\mathbf{v}_-'$ で走っている。

図4.2(d)は、線電荷密度 λ の $\mathbf{v}_+'$ で動いている電荷が、点 A_1' および A_2' において作る速度 $\mathbf{v}_+'$ 方向に圧縮された電場を描いている。またこの図には、電荷 q に働く点 A_1' から延びてくる電場 $\mathbf{E}_{+1}'$、および点 A_2' から延びてくる電場 $\mathbf{E}_{+2}'$ を描いている。A_1' から延びている電場 $\mathbf{E}_{+1}'$ のほうが、A_2' から延びている電場 $\mathbf{E}_{+2}'$ よりも大きい。$\mathbf{E}_{+1}'$ と $\mathbf{E}_{+2}'$ を合成した電場 $\mathbf{E}_+'$ も示した。

一方、図4.2(e)は、線電荷密度 $-\lambda$ の $\mathbf{v}_-'$ で動いている電荷が、B_1' および B_2' において作る速度 $\mathbf{v}_-'$ 方向に圧縮された電場を描いている。またこの図には、

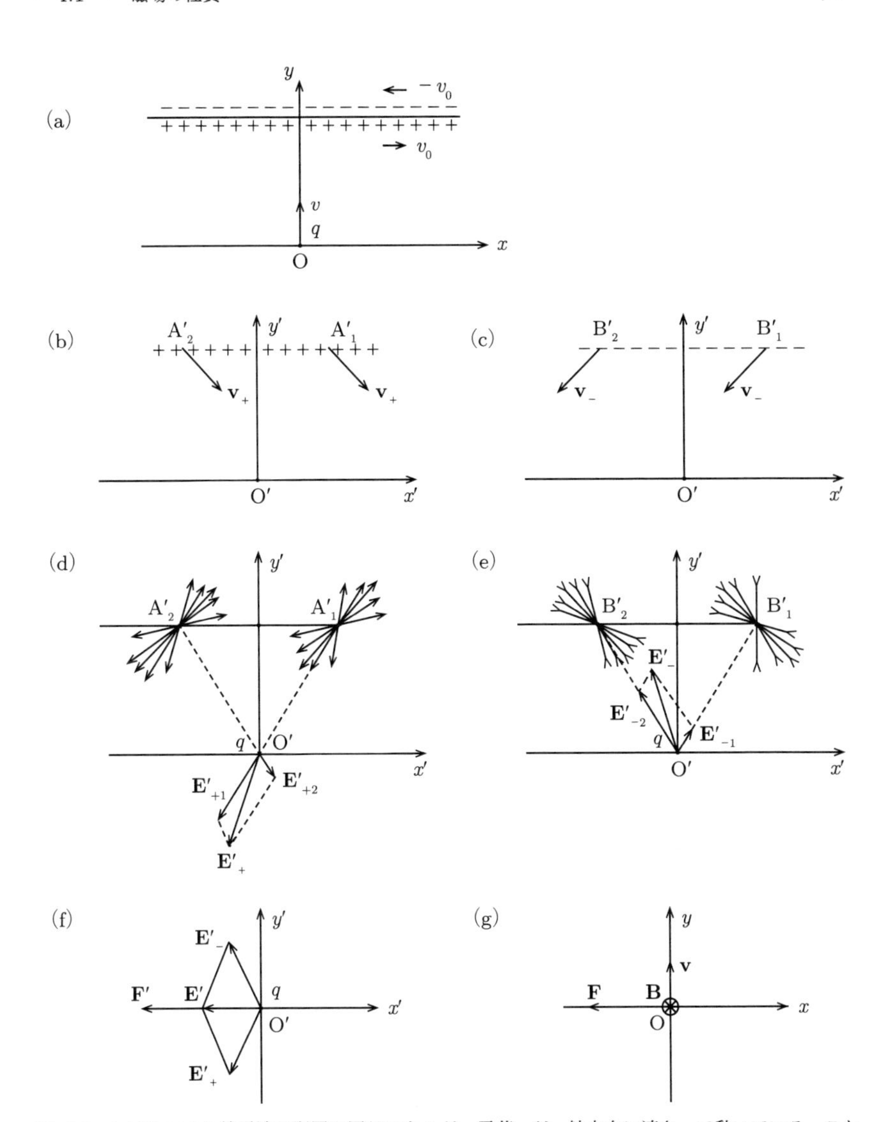

図 4.2　(a) 図 3.18 と線電流の配置は同じであるが、電荷 q が y 軸方向に速さ v で動いている。これを K 系とする。(b) 電荷 q が静止している K′ 系において、y' 軸に対して対称な 2 点 $\mathrm{A}'_1 = (x_0, r', 0)$ と $\mathrm{A}'_2 = (-x_0, r', 0)$ での線密度電荷 λ の速度を示した。(c) K′ 系において y' 軸に対して対称な 2 点 $\mathrm{B}'_1 = (x_0, r' + \delta', 0)$ と $\mathrm{A}'_2 = (-x_0, r' + \delta', 0)$ での線密度電荷 $-\lambda$ の速度を示した。(d) K′ 系において、A'_1 および A'_2 での電場とこの 2 点から原点の電荷 q に延びた電場 $\mathbf{E}'_{+1}$ および $\mathbf{E}'_{+2}$ を示す。それらの合成電場 $\mathbf{E}'_+$ も示した。(e) K′ 系において、B'_1 および B'_2 での電場とこの 2 点から原点の電荷 q に延びた電場 $\mathbf{E}'_{-1}$ および $\mathbf{E}'_{-2}$ を示す。それらの合成電場 $\mathbf{E}'_-$ も示した。(f) $\mathbf{E}'_+$ と $\mathbf{E}'_-$ を合成して電場 $\mathbf{E}'$ を作ると、それは $-x'$ 方向を向く。反対側へ動く 2 つの線電荷密度全体が作る電場をすべて合成すればそれも $-x'$ 方向を向いている。従って q に加わる力も $-x'$ 方向を向く。電荷 q は静止しているので力 $\mathbf{F}'$ は電場が原因である。(g) K 系に戻っても、対称性から力の方向が変わらないので $-x$ 方向となる。電場は遮蔽されているので、動いている電荷 q には磁場からのローレンツ力 $\mathbf{F}$ が働く。

電荷 q に働く点 B_1' から伸びてくる電場 $\mathbf{E}_{-1}'$ および点 B_2' から延びてくる電場 $\mathbf{E}_{-2}'$ を描いている。この場合は、B_2' から延びている電場 $\mathbf{E}_{-2}'$ のほうが、B_1' から延びている電場 $\mathbf{E}_{-1}'$ よりも大きい。ここで $\mathbf{E}_{-1}'$ と $\mathbf{E}_{-2}'$ を合成した電場 $\mathbf{E}_{-}'$ も示した。

図 4.2(f) に示すように、K′ 系において、$\mathbf{E}_{+}'$ と $\mathbf{E}_{-}'$ の合成した電場 $\mathbf{E}'$ は $-x'$ 方向を向いている。従って、反対側へ動く2つの線電荷密度全体が作る電場をすべて合成すればそれも $-x'$ 方向を向いている。これをあらためて $\mathbf{E}'$ とすれば、そこにかかる力 $\mathbf{F}'$ も同じ方向に働く。図 4.2(g) にあるように、K 系においてはプラスとマイナスの線電荷密度が無限小の距離 δ 内で遮蔽されており、電荷があからさまに表れていないので電場はなく、この力は磁場によるローレンツ力として現れる。一方 q は K′ 系において（K 系において）$-x'(-x)$ の方向に力を受けるが、K 系では磁場が原因となって力 $\mathbf{F}$ を受け、K′ 系では q は静止しているので電場が原因となって力 $\mathbf{F}'$ を受ける。

4.1.2 磁気力の大きさ

一般に、磁気力は電気力に比べて非常に小さい。

図 4.3 にあるように、二つの平行な電流 I_1、I_2 があるときに I_2 の長さ Δl_2 にいる電荷 Δq_2 の荷電粒子に働く力は

$$\hat{\mathbf{F}}_2 = \Delta q_2 \mathbf{v}_2 \times \mathbf{B}_1 \tag{4.2}$$

ここで $\mathbf{v}_2$ は Δq_2 の速度、$\mathbf{B}_1$ は電流 I_1 が Δq_2 に作る磁場である。

一様な電荷線密度 λ_2 が電流 I_2 を形成しているとする。また、簡単のために λ_2 を形成する荷電粒子の速度は同じだとすると、長さ Δl_2 にいる電荷

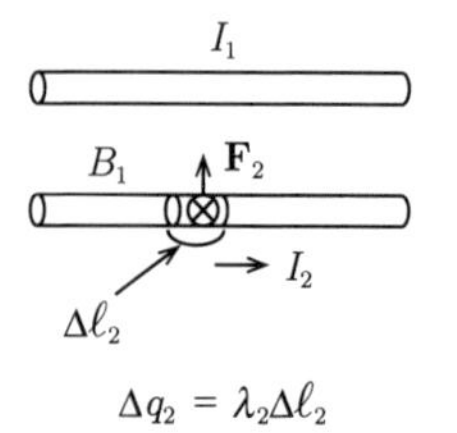

図 4.3 2本の平行な電流 I_1 及び I_2 の単位当たりの長さに働く力の計算例。

$\Delta q_2 = \lambda_2 \Delta l_2$ に働く力は

$$F_2 = \Delta q_2 v_2 \left(\frac{\mu_0 I_1}{2\pi r}\right)$$
$$= \lambda_2 v_2 \Delta l_2 \left(\frac{\mu_0 I_1}{2\pi r}\right) \tag{4.3}$$
$$= I_2 \Delta l_2 \left(\frac{\mu_0 I_1}{2\pi r}\right) \tag{4.4}$$

となる。従って、単位長さ当たりの力は

$$f_B = \frac{\mu_0}{2\pi}\frac{I_1 I_2}{r} \tag{4.5}$$

となる。I_1、I_2 の電流が同じ方向であれば引力になり、逆向きであれば斥力になることはローレンツ力から明らかである。

従って、図 4.2 にある二つの平行な電流 $I_1 = I_2 = 2\lambda v_0$ があるときには、電線の単位長さ当たりに働く磁気力は

$$f_B = \frac{\mu_0}{2\pi}\frac{(2\lambda v_0)^2}{r} \tag{4.6}$$
$$= \frac{(2\lambda v_0)^2}{2\pi\epsilon_0 c^2 r}$$
$$= \frac{\lambda^2}{2\pi\epsilon_0 r}\left(\frac{2v_0}{c}\right)^2 \tag{4.7}$$

である。

一方静電気的な力を考えると、図 4.4 のように、距離 r 離れた電荷線密度 λ の二つの帯電した線に加わる単位長さ当たりの力は、ガウスの法則より、帯電した線に垂直な電場は

$$E = \frac{\lambda}{2\pi\epsilon_0 r} \tag{4.8}$$

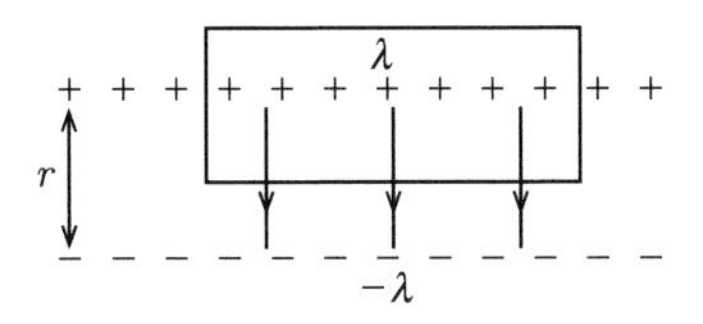

図 4.4 2 本の平行な帯電した線の単位当たりの長さに働く力の計算例。

であるから、単位長さ当たりに働く電場による力は、

$$f_E = \frac{\lambda^2}{2\pi\epsilon_0 r} \tag{4.9}$$

となる。

従って、

$$f_B = f_E \left(\frac{2v_0}{c}\right)^2 \tag{4.10}$$

となって、$v_0 \ll c$ のときには $f_B \ll f_E$ となる。

巨視的な機械などで磁場が有効に働くのは、例えばモータが回るのは、原子のレベルで電荷の電気的中性が厳密に成り立っているからである。

磁場の単位はMKSAでは[T]（Tesla）で、cgsでは[G]（Gauss）であり、

$$1[T] = 10^4[G] \tag{4.11}$$

である。

1[T]はかなり大きな磁場の単位で、地磁気は $0.5[\mathrm{G}] = 5 \times 10^{-5}[\mathrm{T}]$ 程度、太陽の黒点の磁場は0.05[T]程度、星間磁場は $10^{-5}[\mathrm{G}] = 10^{-9}[\mathrm{T}]$ 程度である。鉄心電磁石では1〜2[T]程度の磁場を作ることが出来、超電導磁石では10[T]程度まで出せる。

4.2 磁場のみたす方程式

■ (1) 初めに磁場の定義で述べたように、磁場の原因は動いている電荷だがその源泉を考えずに場としてとらえられる。時空の点 $(t, \mathbf{x})$ での磁場が $\mathbf{B}$ のとき、この点を通る速度 $\mathbf{v}$ 電荷 q の粒子に働く力は

$$\mathbf{F} = q\mathbf{v} \times \mathbf{B} \tag{4.12}$$

である。

■ (2) 任意の閉経路Cに対して、そこを貫通する電流の総計を I_{total} とすると

$$\oint_C \mathbf{B} \cdot d\mathbf{x} = \mu_0 I_{total} \tag{4.13}$$

となることを順を追って説明する。これをアンペールの法則という。

[説明]

先ず、定常電流 I が流れているときに、そこから距離 r の点での磁場の大きさは

$$B = \mu_0 \frac{I}{2\pi r} \tag{4.14}$$

であるから、図 4.5(a) にあるように、経路 ABCDA をとり、これに平行な磁場成分の線積分を考える。弧 AB での磁場は弧 CD での磁場の r_2/r_1 倍、これは弧 AB と弧 CD の長さに反比例するので相殺される。直線経路 BC と DA では、磁場は経路に直交し寄与はない。

従って

$$\oint_{ABCDA} \mathbf{B} \cdot d\mathbf{x} = 0 \tag{4.15}$$

図 4.5(b) にあるように、電流を中に含まない電流に垂直な任意の閉経路を扇形に分割すれば各扇形での磁場の線積分は (4.13) によって 0 となり、閉経路全体の線積分は扇形が重なっている弧の部分では隣り合う扇形の線積分の方向が逆で相殺されるので、

$$\oint \mathbf{B} \cdot d\mathbf{x} = 0 \tag{4.16}$$

図 4.5(c) にあるように磁場に垂直な矩形回路 ABCDA に関しては、矩形の各辺と磁場は垂直であるから、当然

$$\oint_{ABCDA} \mathbf{B} \cdot d\mathbf{x} = 0 \tag{4.17}$$

である。

これらを総括すると、図 4.5(d) に示すように、電流が貫通しない任意の 3 次元空間の閉回路 C では

$$\oint_C \mathbf{B} \cdot d\mathbf{x} = 0 \tag{4.18}$$

である。

図 4.5(e) に示したように、電流 I を含み、電流と垂直な円回路 C_0 では

$$\oint_{C_0} \mathbf{B} \cdot d\mathbf{x} = \frac{\mu_0 I}{2\pi r} 2\pi r = \mu_0 I \tag{4.19}$$

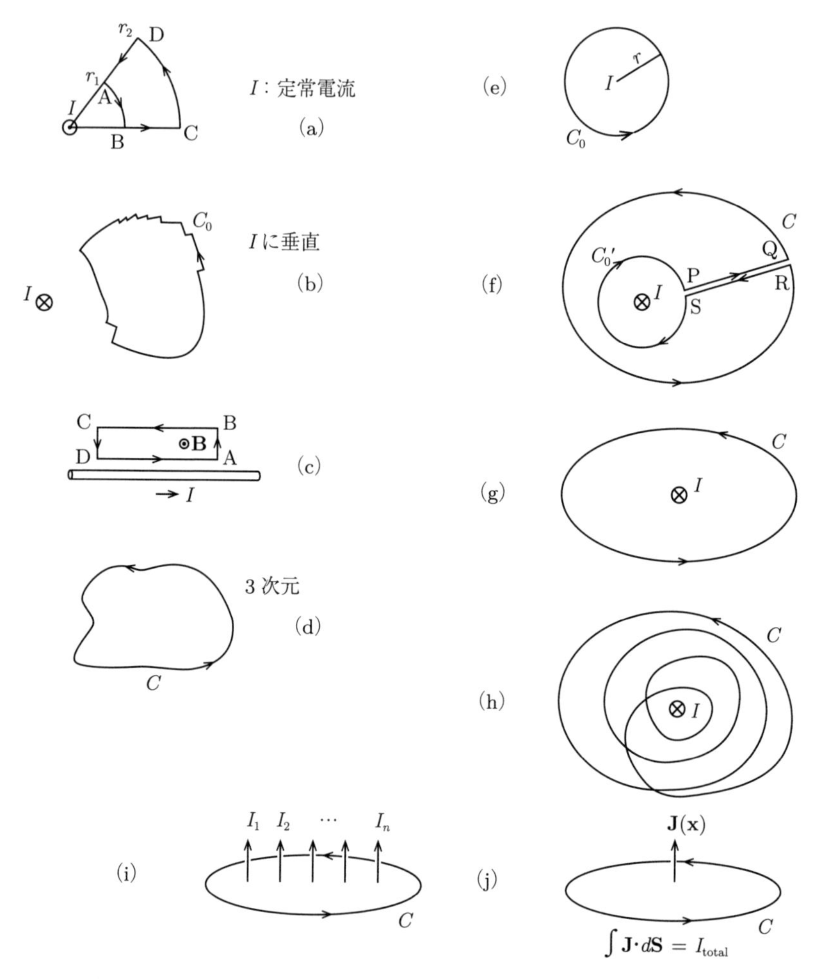

図 4.5 電流を中に含めない閉曲線経路での磁場の線積分はゼロになることを段階を追って説明している。(a) 閉曲線が電流をかなめとする扇形の場合。(b) 任意の電流に垂直な閉曲面の場合。(c) 矩形の経路を電流を含んだ平面に置いた場合。(d) は (b) と (c) を統合すると電流が中を貫通しない任意の閉曲線の場合。次に、電流 I を中に含める閉曲線経路の線積分は $\mu_0 I_{total}$ になることを段階を追って説明している。(e) 閉曲線が電流を中心とする円形の場合。(g) 電流が任意の閉曲線の場合。(h) 同じ電流を複数回まわり込む経路。(i) 複数の電流が貫通する閉回路の場合。(j) 電流密度 $J(\mathbf{x})$ が分布する閉回路の場合。

図4.5(f) にあるように、任意の電流を含む閉経路 C の内側に経路 C_0' をとって、相互の距離が無限小の平行線で C と C_0' を図のように繋ぐ。C_0' は C_0 と同じだが積分の向きが逆なので

$$\oint_{C_0'} \mathbf{B} \cdot d\mathbf{x} = -\mu_0 I \tag{4.20}$$

$$\oint_{C_0' PQCRS} \mathbf{B} \cdot d\mathbf{x} = 0 \tag{4.21}$$

$$\oint_C = -\oint_{C_0'} = -(-\mu_0)I = \mu_0 I \tag{4.22}$$

従って、図4.5(g) にあるように電流 I が貫通する任意の閉曲面 C に対して、$\oint_C = \mu_0 I$ となる。

図4.5(h) にあるように、電流の周りを N 回まわる経路では

$$\oint_C = N\mu_0 I \tag{4.23}$$

となる。

図4.5(i) にあるように、複数の電流 I_1、I_2、...、I_n が貫通する回路では、

$$\oint_C \mathbf{B} \cdot d\mathbf{x} = \mu_0 \sum_{i=1}^{n} I_i \tag{4.24}$$

となる。

ここで電流密度が空間に分布している場合を考える。図4.5(j) にあるように、点 $\mathbf{x}$ で閉回路 C を貫通する電流密度を $\mathbf{J}(\mathbf{x})$ とする。閉回路 C を囲んだ閉領域（閉曲面）S を貫く全電流は

$$\int_S \mathbf{J} \cdot d\mathbf{S} = I \tag{4.25}$$

従って、

$$\oint_C \mathbf{B} \cdot d\mathbf{x} = \mu_0 I = \mu_0 \int_S \mathbf{J} \cdot d\mathbf{S} \tag{4.26}$$

となる。

これらを統合すると、図4.6に示したように、任意の閉経路 C に対して閉経路 C に張って C を境界とする任意の曲面 S に対して、そこを貫通する電流の

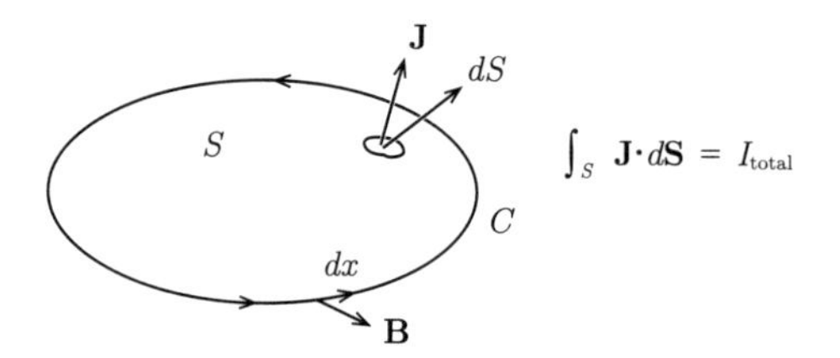

図 4.6 ストークスの定理を用いて経路 C での磁場の線積分を閉曲面 S の面積分に変える。

総計を $I_{total} = \int_S \mathbf{J} \cdot d\mathbf{S}$ とすると

$$\oint_C \mathbf{B} \cdot d\mathbf{x} = \mu_0 I_{total} \tag{4.27}$$

[説明終わり]

ここでストークスの定理（補遺参照）を用いると

$$\oint_C \mathbf{B} \cdot d\mathbf{x} = \int_S (\nabla \times \mathbf{B}) \cdot d\mathbf{S} \tag{4.28}$$

閉回路 C や閉曲面 S は任意なので、

$$\nabla \times \mathbf{B} = \mu_0 \mathbf{J} \tag{4.29}$$

$\mathbf{J}$ を決めただけでは磁場 $\mathbf{B}$ は決められない。異なる磁場が同じ $\nabla \times \mathbf{B}$ を与える可能性があるからである。

■ (3)　一方、図 4.7(a) にあるように、電流に側面が平行な扇形台形においても、(b) 電流が中心を貫通する円筒の場合においても、図から理解できるように閉曲面 S 上での表面積分 $\int_S \mathbf{B} \cdot d\mathbf{S}$ はゼロとなる。任意の閉領域 V は、上の 2 種類の形の領域に分割できると考えるので、その表面 S においては表面積分はゼロとなり、ガウスの定理より

$$\int_S \mathbf{B} \cdot d\mathbf{S} = 0 \Longleftrightarrow \int_V (\nabla \cdot \mathbf{B}) dV = 0 \tag{4.30}$$

となるが、S は任意であり、従って閉領域 V も任意であり、被積分関数はゼロとなる。即ち、

$$\nabla \cdot \mathbf{B} = 0 \tag{4.31}$$

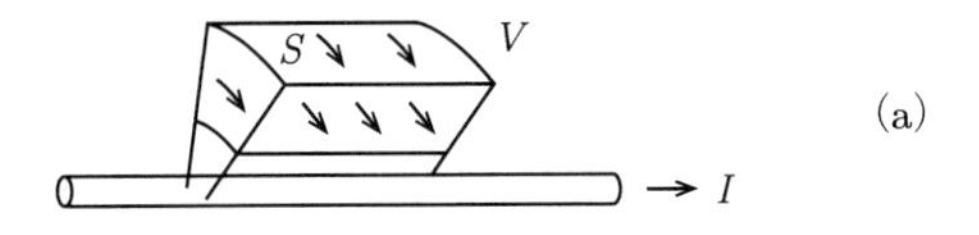

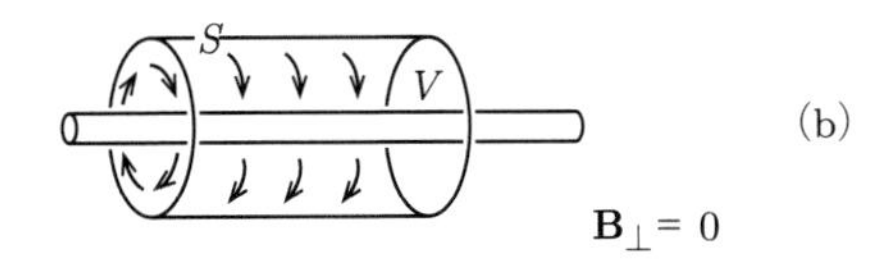

任意の閉曲線は上の形に分けられる

$$\int_S \mathbf{B} \cdot d\mathbf{S} = 0$$

図 4.7 (a) 電流に側面が平行な扇形台形の表面においても、(b) 電流が中心を貫通する円筒の場合においても、図から理解できるように表面積分 $\int_S \mathbf{B} \cdot d\mathbf{S}$ はゼロとなる。電流の連続性を考えれば、全ての曲面は想像をたくましくすれば、二つの種類のいくつもの積み重なった合成として書ける。

となる。これは4組のマクスウエル方程式の一つである。

静電場に関しては、電場の章で述べたように、

$$\nabla \times \mathbf{E} = 0 \tag{4.32}$$

$$\nabla \cdot \mathbf{E} = \frac{\rho}{\epsilon_0} \tag{4.33}$$

である。$\nabla \times (\nabla\phi) \equiv 0$ であるから $\mathbf{E} = -\nabla\phi$ なる関数 ϕ が定義できる。

静磁場に関してはその条件は

$$\nabla \times \mathbf{B} = \mu_0 \mathbf{J} \tag{4.34}$$

$$\nabla \cdot \mathbf{B} = 0 \tag{4.35}$$

である。先に述べたように (4.34) だけでは磁場 $\mathbf{B}$ は決まらない。(4.34)、(4.35) 両方を満たす磁場に2つの解 $\mathbf{B}_1$、$\mathbf{B}_2$ があったとする。$\mathbf{B} = \mathbf{B}_1 - \mathbf{B}_2$ はあらゆる場所で

$$\nabla \times \mathbf{B} = 0 \tag{4.36}$$

$$\nabla \cdot \mathbf{B} = 0 \tag{4.37}$$

従って、$\mathbf{B}$ の方向を z にとると、

$$\partial_x B_z = 0 \tag{4.38}$$

$$\partial_y B_z = 0 \tag{4.39}$$

$$\partial_z B_z = 0 \tag{4.40}$$

となって、$\mathbf{B}$ は定数ベクトルとなり、これは回転させても定ベクトルのままで変わらない。従って、(4.34)、(4.35) は定数ベクトルを除いて、磁場を決定できる。

静電場の場合はクーロンの法則から出発して、個々の電荷の作る電場が空間の任意の点の電場に加わる。時間変化する電流の場合は電流の各素片をバラバラにできないが、定常電流の場合は一見バラバラにできる。これが後述するビオ＝サバールの法則の成り立つゆえんである。

4.3 ベクトルポテンシャル

磁場には湧き出しがない。即ち、$\nabla \cdot \mathbf{B} = 0$ が常に成り立つ。一方、任意のベクトル関数 $\mathbf{A}$ に対して $\nabla \cdot (\nabla \times \mathbf{A}) = 0$ も常に成立する。そこで、

$$\mathbf{B} = \nabla \times \mathbf{A} \tag{4.41}$$

とおくことにする。$\mathbf{A}$ をベクトルポテンシャル（vector potential）という。

ここでは、

$$\nabla \times \mathbf{B} = \mu_0 \mathbf{J} \tag{4.42}$$

より、

$$\nabla \times (\nabla \times \mathbf{A}) = \mu_0 \mathbf{J} \tag{4.43}$$

となる。ここで上式の x 成分を計算してみる。$\partial/\partial y = \partial_y$ とおくと、

$$\partial_y (\nabla \times \mathbf{A})_z - \partial_z (\nabla \times \mathbf{A})_y = \mu_0 J_x \tag{4.44}$$

$$\partial_y (\partial_x A_y - \partial_y A_x) - \partial_z (\partial_z A_x - \partial_x A_z) = \mu_0 J_x \tag{4.45}$$

$$-(\partial_y^2 + \partial_z^2) A_x + \partial_x (\partial_y A_y + \partial_z A_z) = \mu_0 J_x \tag{4.46}$$

相殺する $-\partial_x^2 A_x$ と $\partial_x^2 A_x$ をそれぞれ第1項と第2項に加えると

$$-\nabla^2 A_x + \partial_x(\nabla \cdot \mathbf{A}) = \mu_0 J_x \tag{4.47}$$

となる。y、z 成分も同様であり、ベクトルポテンシャル $\mathbf{A}$ の満たす式は次のとおりである。

$$-\nabla^2 \mathbf{A} + \nabla(\nabla \cdot \mathbf{A}) = \mu_0 \mathbf{J} \tag{4.48}$$

同じ $\mathbf{B}$ を作る $\mathbf{A}$ には自由度（不定性）がある。即ち、χ を任意の実関数として

$$\mathbf{A} \to \mathbf{A}' = \mathbf{A} + \nabla\chi \tag{4.49}$$

と変換できる。

$$\nabla \times (\nabla\chi) \equiv 0 \tag{4.50}$$

が常に成立するので、$\nabla \times \mathbf{A}' = \mathbf{B}$ が常に成立する。ここで、

$$\mathbf{A} \to \mathbf{A}' = \mathbf{A} + \nabla\chi \tag{4.51}$$

をゲージ変換（gauge transformation）という。なぜ「ゲージ」（目盛り）という言葉を使っているかは歴史的な事なので気にしなくていい。これはより広いゲージ変換の特殊な場合であることだけはつけ加えておこう。場の理論ではゲージ理論はより一般的で極めて重要な概念である。

いかなるゲージ（χ）をとってもそれから帰着する物理の解釈は変化しない。これをゲージ対称性あるいはゲージ不変性という。ゲージを選んでも物理は変わらないので、ここで特殊なゲージをとることにする。

クーロンゲージ（Coulomb gauge）は、$\nabla \cdot \mathbf{A}' = 0$ を満たすゲージである。このようなゲージが可能であるかは次のように考える。ゲージ変換

$$\mathbf{A} \to \mathbf{A}' = \mathbf{A} + \nabla\chi \tag{4.52}$$

において

$$\nabla \cdot \mathbf{A}' = \nabla \cdot \mathbf{A} + \nabla^2\chi = 0 \tag{4.53}$$

となる解 χ が存在すればよい。ここで $\nabla^2\chi = -\nabla \cdot \mathbf{A} = -f(\mathbf{x})$ とおくと、これはポアッソン方程式であり、解をもつ。従って、クーロンゲージは可能であり意味を持つ。ここからはクーロンゲージを使うので、クーロンゲージのベクトルポテンシャルを単に $\mathbf{A}$ と記することにする。

(4.48) からクーロンゲージでは $\mathbf{A}$ はスカラーポテンシャルと同じようにポアッソン方程式を満たす。

$$\nabla^2\phi = -\frac{\rho}{\epsilon_0} \tag{4.54}$$

$$\nabla^2\mathbf{A} = -\mu_0\mathbf{J} \tag{4.55}$$

特殊相対論的には4次元ポテンシャルを考え、スカラーポテンシャルを第0成分、ベクトルポテンシャルを空間3成分に対応させる。一方4次元電流密度は、電荷密度を第0成分に3次元の電流密度を空間3成分に対応させる。即ち、

$$(A^\mu) = \left(\frac{\phi}{c}, \mathbf{A}\right) \tag{4.56}$$

$$(J^\mu) = (c\rho, \mathbf{J}) \tag{4.57}$$

となる。ここで、$\epsilon_0\mu_0 = 1/c^2$ である。従って4元方程式は

$$\nabla^2\frac{\phi}{c} = -\mu_0 c\rho \tag{4.58}$$

$$\nabla^2\mathbf{A} = -\mu_0\mathbf{J} \tag{4.59}$$

又はこれら4成分をまとめて

$$\nabla^2 A^\mu = -\mu_0 J^\mu \tag{4.60}$$

となる。

電位 ϕ では任意の閉領域 V' の中に電荷が存在すると初めに仮定したが、それと同じように、図4.8に示したように V' の中に電流密度 $\mathbf{J}$ が存在すると仮定する。

ベクトルポテンシャル $\mathbf{A}(\mathbf{x})$ の各成分 $(i = x, y, z)$ は、ポアッソン方程式の解 (3.78) を用いると

$$A_i(\mathbf{x}) = \frac{\mu_0}{4\pi}\int_{V'}\frac{J_i(\mathbf{x}')}{|\mathbf{x}-\mathbf{x}'|}dV' \tag{4.61}$$

となって、これは

$$\phi(\mathbf{x}) = \frac{1}{4\pi\epsilon_o}\int_{V'}\frac{\rho(\mathbf{x}')}{|\mathbf{x}-\mathbf{x}'|}dV' \tag{4.62}$$

から $\mathbf{A}(\mathbf{x})$ の各成分への類推と考えてもよい。3成分をベクトルとして合わせ

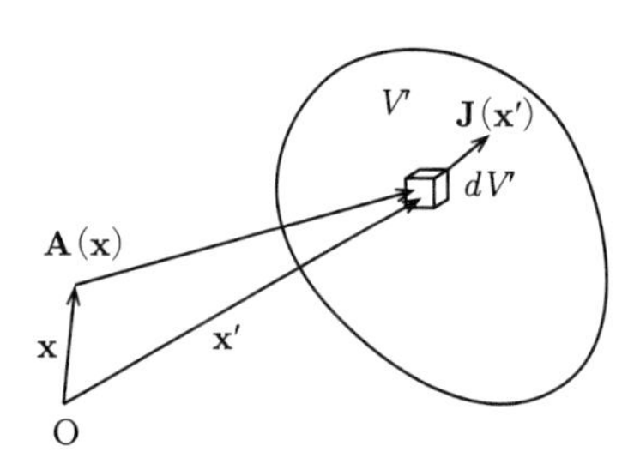

図 4.8 領域 V' の中に電流密度 $\mathbf{J}$ が存在すると仮定する。この時に空間のある場所 $\mathbf{x}$ におけるベクトルポテンシャル $\mathbf{A}(\mathbf{x})$ は、電荷密度 ρ からポアッソン方程式を解いてスカラーポテンシャル ϕ を得た道筋に準拠する。

ると、

$$\mathbf{A}(\mathbf{x}) = \frac{\mu_0}{4\pi}\int_{V'}\frac{\mathbf{J}(\mathbf{x}')}{|\mathbf{x}-\mathbf{x}'|}dV' \tag{4.63}$$

$\mathbf{A}(\mathbf{x})$ の向く方向は、V' の中で一番 $\mathbf{x}$ に近いところの電流の方向に向く傾向がある。

4.4 任意の形をした導体に流れる定常電流の作る磁場　ビオ＝サバールの公式

先に、定常電流の場合には、電流を切片に分けて磁場を計算して、後で合成してもよいことを述べた。それをやってみよう。ここでは、より座標を明確にするため、いままで $\mathbf{x}$ と書いてきた座標を $\mathbf{x}_1$、$\mathbf{x}'$ と書いてきた座標を $\mathbf{x}_2$ と書くことにする。

図 4.9(a) に示したように座標系をとって、任意の電流が流れる導体の回路を書く。回路の切片をとると、面積 ΔS、長さ方向 $d\mathbf{l}$ の小領域に $\mathbf{J}(\mathbf{x}_2)$ の電流密度が分布していると考える。クーロンゲージをとると、ポアッソン方程式は解くことができて、

$$\mathbf{A}(\mathbf{x}_1) = \frac{\mu_0}{4\pi}\int_{V}\frac{\mathbf{J}(\mathbf{x}_2)}{|\mathbf{x}_1-\mathbf{x}_2|}dV_2 \tag{4.64}$$

となる。ここで、

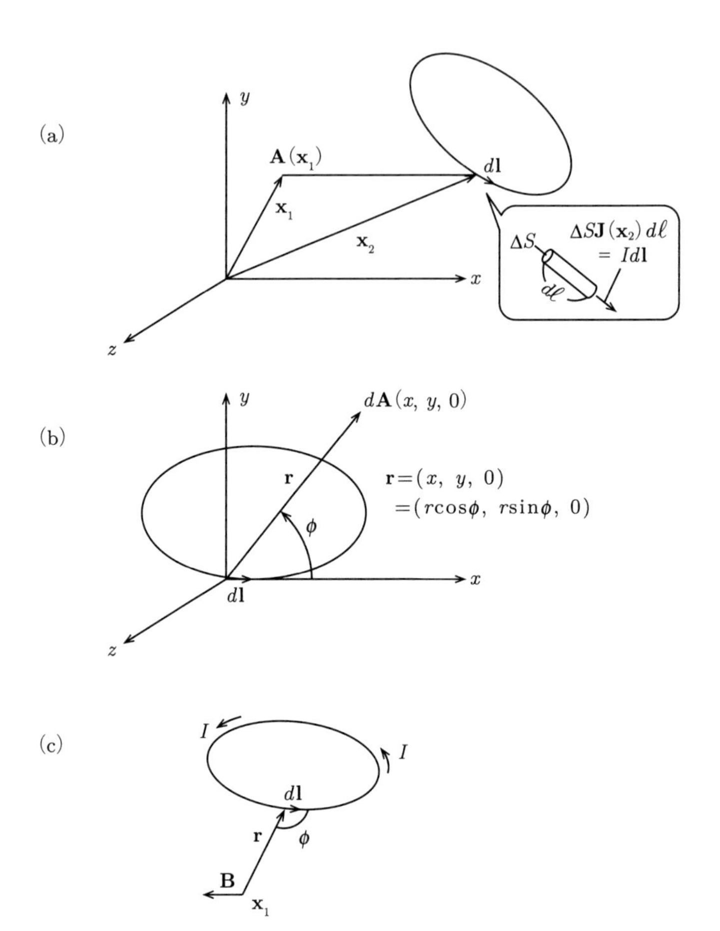

図 4.9 (a) 3次元直交座標系をとって、任意の電流が流れた導体の回路を書く。回路の切片をとると、面積 ΔS、長さ方向 $d\mathbf{l}$ の小領域に $\mathbf{J}(\mathbf{x}_2)$ の電流密度が長さ方向に分布していると考える。(b) 電流回路の切片 $d\mathbf{l}$ を原点に移動させ (並進と回転)、x 軸を $d\mathbf{l}$ にとる。(c) 閉経路に沿って積分する。

$$dV_2 = dSd\ell \tag{4.65}$$

$$\mathbf{J}(\mathbf{x}_2)dV_2 = \mathbf{J}(\mathbf{x}_2)dSd\ell = Id\mathbf{l} \tag{4.66}$$

とする。$d\ell$ は長さベクトル $d\mathbf{l}$ の進行方向の成分、即ち電流密度方向の成分とする。ベクトルポテンシャルは

$$\mathbf{A}(\mathbf{x}_1) = \frac{\mu_0}{4\pi} I \int_C \frac{d\mathbf{l}}{|\mathbf{x}_1 - \mathbf{x}_2|} \tag{4.67}$$

となる。

特定の座標系の選び方に依らないように注意して（後で簡単に元の座標系に戻せるように）座標系をとる。即ち、電流回路の切片 $d\mathbf{l}$ を原点に移動させ、x 軸を $d\mathbf{l}$ 方向にとり、$\mathbf{x}_1$ を x-y 平面に移す（並進と回転）。ここで、原点での電流線素を考え、電流線素 $Id\mathbf{l}$ のつくる微小ベクトルポテンシャルは、

$$d\mathbf{A}(x, y, 0) = \frac{\mu_0}{4\pi} I \frac{d\mathbf{l}}{\sqrt{x^2 + y^2}} \tag{4.68}$$

$$= (dA_x, 0, 0) \tag{4.69}$$

となる。

従って、

$$d\mathbf{B} = \nabla \times d\mathbf{A} \tag{4.70}$$

$$= \hat{\mathbf{z}} \left(-\frac{\partial dA_x}{\partial y} \right) \tag{4.71}$$

$$= \hat{\mathbf{z}} \frac{\mu_0}{4\pi} I \frac{y d\ell}{(x^2 + y^2)^{3/2}} \tag{4.72}$$

$$= \hat{\mathbf{z}} \frac{\mu_0}{4\pi} I \left(\frac{d\ell \sin\phi}{r^2} \right) \tag{4.73}$$

$$= \frac{\mu_0}{4\pi} I \left(\frac{d\mathbf{l} \times \mathbf{r}}{r^3} \right) \tag{4.74}$$

上の式では、$d\mathbf{A}$ は x 軸方向を向いているので、$\nabla \times d\mathbf{A}$ の3成分を計算してみれば z 軸方向を向くことが明らかである。$y d\ell = r d\ell \sin\phi$ なので、方向まで考えると $\hat{\mathbf{z}} r d\ell \sin\phi = d\mathbf{l} \times \mathbf{r}$ となる。

ここでは電流回路の線素の一部分からの寄与が磁場の一部を形成するので、図4.9(c) のように線素を電流回路に沿って積分すると点 $(x, y, 0)$ での磁場が得られる。上の座標変換では $\mathbf{r} = (x, y, 0)$ と $\mathbf{l}$ の相対的な位置関係（角度 ϕ）のみが重要で、これを保ちながら前の一般的な座標系に戻す。経路に沿って線素電流要素の磁場への断片的な寄与を足し合わせれば、次のビオ＝サバール（Biot-Savart）の公式が導かれる。

$$\mathbf{B} = \oint \frac{\mu_0}{4\pi} I \left(\frac{d\mathbf{l} \times \mathbf{r}}{r^3} \right) \tag{4.75}$$

4.5 静電磁場のまとめ

静電場を $\mathbf{E}$ とする。図4.10(a) に示すように任意の閉曲線（ループ）C で電場の線積分を行う。

$$\oint_C \mathbf{E} \cdot d\mathbf{x} = 0 \tag{4.76}$$

ストークスの定理（補遺参照）より、図4.10(a) に示すように、閉曲線 C での線積分を C に張った曲面 S での面積分に変換する。

$$\int_S (\nabla \times \mathbf{E}) \cdot d\mathbf{S} = 0 \tag{4.77}$$

C や S は任意であるから、被積分関数がゼロとなる。

$$\nabla \times \mathbf{E} = 0 \tag{4.78}$$

$\nabla \times (\nabla \phi)$ はつねにゼロであるから、

$$\mathbf{E} = -\nabla \phi \tag{4.79}$$

となるスカラーポテンシャル ϕ が存在するはずである。

一方、図4.10(b) に示すように、任意の閉領域 V の表面を S とすると、

$$\int_S \mathbf{E} \cdot d\mathbf{S} = \frac{Q}{\epsilon_0} = \frac{1}{\epsilon_0} \int_V \rho dV \tag{4.80}$$

ここで、Q は領域 V 内の全電荷、ρ は V 内での局所電荷密度である。ガウスの定理（補遺参照）より

$$\int_S \mathbf{E} \cdot d\mathbf{S} = \int_V (\nabla \cdot \mathbf{E}) dV \tag{4.81}$$

従って

$$\int_V (\nabla \cdot \mathbf{E}) dV = \frac{1}{\epsilon_0} \int_V \rho dV \tag{4.82}$$

V は任意なので、任意に小さくでき、

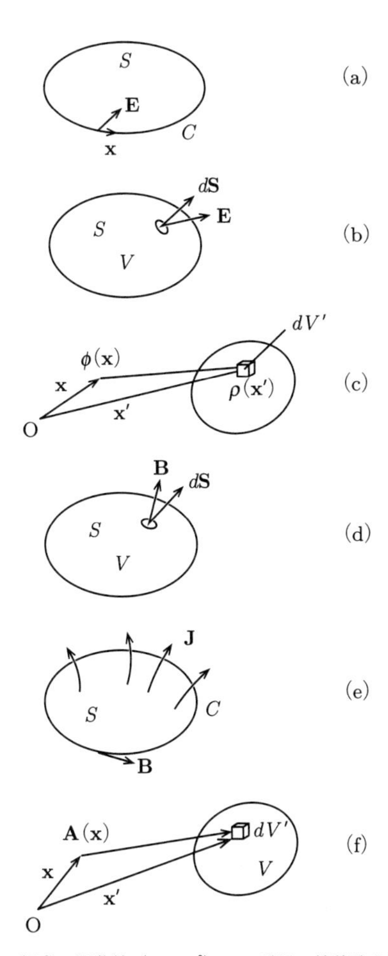

図 4.10 (a) 任意の閉曲線（ループ）C で電場の線積分を行う。静電場であれば積分値はゼロとなる。(b) 任意の閉領域 V の表面 S において電場を面積分する。ガウスの定理によって S での面積分を V での体積分に変換し S 全体での電場の面積分が V での全電荷を与える。(c) ポアッソン方程式の解によってスカラーポテンシャル ϕ が求められる。(d) 任意の閉曲面 S に対する磁場の面積分をガウスの法則によって S の内部 V の体積分に変換し、$\nabla \cdot \mathbf{B} = 0$ が得られる。(e) 任意の閉曲線（ループ）C に沿って磁場の線積分を行う。ストークスの定理を用いて C での線積分を C に張る曲面 S での面積分に変換し、面積分は S を貫く全電流を与える。(f) ポアッソン方程式の解によってベクトルポテンシャル $\mathbf{A}$ が求められる。

$$\nabla \cdot \mathbf{E} = \frac{\rho}{\epsilon_0} \tag{4.83}$$

となる。(4.79)、(4.83) より、

$$\nabla^2 \phi = -\rho/\epsilon_0 \tag{4.84}$$

このポアッソン方程式の解は、よく知られているように

$$\phi(\mathbf{x}) = \frac{1}{4\pi\epsilon_0} \int_V \frac{\rho(\mathbf{x}')}{|\mathbf{x} - \mathbf{x}'|} d^3x' \tag{4.85}$$

で与えられる。この解は図 4.10(c) に示す。

次に、静磁場を $\mathbf{B}$ とする。図 4.10(d) に示すように、磁場には湧き出しがないから任意の閉曲面 S に対する面積分に対して

$$\int_S \mathbf{B} \cdot d\mathbf{S} = 0 \tag{4.86}$$

が成立する。ガウスの定理より

$$\int_S \mathbf{B} \cdot d\mathbf{S} = \int_V (\nabla \cdot \mathbf{B}) dV \tag{4.87}$$

従って、

$$\int_V (\nabla \cdot \mathbf{B}) dV = 0 \tag{4.88}$$

V は任意であるから、被積分関数がゼロ。よって

$$\nabla \cdot \mathbf{B} = 0 \tag{4.89}$$

が常に成立する。一方、

$$\nabla \cdot (\nabla \times \mathbf{A}) \equiv 0 \tag{4.90}$$

は常に成立するので、

$$\mathbf{B} = \nabla \times \mathbf{A} \tag{4.91}$$

なるベクトルポテンシャル $\mathbf{A}$ が存在する。

一方静磁場では、図 4.10(e) のように、任意の閉回路 C に沿って磁場を線積分すると、

$$\int_C \mathbf{B} \cdot d\mathbf{x} = \mu_0 \int_S \mathbf{J} \cdot d\mathbf{S} \tag{4.92}$$

が成り立ち、ストークスの定理から

$$\int_C \mathbf{B} \cdot d\mathbf{x} = \int_S (\nabla \times \mathbf{B}) \cdot d\mathbf{S} \tag{4.93}$$

となる。従って、

$$\int_S (\nabla \times \mathbf{B}) \cdot d\mathbf{S} = \mu_0 \int_S \mathbf{J} \cdot d\mathbf{S} \tag{4.94}$$

となる。ここでSは任意なので

$$\nabla \times \mathbf{B} = \mu_0 \mathbf{J} \tag{4.95}$$

(4.91)、(4.95) から

$$\nabla \times (\nabla \times \mathbf{A}) = \mu_0 \mathbf{J} \tag{4.96}$$

これを計算して

$$-\nabla^2 \mathbf{A} + \nabla(\nabla \cdot \mathbf{A}) = \mu_0 \mathbf{J} \tag{4.97}$$

ここでクーロンゲージをとると$\nabla \cdot \mathbf{A} = 0$ であるから、

$$\nabla^2 \mathbf{A} = -\mu_0 \mathbf{J} \tag{4.98}$$

それぞれの次元は独立なポアッソン方程式で、スカラーポテンシャルと同じ式である。従ってこの解は次で与えられる。

$$\mathbf{A}(\mathbf{x}) = \frac{\mu_0}{4\pi} \int_V \frac{\mathbf{J}(\mathbf{x}')}{|\mathbf{x} - \mathbf{x}'|} d^3x' \tag{4.99}$$

この様子は図 4.10(f) に示す。

表 4.1 には静電磁場のみたす方程式を列挙した。次の章では時間依存する電磁場の方程式を学ぶ。それらも表 4.1 に加えた。

4.6 電磁場のローレンツ変換

この節では、電場や磁場はローレンツベクトルの空間成分ではなく、2 階のテンソルの成分であることを示す。電場や磁場は、ローレンツベクトルならば座標の 3 成分と同じ変換を受けるはずであるが、すでに電場の場合に見てきた

表 4.1 静電磁場での制限

静電磁場のみで正しい	常に正しい
$\mathbf{F}=\dfrac{1}{4\pi\epsilon_0}\dfrac{q_1q_2}{r_{12}^2}\left(\dfrac{\mathbf{r}_{12}}{r_{12}}\right)$ クーロンの法則	$\mathbf{F}=q(\mathbf{E}+\mathbf{v}\times\mathbf{B})$ ローレンツ力 $\nabla\cdot\mathbf{E}=\dfrac{\rho}{\epsilon_0}$ ガウスの法則
$\nabla\times\mathbf{E}=0$ $\mathbf{E}=-\nabla\phi$ $\mathbf{E}(\mathbf{x}_1)=\dfrac{1}{4\pi\epsilon_0}\displaystyle\int\dfrac{\rho(\mathbf{x}_2)}{r_{12}^2}\left(\dfrac{\mathbf{r}_{12}}{r_{12}}\right)dV_2$ (導体中では $\mathbf{E}=0$、$\phi=$ 一定、$Q=CV$)	$\nabla\times\mathbf{E}=-\dfrac{\partial\mathbf{B}}{\partial t}$ ファラデーの法則 $\mathbf{E}=-\nabla\phi-\dfrac{\partial\mathbf{A}}{\partial t}$ (導体中では $\mathbf{E}$ は電流を生成する)
$\nabla\cdot\mathbf{B}=0$ $\nabla\times\mathbf{B}=\mu_0\mathbf{J}$ アンペールの法則 $\mathbf{B}(\mathbf{x}_1)=\dfrac{\mu_0}{4\pi}\displaystyle\int\dfrac{\mathbf{J}(\mathbf{x}_2)}{r_{12}^2}\left(\dfrac{\mathbf{r}_{12}}{r_{12}}\right)dV_2$	$\nabla\cdot\mathbf{B}=0$ $\mathbf{B}=\nabla\times\mathbf{A}$ $\nabla\times\mathbf{B}=\mu_0\left(\mathbf{J}+\epsilon_0\dfrac{\partial\mathbf{E}}{\partial t}\right)$
$\nabla^2\phi=-\dfrac{\rho}{\epsilon_0}$ ポアッソン方程式 $\nabla^2\mathbf{A}=-\mu_0\mathbf{J}$ ただし $\nabla\cdot\mathbf{A}=0$ クーロンゲージ	$\nabla^2\phi-\dfrac{1}{c^2}\dfrac{\partial^2\phi}{\partial t^2}=-\dfrac{\rho}{\epsilon_0}$ $\nabla^2\mathbf{A}-\dfrac{1}{c^2}\dfrac{\partial^2\mathbf{A}}{\partial t^2}=-\mu_0\mathbf{J}$ ただし $\nabla\cdot\mathbf{A}+\dfrac{1}{c^2}\dfrac{\partial\phi}{\partial t}=0$
$\phi(\mathbf{x}_1)=\dfrac{1}{4\pi\epsilon_0}\displaystyle\int\dfrac{\rho(\mathbf{x}_2)}{r_{12}}dV_2$ $\mathbf{A}(\mathbf{x}_1)=\dfrac{\mu_0}{4\pi}\displaystyle\int\dfrac{\mathbf{J}(\mathbf{x}_2)}{r_{12}}dV_2$ $r_{12}=\lvert\mathbf{x}_1-\mathbf{x}_2\rvert$	$\phi(t,\mathbf{x}_1)=\dfrac{1}{4\pi\epsilon_0}\displaystyle\int\dfrac{\rho(t',\mathbf{x}_2)}{r_{12}}dV_2$ $\mathbf{A}(t,\mathbf{x}_1)=\dfrac{\mu_0}{4\pi}\displaystyle\int\dfrac{\mathbf{A}(t',\mathbf{x}_2)}{r_{12}}dV_2$ $t'\equiv t-\dfrac{r_{12}}{c}$ $r_{12}=\lvert\mathbf{x}_1-\mathbf{x}_2\rvert$ 遅延ポテンシャル

ようにそうはなっていない。

ここでは磁場に関しての簡単な場合について解説しよう。

図 4.11(a) には、座標系 K 系を設定し zx-平面に広がった薄板に乗った電荷が x 方向に動くことで、電流薄板密度 j[A/m] が生ずる。これは電流密度 J[A/m^2] とは異なる単位を持つ。図 4.11(b) にあるように、アンペールの法則に従って経路 ABCDA に沿った線積分を行うと

$$(B_z^+-B_z^-)\Delta z=\mu_0 j\Delta z \tag{4.100}$$

$$(B_z^+-B_z^-)=\mu_0 j \tag{4.101}$$

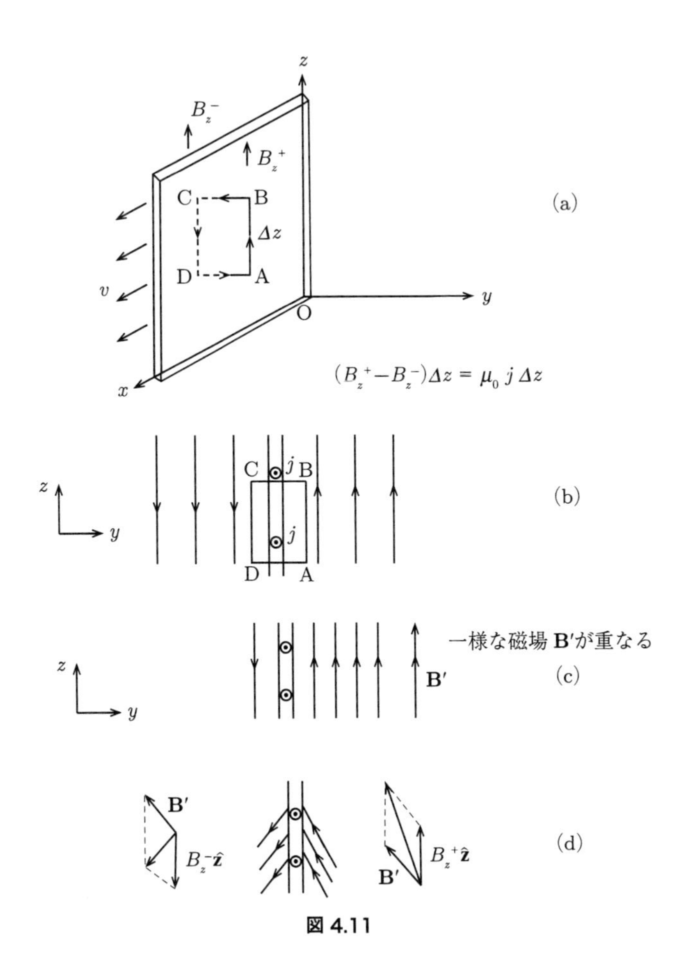

図 4.11

となる。これに z 方向に一様な外部磁場をかけても、アンペールの法則の結果は変わらない（図 4.11(c)）。さらに、任意の方向に外部磁場をかけても結果は変わらない（図 4.11(d)）。

次に、図 4.12(a) にあるように、2 枚の zx-面に平行な板に x 方向と $-x$ 方向に流れる 2 枚の薄板電流の外側では、両方の板の電流が作る磁場はキャンセルされる。コンデンサの外側での電場のキャンセルと似た現象である。薄板の間の磁場は次で与えられる。

$$B_z = \mu_0 j \tag{4.102}$$

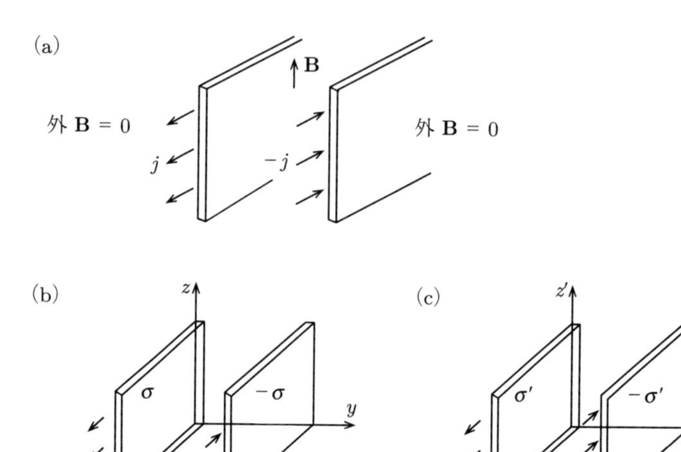

図 4.12

ここでは B_z は、B_z^+ の2倍である。

K系では、図4.12(b)にあるように、電流薄板密度 j は電荷面密度 σ、$-\sigma$ の薄板がK系での速さ v_0 で動いているために生ずると考える。

K′系は、K系に対して速さ $v = c\beta$ の等速度運動している。この時、図4.12(c)にあるように、薄板の速さが変化してローレンツ短縮によって、電流薄板密度、電荷面密度などが変化する。

K系では

$$E_y = \frac{\sigma}{\epsilon_0} \tag{4.103}$$

$$B_z = \mu_0 j = \mu_0 v_0 \sigma \tag{4.104}$$

ここでの単位は j[A/m]、v_0[m/s]、σ[C/m^2] となって整合している。

K′系では、

$$v_0' = c\frac{\beta_0 - \beta}{1 - \beta_0\beta} \tag{4.105}$$

$$\gamma_0' = \frac{1}{\sqrt{1 - [(\beta_0 - \beta)/(1 - \beta_0\beta)]^2}} \tag{4.106}$$

$$= \frac{1-\beta_0\beta}{\sqrt{1-\beta_0^2}\sqrt{1-\beta^2}} \tag{4.107}$$

$$= \gamma_0\gamma(1-\beta_0\beta) \tag{4.108}$$

$$\sigma' = \frac{\gamma_0'}{\gamma_0}\sigma \tag{4.109}$$

$$= \gamma(1-\beta_0\beta)\sigma \tag{4.110}$$

となって、電場は、

$$E_y' = \frac{\sigma'}{\epsilon_0} \tag{4.111}$$

$$= \frac{\gamma(1-\beta_0\beta)\sigma}{\epsilon_0} \tag{4.112}$$

$$= \gamma\left[\frac{\sigma}{\epsilon_0}\right] - \gamma\beta[c\mu_0 v_0\sigma] \tag{4.113}$$

$$= \gamma[E_y] - \gamma\beta[cB_z] \tag{4.114}$$

である。一方、

$$j' = \sigma' v_0' = \sigma\gamma c(\beta_0 - \beta) \tag{4.115}$$

となるから、磁場は

$$B_z' = \mu_0 j' \tag{4.116}$$

$$= \gamma[\mu_0\sigma v_0] - \beta\left[\frac{1}{c}\frac{\sigma}{\epsilon_0}\right] \tag{4.117}$$

$$= \gamma[B_z] - \gamma\beta[E_y/c] \tag{4.118}$$

となる。但し、$\epsilon_0\mu_0 = \frac{1}{c^2}$ を用いた。

ここで分かったことは、**B** とローレンツ・ブーストの方向が直交しているときには

$$E_y' = \gamma[E_y - \beta(cB_z)] \tag{4.119}$$

$$(cB_z') = \gamma[(cB_z) - \beta E_y] \tag{4.120}$$

で与えられる。

一方、磁場 **B** とローレンツ・ブーストの方向が平行なときには、図 4.13(a)

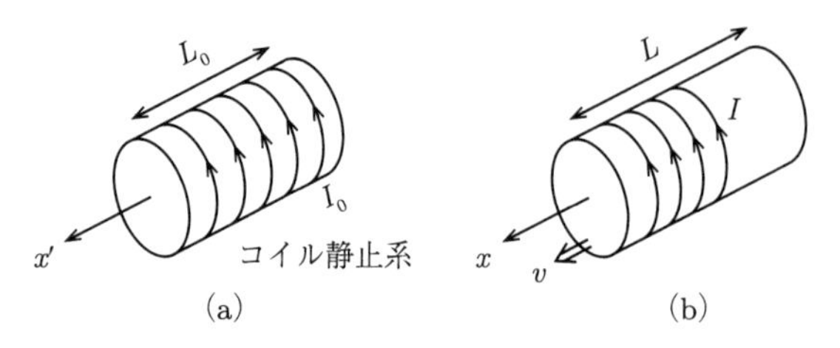

図 4.13

にあるようにK′系に静止した長さL_0、巻き数N、電流I_0のコイル内の磁場はアンペールの法則によって

$$B'_x = \mu_0 \frac{N}{L_0} I_0 \tag{4.121}$$

で与えられる。一方同じコイルがx軸に沿って速さ$v = c\beta$で動いているとき(図4.13(b))にはコイルの長さはローレンツ短縮で$1/\gamma$に縮む。しかしながら電流はローレンツ不変量の電荷を時間で微分した量なので、やはり$I = I_0/\gamma$と変換される。従って、コイル内の磁場は

$$\begin{aligned} B_x &= \mu_0 \frac{N}{L} I = \mu_0 \frac{N}{L_0/\gamma} \frac{I_0}{\gamma} \qquad (4.122) \\ &= \mu_0 \frac{N}{L_0} I_0 \\ &= B'_x \qquad (4.123) \end{aligned}$$

となって、変わらない。

慣性系であるK系から等速度運動する慣性系K′系への磁場のローレンツ変換則をまとめると

$$B'_x = B_x \tag{4.124}$$

$$B'_y = \gamma(B_y + \beta E_z/c) \tag{4.125}$$

$$B'_z = \gamma(B_z - \beta E_y/c) \tag{4.126}$$

となる。このように、磁場の変換は電場が混ざってくる。電場の変換も同様である。これは電場と磁場が4元テンソルの要素だからである。これを4元ベクトル解析からもっと直接的に検証しよう。その準備をする。

ローレンツ力から電磁場のテンソルとの関係を見てみよう。ローレンツ力は、

$$\mathbf{F} = \frac{d\mathbf{p}}{dt} = q(\mathbf{E} + \mathbf{v} \times \mathbf{B}) \tag{4.127}$$

である。これを3成分に分けて書くと、

$$\frac{dp_x}{dt} = qE_x + q(v_y B_z - v_z B_y) \tag{4.128}$$

$$\frac{dp_y}{dt} = qE_y + q(v_z B_x - v_x B_z) \tag{4.129}$$

$$\frac{dp_z}{dt} = qE_z + q(v_x B_y - v_y B_x) \tag{4.130}$$

となる。これらをローレンツ変換に対して共変な形に直す。

$$\frac{d}{dt} = c\frac{d}{dx^0} = c\frac{d\tau}{dx^0}\frac{d}{d\tau} = \frac{c}{u^0}\frac{d}{d\tau} \tag{4.131}$$

$$v_x = \frac{dx}{dt} = c\frac{d\tau}{dx^0}\frac{dx^1}{d\tau} = \frac{c}{u^0}u^1 \tag{4.132}$$

などを用いると、

$$\frac{dp^1}{d\tau} = q\frac{E^x}{c}u^0 + q(u^2 B_z - u^3 B_y) \tag{4.133}$$

$$\frac{dp^2}{d\tau} = q\frac{E^y}{c}u^0 + q(u^3 B_x - u^1 B_z) \tag{4.134}$$

$$\frac{dp^3}{d\tau} = q\frac{E^z}{c}u^0 + q(u^1 B_y - u^2 B_x) \tag{4.135}$$

となる。ここで第0成分に関しては

$$p^0 = \sqrt{(p^1)^2 + (p^2)^2 + (p^3)^2 + m^2c^2} \tag{4.136}$$

$$dp^0 = \sum_{i=1}^{3} \frac{\partial p^0}{\partial p^i} dp^i \tag{4.137}$$

$$= \sum_{i=1}^{3} dp^i \frac{p^i}{p^0} \tag{4.138}$$

$$= \sum_{i=1}^{3} dp^i \frac{u^i}{u^0} \tag{4.139}$$

となるので、(4.133)、(4.134)、(4.135) を用いて、B_i の項は相殺されるので、

$$\frac{dp^0}{d\tau} = \sum_{i=1}^{3} \frac{dp^i}{d\tau}\frac{u^i}{u^0} \tag{4.140}$$

$$= q\left(\frac{E_x}{c}u^1 + \frac{E_y}{c}u^2 + \frac{E_z}{c}u^3\right) \tag{4.141}$$

$$= -q\left(\frac{E_x}{c}u_1 + \frac{E_y}{c}u_2 + \frac{E_z}{c}u_3\right) \tag{4.142}$$

となり、ここで4成分がそろった。u_μ の3次元成分は $u_i = -u^i$ $(i = 1, 2, 3)$ である。

$$\frac{dp^0}{d\tau} = -q\left(\frac{E_x}{c}u_1 + \frac{E_y}{c}u_2 + \frac{E_z}{c}u_3\right) \tag{4.143}$$

$$\frac{dp^1}{d\tau} = q\left(\frac{E_x}{c}u_0 - B_z u_2 + B_y u_3\right) \tag{4.144}$$

$$\frac{dp^2}{d\tau} = q\left(\frac{E_y}{c}u_0 - B_x u_3 + B_z u_1\right) \tag{4.145}$$

$$\frac{dp^3}{d\tau} = q\left(\frac{E_z}{c}u_0 - B_y u_1 + B_x u_2\right) \tag{4.146}$$

等速度運動している点電荷の作る電場と磁場を考えてみよう。4元ローレンツ力の式は、

$$\frac{d}{d\tau}\begin{pmatrix} p^0 \\ p^1 \\ p^2 \\ p^3 \end{pmatrix} = q\begin{pmatrix} 0 & -E_x/c & -E_y/c & -E_z/c \\ E_x/c & 0 & -B_z & B_y \\ E_y/c & B_z & 0 & B_x \\ E_z/c & -B_y & B_x & 0 \end{pmatrix}\begin{pmatrix} u_0 \\ u_1 \\ u_2 \\ u_3 \end{pmatrix} \tag{4.147}$$

となり、テンソル式で書くと

$$\frac{d}{d\tau}p^\mu = qF^{\mu\nu}u_\nu \tag{4.148}$$

となる。$F^{\mu\nu}$ は、2階の反変テンソルで反対称テンソルであり、電場と磁場を成分として含む。従って、電場と磁場のローレンツ変換は、2階反変テンソルのローレンツ変換 (1.116) に他ならない。

K系からK$'$系へのローレンツ変換は

$$\begin{pmatrix} ct' \\ x' \\ y' \\ z' \end{pmatrix} = \begin{pmatrix} \gamma & -\gamma\beta & 0 & 0 \\ -\gamma\beta & \gamma & 0 & 0 \\ 0 & 0 & 1 & 0 \\ 0 & 0 & 0 & 1 \end{pmatrix} \begin{pmatrix} ct \\ x \\ y \\ z \end{pmatrix} \tag{4.149}$$

であるから、即ち $x'^{\mu} = L^{\mu}_{\nu} x^{\nu}$; $L^{\mu}_{\nu} = \frac{\partial x'^{\mu}}{\partial x_{\nu}}$ となる。

2 階反変テンソルのローレンツ変換は

$$F'^{\mu\nu} = L^{\mu}_{\sigma} L^{\nu}_{\rho} F^{\sigma\rho} \tag{4.150}$$

$$= L^{\mu}_{\sigma} F^{\sigma\rho} L^{\nu}_{\rho} \tag{4.151}$$

$$= \begin{pmatrix} 0 & -E_x/c & -\gamma(E_y/c - \beta B_z) & -\gamma(E_z/c + \beta B_y) \\ E_x/c & 0 & -\gamma(B_z - \beta E_y/c) & \gamma(B_y + \beta E_z/c) \\ \gamma(E_y/c - \beta B_x) & \gamma(B_z - \beta E_y/c) & 0 & -B_x \\ \gamma(E_z/c + \beta B_y) & -\gamma(B_y + \beta E_y/c) & B_x & 0 \end{pmatrix} \tag{4.152}$$

となる。これらを書き下すと、

$$E'_x = E_x \tag{4.153}$$

$$E'_y = \gamma(E_y - \beta(cB_z)) \tag{4.154}$$

$$E'_z = \gamma(E_z + \beta(cB_y)) \tag{4.155}$$

$$B'_x = B_x \tag{4.156}$$

$$B'_y = \gamma(B_y + \beta E_z/c) \tag{4.157}$$

$$B'_z = \gamma(B_z - \beta E_y/c) \tag{4.158}$$

が得られる。

K 系の空間全体で $\mathbf{B} = 0$ とする（例えばすべての電荷が静止している）。このとき K′ 系では

$$E'_x = E_x \tag{4.159}$$

$$E'_y = \gamma E_y \tag{4.160}$$

$$E'_z = \gamma E_z \tag{4.161}$$

$$B'_x = 0 \tag{4.162}$$

$$B'_y = \gamma\beta E_z/c \tag{4.163}$$

$$B'_z = -\gamma\beta E_y/c \tag{4.164}$$

となる。K 系に磁場がないときに、K′ 系での磁場と電場の関係は、K′ 系から見た K 系の速度 $\mathbf{v}' = -\mathbf{v} = -v\hat{\mathbf{x}}$ を用いると

$$\mathbf{B}' = \mathbf{v}' \times \mathbf{E}'/c^2 \tag{4.165}$$

となる。

K 系の空間全体で $\mathbf{E} = 0$ とする。このとき K′ 系では

$$E'_x = 0 \tag{4.166}$$

$$E'_y = -\gamma\beta c B_z \tag{4.167}$$

$$E'_z = \gamma\beta c B_y \tag{4.168}$$

$$B'_x = B_x \tag{4.169}$$

$$B'_y = \gamma B_y \tag{4.170}$$

$$B'_z = \gamma B_z \tag{4.171}$$

となる。K 系に電場がないときに、K′ 系での電場と磁場の関係は、K′ 系から見た K 系の速度 $\mathbf{v}' = -\mathbf{v}$ を用いると

$$\mathbf{E}' = -\mathbf{v}' \times \mathbf{B}' \tag{4.172}$$

となる。

K 系の空間全体で $\mathbf{B} = 0$ としても $\mathbf{E} \neq 0$ ならば、変換後の K′ 系では $\mathbf{B}' \neq 0$ となり、K 系の空間全体で $\mathbf{E} = 0$ としても $\mathbf{B} \neq 0$ ならば、変換後の K′ 系では $\mathbf{E}' \neq 0$ となる。

第5章

電磁誘導とマクスウエルの方程式

ファラデーは1830年代に、磁気的作用から電気的効果が出現する現象について根本的な特徴を明らかにした。その中には、定常な電流による効果では見られない、急にスイッチを入れるような過渡状態で生ずる現象の観察から得たものが多かった。

5.1　電磁誘導の基礎

K系において一様な y 軸方向の磁場 $\mathbf{B}$ 中で、導体棒を x 軸方向に速度 $\mathbf{v}$ で等速運動させる。図5.1(a)に示すように、K系では磁場に対して導体棒が動いているので、導体棒の中の電荷が磁場によるローレンツ力によって棒の両端に分極して、導体棒中に電場ができる。この電場による力とローレンツ力が釣り合うまで電荷が移動して定常状態になる。従って、導体棒の中には一定のローレンツ力と釣り合う一定の電場ができる。

導体棒の静止系である K' 系においては、図5.1(a)のように、電荷が静止しているので磁場からのローレンツ力は受けない。(4.172)式で示したように K' 系では、K系の一様な磁場から派生する一様な電場 $\mathbf{E}' = -\mathbf{v}' \times \mathbf{B}'$ が存在する。K' 系では、棒の中においては $\mathbf{E}'$ と分極によってつくられる電場とが打ち消し合って電場がゼロの定常状態となる。導体中に電場があるうちは自由電荷が動くので定常状態ではない。このように、導体棒をどの系から見るかによって電磁場の配置が異なる。

次に導体のループが磁場中を運動することを考える。図5.2(a)のように、K系において一様な y 軸方向の磁場 $\mathbf{B}$ 中で、導体ループを x 軸方向に速度 $\mathbf{v}$ で等速運動させる。ここでは図5.1(b)のように、導体中の電荷にローレンツ力によって分極が生じる。これをループの静止系である K' 系から見ると分極の原

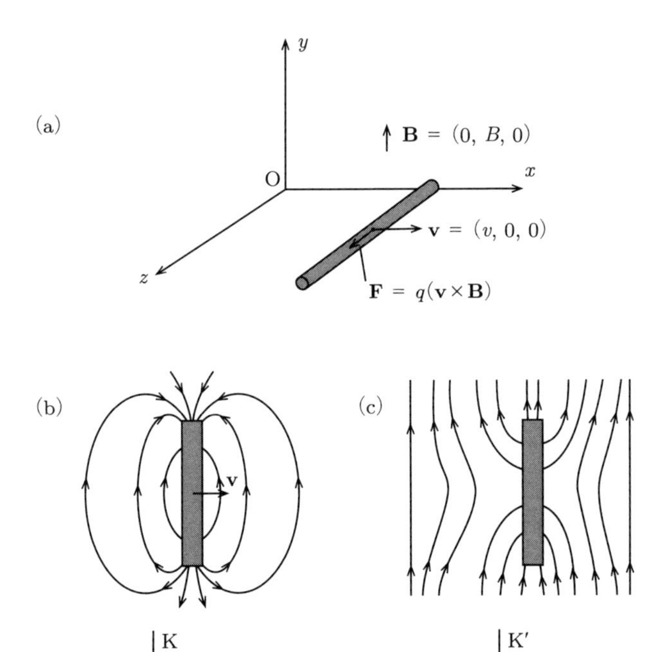

図 5.1 (a) K系の座標軸をとる。導体棒が均一な上向き（y軸向き）の磁場に満ちた空間を速度$\mathbf{v}$でx方向によぎっていく。導体棒中の電荷はローレンツ力を受けて分極する。(b) 図5.1(a) を上からみた図。電場が双極子状に出ている。(c) K系での磁場から派生したz方向の一様な電場がK系を満たす。導体棒中の電場をゼロに相殺するべく導体棒の表面に電荷が現れて双極子電場が生ずる。ここでは電荷qは静止しているので、磁場による力は感じない。

因は、K系での磁場から派生した電場$\mathbf{E}'$によるものである。ループが一様な磁場中を動いているときには、分極以外に際立ったことは起こらない。

図5.3(a) に示すように、K系において非一様なy軸方向の磁場の中で導体ループをx軸方向に等速運動させる。結論から言うと、ここでは局所的な磁場の大きさの違いから誘導起電力が発生する。

ループ上の電荷qに働く力は

$$\mathbf{F} = q(\mathbf{v} \times \mathbf{B}) \tag{5.1}$$

であるから、ループの位置があまり変わらないうちに、電荷qをループに沿って一周させるときに成す仕事は、

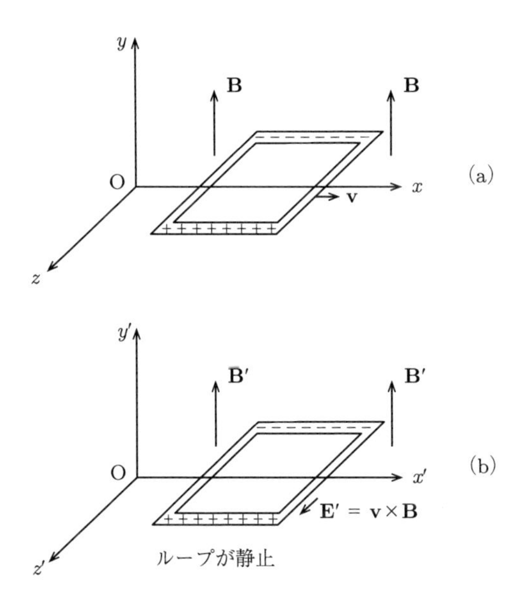

図 5.2 (a) K 系において一様な y 軸方向の磁場の中で導体ループを x 軸方向に等速運動させる。導体中の電荷にローレンツ力によって分極が生じるが、そのほかに際立ったことは何も起こらない。(b) ループが静止している K′ 系においては、ループ中の電場が相殺して定常状態となることは導体棒の場合と同じである。

$$\oint \mathbf{F} \cdot d\mathbf{x} = q \oint (\mathbf{v} \times \mathbf{B}) \cdot d\mathbf{x} = qv(B_1 - B_2)\Delta z \tag{5.2}$$

となる。誘導起電力は単位電荷のする仕事であり、

$$\mathcal{E} = v(B_1 - B_2)\Delta z \tag{5.3}$$

となる。導体ループの張る面積 $\Delta x \Delta z$ の平面 S を貫く磁場の面積分を磁束と呼ぶ。磁束 Φ はこの場合、

$$\Phi = \int_S \mathbf{B} \cdot d\mathbf{S} \tag{5.4}$$

となる。

図 5.3(b) に示したように、導体ループは x の正の方向に速さ v で等速運動するので、時間 Δt の間に強い磁場 B_1 の近くを $v\Delta t$ の距離を動き、ループは $v\Delta t\Delta z$ の面積を失う。Δt を十分小さいとすると、磁束は $v\Delta t\Delta z B_1$ だけ減少

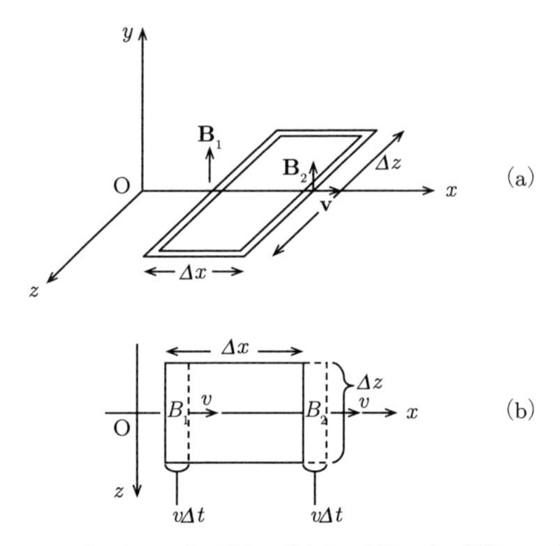

図 5.3 (a) K 系において非一様な y 軸方向の磁場の中で導体ループを x 軸方向に等速運動させる。ここでは局所的な磁場の大きさの違いから誘導起電力が発生する。(b) この誘導起電力 $\mathcal{E}$ は、導体ループの張る面積 $\Delta x \Delta z$ の平面 S を貫く磁場の面積分を磁束 Φ とすると、$\mathcal{E} = -d\Phi/dt$ で与えられる。

する。一方、弱い磁場 B_2 の近くではループは $v\Delta t\Delta z$ の面積を得るので、磁束は $v\Delta t\Delta z B_2$ だけ増える。従って、時間 Δt の間にループが得た全磁束は (5.3) を用いると、

$$\begin{aligned}\Delta\Phi &= -v\Delta t\Delta z B_1 + v\Delta t\Delta z B_2 \qquad (5.5)\\ &= -v(B_1 - B_2)\Delta z\Delta t \\ &= -\mathcal{E}\Delta t \qquad (5.6)\end{aligned}$$

となる。$\Delta t \to 0$ とおくと、

$$\mathcal{E} = -\frac{d\Phi}{dt} \tag{5.7}$$

となる。従って、$\mathcal{E} = v(B_1 - B_2)\Delta z$ は、ループで囲まれた平面を貫通する磁束の時間変化に負号を付けたものに当たる。

図 5.4 に示したように、逆にループが静止している K′ 系においては、磁場を形成する源が動いており、

$$\mathbf{E}'_1 = -\mathbf{v}' \times \mathbf{B}'_1 = \mathbf{v} \times \mathbf{B}'_1 \tag{5.8}$$

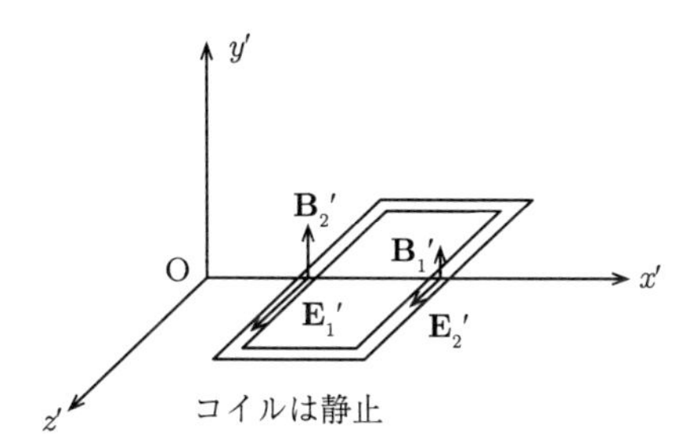

図 5.4 K′ 系においては、誘導で生じた電場の場所による違いで力が働く。この系での起電力の値 $\mathcal{E}'$ は、$v \ll c$ が成り立てば、即ち非相対論近似が成り立てば $\mathcal{E}$ に等しい。

$$\mathbf{E}'_2 = -\mathbf{v}' \times \mathbf{B}'_2 = \mathbf{v} \times \mathbf{B}'_2 \tag{5.9}$$

となってループ上に静止している電荷はこの電場による力だけを受ける。従って、誘導起電力は

$$\mathcal{E}' = (E'_1 - E'_2)\Delta z \tag{5.10}$$

$$= v(B'_1 - B'_2)\Delta z \tag{5.11}$$

となる。v が c に比べて小さいときは、$\gamma \simeq 1$ なので $B'_1 = \gamma B_1 \simeq B_1$、$B'_2 = \gamma B_2 \simeq B_2$ であり、$\mathcal{E}' \simeq \mathcal{E}$ であるが、v が相対論的な速さでも、$\mathcal{E}/\mathcal{E}'$ のローレンツ変換性を考えると、$dt/dt' = 1/\gamma$ がかかるので大きな変わりはない。

上の導体ループの場合の考察をより一般化しよう。ここで改めて、ある3次元空間の閉曲線 C に張る曲面 S（上のループの例のような平面でなくてもよい）を貫通する磁場 $\mathbf{B}$ の面積分を磁束という。即ち、磁束は次のように定義される。

$$\Phi \equiv \int_S \mathbf{B} \cdot d\mathbf{S} \tag{5.12}$$

式の形は式 (5.4) と同じである。

ここでは、閉曲線 C に張る面 S の形を変えても、即ち S を上に膨れた曲面にしたり、下に膨れた曲面にしたりしても、S を貫く磁場の面積分である Φ は変わらないことを証明しよう。

図 5.5 に示したように、任意の閉曲線 C に対して C が張る任意の二つの曲

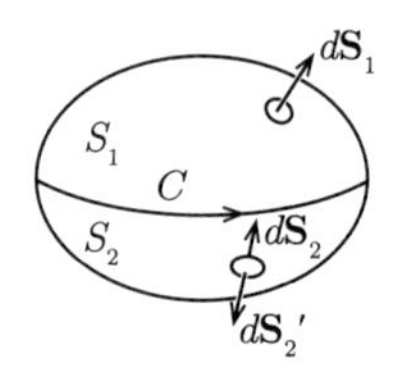

図 5.5 ループ C を張る 2 つの曲面 S_1 と S_2 の法線を $d\mathbf{S}_1$、$d\mathbf{S}_2$ とする。S_1 と S_2 を 1 つの閉曲面 S と考えると、S_1 の法線は $d\mathbf{S}_1' = d\mathbf{S}_1$ であるが、S_2 の法線は $d\mathbf{S}_2' = -d\mathbf{S}_2$ である。

面 S_1 と S_2 を考える。図のように C に方向をつけると、S_1 と S_2 の面の法線方向は、S_1 と S_2 の両方とも右ねじの進む方向と定義される。S_1 と S_2 を C で張り合わせた閉曲面を S とする。S_1 と S_2 で囲まれた領域を V として、S の表面の方向は V の外方向とする。ここで注意しなければならないのは、S_2 の法線 $d\mathbf{S}_2$ であり、その方向は V の内側を向いているので、この点での S の法線方向 $d\mathbf{S}_2'$ と反対向きであるという点である。S_1 と S_2 を合併して S を形成したときに、実は S_2 は裏返しにして張り付けたので $-S_2$ と表記する。第 4 章の 2 節では、磁場には湧き出しがないので

$$\nabla \cdot \mathbf{B} = 0 \tag{5.13}$$

であることを述べた。これを V で積分してガウスの法則を用いると

$$\int_V (\nabla \cdot \mathbf{B}) dV = \int_S \mathbf{B} \cdot d\mathbf{S} \tag{5.14}$$

となる。S_1 と S_2 での面に対する法線方向を考慮すると、

$$\int_{S_1} \mathbf{B} \cdot d\mathbf{S}_1 + \int_{-S_2} \mathbf{B} \cdot d\mathbf{S}_2' = 0 \tag{5.15}$$

$$\int_{S_1} \mathbf{B} \cdot d\mathbf{S}_1 - \int_{S_2} \mathbf{B} \cdot d\mathbf{S}_2 = 0 \tag{5.16}$$

となる。即ち、

$$\int_{S_1} \mathbf{B} \cdot d\mathbf{S}_1 = \int_{S_2} \mathbf{B} \cdot d\mathbf{S}_2 \tag{5.17}$$

となって、C の張るいかなる面上で $\int_S \mathbf{B} \cdot d\mathbf{S} = \Phi$ は等しい。

図 5.6 に示したように、時刻 t から時刻 $t + \Delta t$ の間に、磁場中をループは C

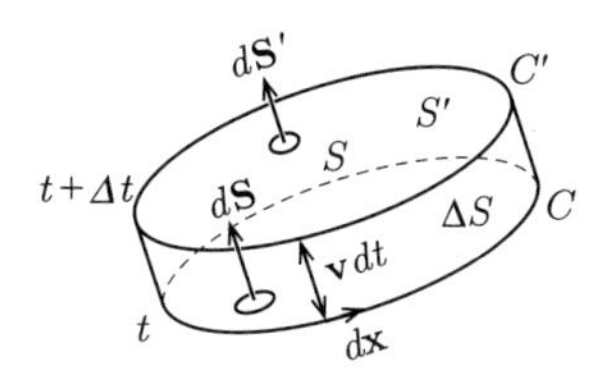

図 5.6 時刻 t において磁場中にループ C が存在し、時刻 $t+\Delta t$ においては C' に動いている。その速度を $\mathbf{v}$ とする。CC' で張るリボン状の面を ΔS とする。$d\mathbf{x}$ は C 上の線素である。

から C' に速度 $\mathbf{v}$ で動く。C と C' が張る面を S と S' とすると、S と S' を貫通する磁束は次で与えられる。

$$\Phi(t) = \int_S \mathbf{B} \cdot d\mathbf{S} \tag{5.18}$$

$$\Phi(t+\Delta t) = \int_{S'} \mathbf{B} \cdot d\mathbf{S}' \tag{5.19}$$

図 5.6 に示したように、C' と C の間に張るリボン状の面を ΔS とすると、(5.17) より、S' の磁束は S の磁束に ΔS の磁束を足したものであり、ΔS の微小表面積の方向は C' と C が形成する領域の内部に向けた方向である。図のように C に方向をつけて、C の経路に沿った微小線素を $d\mathbf{x}$ とすると、ΔS での微小表面積ベクトルは方向も考慮すると、$(\mathbf{v}\Delta t) \times d\mathbf{x}$ となる。

S' での磁束 (5.19) は、S での磁束 (5.18) と ΔS での磁束の和であるから、

$$\Phi(t+\Delta t) = \int_{S'} \mathbf{B} \cdot d\mathbf{S}' \tag{5.20}$$

$$= \int_S \mathbf{B} \cdot d\mathbf{S} + \int_{\Delta S} \mathbf{B} \cdot d\mathbf{S} \tag{5.21}$$

$$= \Phi(t) + \oint \mathbf{B} \cdot (\mathbf{v} \times d\mathbf{x})\Delta t \tag{5.22}$$

が成り立つ。ここで $\Delta t \to 0$ の極限をとって、さらに公式 $\mathbf{a} \cdot (\mathbf{b} \times \mathbf{c}) = (\mathbf{a} \times \mathbf{b}) \cdot \mathbf{c}$ を用いると

$$\frac{d\Phi}{dt} = \oint_C \mathbf{B} \cdot (\mathbf{v} \times d\mathbf{x}) \tag{5.23}$$

$$= \oint_C (\mathbf{B} \times \mathbf{v}) \cdot d\mathbf{x} \tag{5.24}$$

$$= -\oint_C (\mathbf{v} \times \mathbf{B}) \cdot d\mathbf{x} \tag{5.25}$$

$$= -\mathcal{E} \tag{5.26}$$

となる。誘導起電力$\mathcal{E}$は

$$\mathcal{E} = -\frac{d\Phi}{dt} \tag{5.27}$$

で与えられる。誘導起電力は磁束自身には比例しない。ファラデーは定常電流によってこの近くの導体に2次電流が誘導されることがないのかという疑問を持っていた。即ち、定常電流によってできる磁場が原因で、検出器の2次回路に起電力が生じないことに疑問を持っていた。しかし彼は実験を進めていくと、定常電流ではなく、電流を流し始めるときと切るときに、他の導体に誘導電流が生ずることを明らかにした。誘導起電力はまさに導体ループのような検出器を貫く磁束の時間変化によるものであった。

■電磁誘導の一般的な法則 図5.7のように磁場の源泉が静止したコイルであったときに、これに対して動いている二次コイルでの局所的な磁場の変化によって誘導起電力が発生する。図5.7を二次コイルの静止系から見ると、図5.8に示したように源泉の時間変化しない磁場のコイルが動いて、静止している二

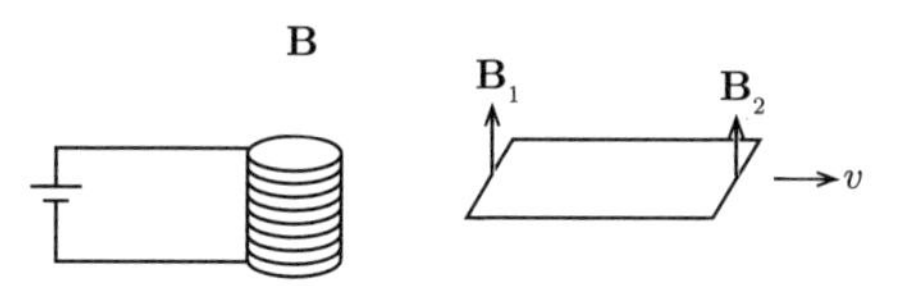

図5.7 静止したコイルで生成された時間変化しない磁場に対して動いている、別のコイルでの磁場の変化が、誘導起電力の原因となる。

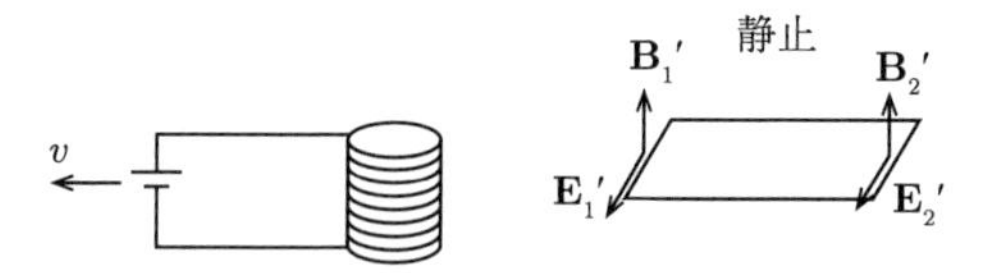

図5.8 磁場の源泉の運動しているコイルに対して静止している二次コイルに、源泉の磁場をローレンツ変換して生成される電場の時間変化によっても、対応する誘導起電力が発生する。静止したコイルの中の電荷は磁場は感じない。

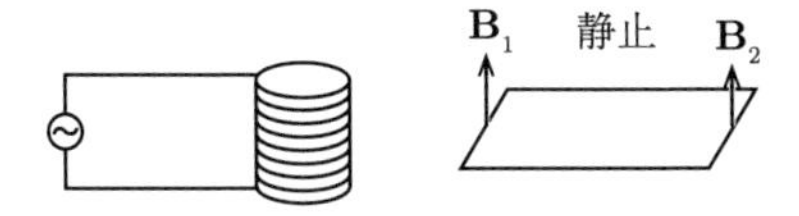

図 5.9 静止したコイルで生成された時間変化する磁場が通り抜ける、別の静止したコイルには、誘導起電力が発生する。

次コイルにローレンツ変換で元の磁場から生成される電場の時間変化によっても対応する誘導起電力が発生する。

また、図5.9のように、磁場の源泉が静止していても、またコイルがそれに対して静止していても、源泉の磁場が時間変化しているときには、誘導起電力が生じる。

二次コイルの $\mathbf{B}$ が時間的に変化する図5.7と図5.9の場合、誘導起電力の発生に関してこの時間変化の理由は問われない。二次コイルの $\Phi(t)$ と起電力の関係は次で与えられる。

$$\Phi(t) = \int_S \mathbf{B}(t,\mathbf{x}) \cdot d\mathbf{S} \tag{5.28}$$

$$\frac{d\Phi(t)}{dt} = \int_S \frac{\partial \mathbf{B}(t,\mathbf{x})}{\partial t} \cdot d\mathbf{S} \tag{5.29}$$

$$\mathcal{E} = -\frac{d\Phi(t)}{dt} = -\int_S \frac{\partial \mathbf{B}(t,\mathbf{x})}{\partial t} \cdot d\mathbf{S} \tag{5.30}$$

ただし、ループの近くにいる観測者にとって、磁場の源泉のコイルの動きが見えなければ、図5.7、5.8、5.9、の3つの場合が区別つかない場合がある。図5.8の場合は相対論的効果を入れれば誘導起電力 $\mathcal{E}'$ は、図5.7の $\mathcal{E}$ とは異なるので別に考えるべきで、図5.7と5.9の場合、$\mathcal{E}$ は C に沿った電場の線積分に等しい。ストークスの定理を用いると、

$$\mathcal{E} = \int_C \mathbf{E} \cdot d\mathbf{x} \tag{5.31}$$

$$= \int_S (\nabla \times \mathbf{E}) \cdot d\mathbf{S} \tag{5.32}$$

となって、ここで C や S は任意であるから、式(5.30)と式(5.32)の被積分関数が等しくなり

$$\nabla \times \mathbf{E} = -\frac{\partial \mathbf{B}}{\partial t} \tag{5.33}$$

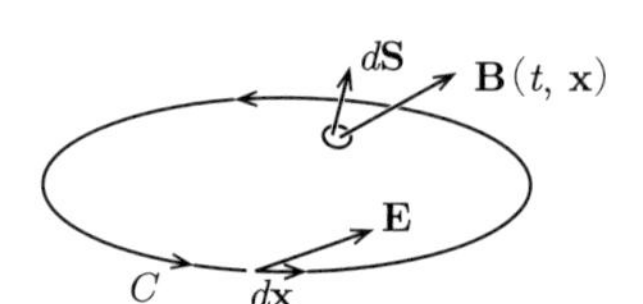

図 5.10 任意のループ C を考える。$\mathcal{E}$ は、C に沿った電場の線積分に等しい。$d\mathbf{x}$ は C 上の線素。

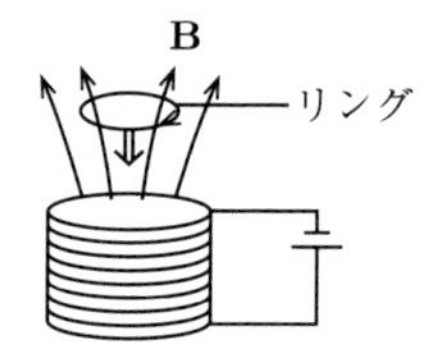

図 5.11 磁束に導体のリングを落としたときには、リングに生成された電流が磁束を打ち消す方向に流れる。

が得られる。これはマクスウエルの方程式を構成する4組のうちの1組の式である。

一般に、図5.10のように任意のループ C を考えると、誘導起電力 $\mathcal{E}$ は C に沿った電場の線積分に等しく、それは C に張る曲面 S を貫く磁束 Φ の時間変化に負号をつけたものであることが上の3式からわかる。

この負号は極めて重要である。導体のループを通り抜ける磁束の変化に逆らうような磁束を新たに作るべく起電力が生ずる。これをレンツの法則という。即ち、ループを通り抜ける磁束が増えれば、これに逆らって磁束を減らす方向にループに電流が流れる。そうでなければエネルギー保存則に反するからである。もしも導体のループを通り抜ける磁束の変化に準ずるように磁束を作るべく起電力が生ずるのであれば、磁束が増えればそれに伴って、磁束を益々増やす方向に起電力が生じて、磁場のエネルギーがいくらでも増えてしまう。

図5.11のように磁石で生じている磁束に導体のリングを落としたときには、導体リングを通り抜ける磁束が増大していくので、増加しつつある磁束を打ち消す方向に導体リングに電流が流れる。

5.2 相互誘導と自己誘導

5.2.1 相互誘導

相互誘導は、異なる導線コイル（インダクタンス）の間の誘導現象である。図 5.12 で示したように、コイル C_1 の電流がコイル C_2 に張る曲面 S_2 に作る磁束は

$$\Phi_{21} = \int_{S_2} \mathbf{B}_1 \cdot d\mathbf{S}_2 \tag{5.34}$$

で与えられる。

S_2 を貫く C_1 起因の磁束は C_1 の電流に比例するが、その比例定数を相互インダクタンス係数 M_{21} と定義する。「係数」を付けずに、単に「相互インダクタンス」と呼ぶことが多い。

$$\Phi_{21} = M_{21} I_1 \tag{5.35}$$

$$(\mathbf{B}_1 \propto I_1) \tag{5.36}$$

コイル C_2 に生ずる C_1 起因の磁束 Φ_{12} の時間変化によって C_2 に生ずる誘導起電力は

$$\mathcal{E}_{21} = -\frac{d\Phi_{21}}{dt} = -M_{21}\frac{dI_1}{dt} \tag{5.37}$$

となる。これに対して、コイル C_1 に生ずる C_2 起因の磁束 Φ_{21} の時間変化に

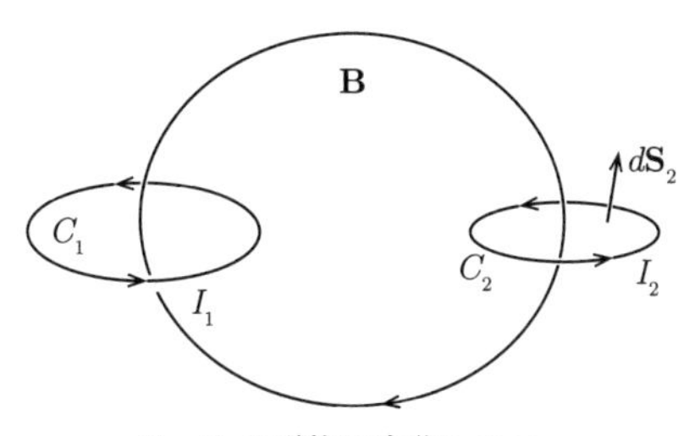

図 5.12 コイル C_1 には交流電流を流し磁場を発生させる。コイル C_2 に張る曲面 S_2 を貫く C_1 起因の磁場の作る磁束の変化を打ち消すように、C_2 に電流が誘起する。

よって C_1 に生ずる誘導起電力は

$$\mathcal{E}_{12} = -M_{12}\frac{dI_2}{dt} \tag{5.38}$$

である。

■相補性の定理　ここで相互インダクタンス（係数）の相補性の定理

$$M_{12} = M_{21} \tag{5.39}$$

を証明しよう。

証明：一般に、

$$\Phi_S = \int_S \mathbf{B} \cdot d\mathbf{S} \tag{5.40}$$

$$= \int_S (\nabla \times \mathbf{A}) \cdot d\mathbf{S} \tag{5.41}$$

ストークスの定理を用いると、

$$= \int_C \mathbf{A} \cdot d\mathbf{x} \tag{5.42}$$

となる。

ビオ＝サバールの法則式 (4.67) から、

$$\mathbf{A}_{21} = \int_{C_1} \frac{\mu_0 I_1}{4\pi}\frac{d\mathbf{x}_2}{r_{12}} \tag{5.43}$$

となるので（図5.13）、(5.42) より、

$$\Phi_{21} = \oint_{C_2} \mathbf{A}_{12} \cdot d\mathbf{x}_2 \tag{5.44}$$

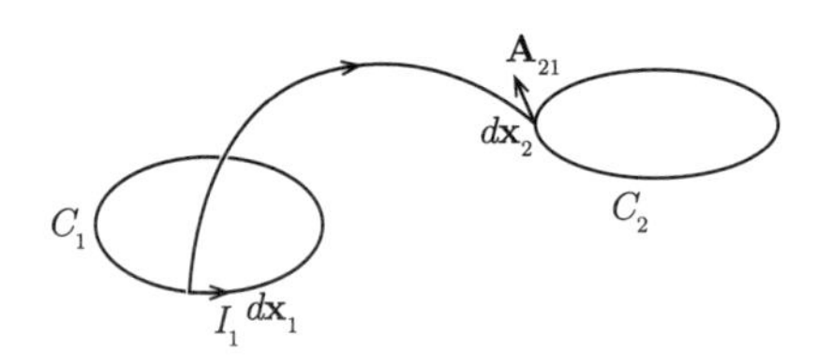

図 5.13　C_1, C_2 とベクトルポテンシャルとの関係。

$$= \oint_{C_2} \left(\oint_{C_1} \frac{\mu_0 I_1}{4\pi} \frac{d\mathbf{x}_1}{r_{12}} \right) \cdot d\mathbf{x}_2 \tag{5.45}$$

$$= \left[\frac{\mu_0}{4\pi} \oint_{C_1} \oint_{C_2} \frac{d\mathbf{x}_1 \cdot d\mathbf{x}_2}{r_{12}} \right] I_1 \tag{5.46}$$

$$= [M_{21}] I_1 \tag{5.47}$$

$[M_{21}]$ は添え字 1、2 に対して対称的である。従ってこれは $[M_{12}]$ をも表す。Φ_{12} に対しても同様に $\Phi_{12} = [M_{12}] I_2$ であるから、$M_{12} = M_{21}$ となる。証明終わり。

■例 M_{12} の計算　図 5.14 の右図で円形のループ C_1 の作る磁場の変化で C_1 と同じ中心を持つ円形ループ C_2 に誘導起電力が生ずる時の相互インダクタンス M_{21} を計算する。C_1、C_2 の半径をそれぞれ R_1、R_2 とする。ここで $R_2 \ll R_1$ と仮定する。小円 C_2 の内側に C_1 の電流の作る磁場 B_1 を、C_1 の中心での磁場 B_{10} で近似する。

$$B_{10} = \frac{\mu_0}{4\pi} \oint I_1 \frac{r d\ell_1}{r^3} \tag{5.48}$$

$$= \frac{\mu_0 I_1}{2R_1} \tag{5.49}$$

この近似においては、C_1 での電流 I_1 が作る磁場が、C_2 を張る小円板を貫く磁束は

$$\Phi_{21} \simeq \pi R_2^2 B_{10} = \left(\frac{\pi \mu_0 R_2^2}{2R_1} \right) I_1 \tag{5.50}$$

となる。相互インダクタンス M_{21} は

$$M_{21} \simeq \frac{\pi \mu_0 R_2^2}{2R_1} \tag{5.51}$$

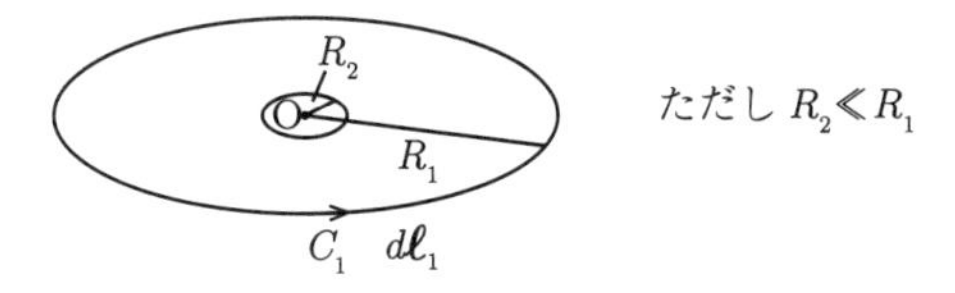

図 5.14　相互誘導の例。円形のループ C_1 の作る磁場の変化で、C_1 と同じ中心を持つ円形ループ C_2 に誘導起電力が生ずる時の、相互インダクタンス M_{21} を計算する。ここでは $R_2 \ll R_1$ と仮定する。

となるが、$R_2 \ll R_1$ と仮定して、C_2 の内側に C_1 の電流が作る磁場 B_1 を C_1 の中心での磁場 B_{10} で近似したので相補性は見えなくなっている。

5.2.2　自己誘導

コイル C_1 の電流 I_1 が自分自身が作る磁場によってコイル C_1 の張る面を磁束 Φ_{11} が貫く。I_1 の時間変化によって、磁束 Φ_{11} が時間変化して、これを打ち消すように C_1 自身に誘導起電力 $\mathcal{E}$ が生ずる。

$$\mathcal{E} = -\frac{d\Phi_{11}}{dt} \tag{5.52}$$

$$= -L_1 \frac{dI_1}{dt} \tag{5.53}$$

ここで L_1 を自己インダクタンス（係数）と定義する。

■自己誘導の例　図5.15のように高さ h、短半径 a、長半径 b の糸巻き状の物体に導線を N 巻き巻いていく。このとき、電流 I_1 を巻き線に流すと、中心から半径 r での磁場は次で与えられる。

$$2\pi r B(r) = \mu_0 N I_1 \tag{5.54}$$

$$B(r) = \frac{\mu_0 N I_1}{2\pi r} \tag{5.55}$$

ここで、一つのループを貫く磁束は

$$\Phi_1 = h\int_a^b B(r)dr = \frac{\mu_0 N h}{2\pi}\ln(b/a) I_1 \tag{5.56}$$

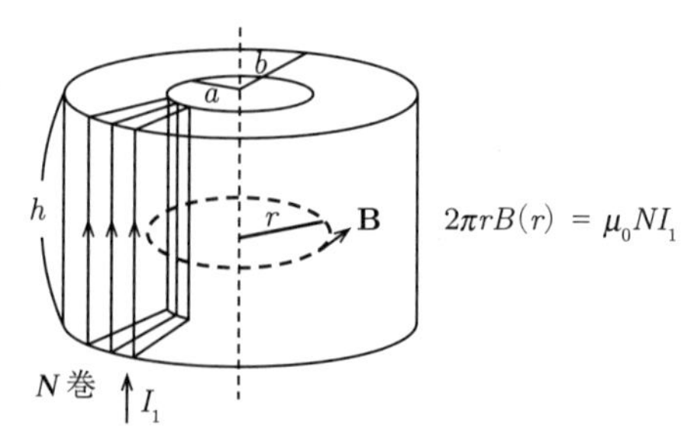

図5.15　自己誘導の例。高さ h、短半径 a、長半径 b の糸巻き状の物体に導線を N 巻き巻いていく。このコイル全体の自己インダクタンスを計算する。

で与えられる。N 巻きのループを貫く磁場は

$$\Phi = N\Phi_1 = \frac{\mu_0 N^2 h}{2\pi} \ln(b/a) I_1 \tag{5.57}$$

となる。自己誘導起電力は式 (5.53) と式 (5.57) より

$$\mathcal{E} = -\frac{d\Phi}{dt} = -\frac{\mu_0 N^2 h}{2\pi} \ln(b/a) \frac{dI_1}{dt} \tag{5.58}$$

で与えられるので、自己インダクタンスは

$$L_1 = \frac{\mu_0 N^2 h}{2\pi} \ln(b/a) \tag{5.59}$$

と計算される。

5.3 変位電流

ここで電場と磁場の関係を見直すことにする。先ずは電場に対するクーロンの法則を考える。

$$\nabla \cdot \mathbf{E} = \frac{1}{\epsilon_0}\rho \tag{5.60}$$

この式は運動している電荷にも、静止している電荷にも成り立つ。

図 5.16 に示すように、電荷保存の式（連続の式）は

$$\int_S \mathbf{J} \cdot d\mathbf{S} = -\frac{dQ}{dt} \tag{5.61}$$

左辺にガウスの定理を用い、右辺を電荷密度で表すと、

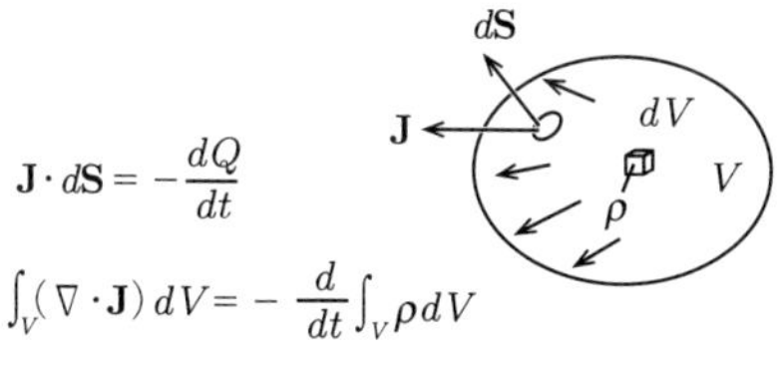

$$\mathbf{J} \cdot d\mathbf{S} = -\frac{dQ}{dt}$$

$$\int_V (\nabla \cdot \mathbf{J})\, dV = -\frac{d}{dt}\int_V \rho\, dV$$

図 5.16 電荷（電流）の保存。V から単位時間当たりに出ていく電流密度の V の表面 S での面積分は、V 内の全電荷の単位時間当たりの減少に等しい。

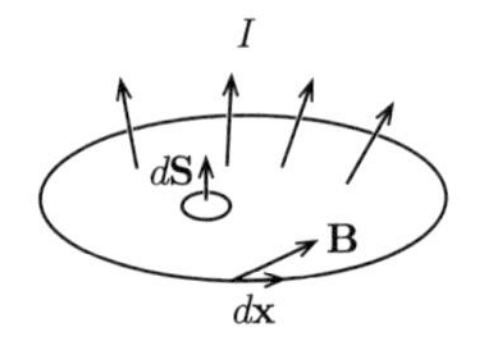

図 5.17 S を通して流れ出る定常電流が磁場の源である。

$$\int_V (\nabla \cdot \mathbf{J}) dV = -\frac{d}{dt}\int_V \rho dV \tag{5.62}$$

$$\int_V \left(\nabla \cdot \mathbf{J} + \frac{\partial \rho}{\partial t}\right) dV = 0 \tag{5.63}$$

となり、V は任意なので被積分関数がゼロとなる。

$$\nabla \cdot \mathbf{J} + \frac{\partial \rho}{\partial t} = 0 \tag{5.64}$$

一方、図5.17に示したように、定常な電流では

$$\int_C \mathbf{B} \cdot d\mathbf{x} = \mu_0 I \tag{5.65}$$

左辺にストークスの定理を用い、右辺を電流密度で表せば、

$$\int_S (\nabla \times \mathbf{B}) \cdot d\mathbf{S} = \mu_0 \int_S \mathbf{J} \cdot d\mathbf{S} \tag{5.66}$$

が成り立つ。

これから、S は任意であるから、

$$\nabla \times \mathbf{B} = \mu_0 \mathbf{J} \tag{5.67}$$

が成り立つ。一方、

$$\nabla \cdot (\nabla \times \mathbf{B}) \equiv 0 \tag{5.68}$$

は常に成り立つので、(5.67) の右辺は

$$\nabla \cdot \mathbf{J} = 0 \tag{5.69}$$

となる。

しかし、$\partial\rho/\partial t \neq 0$ ならば電荷保存の式 (5.64) $\nabla \cdot \mathbf{J} = -\partial\rho/\partial t$ より $\nabla \cdot \mathbf{J} \neq 0$

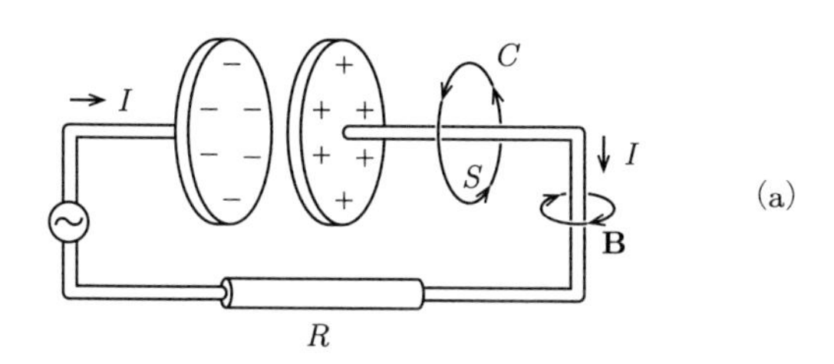

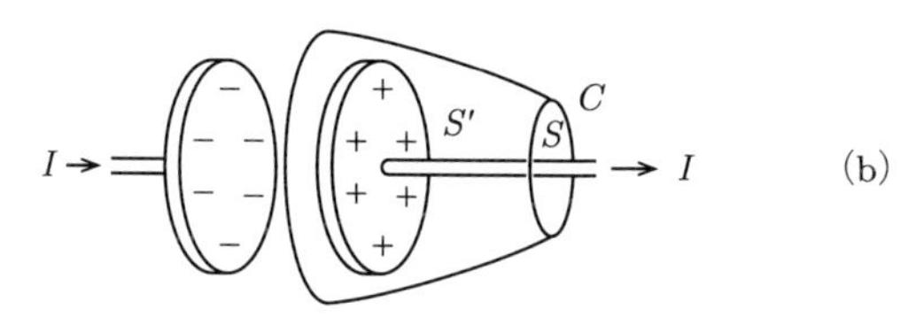

図 5.18 (a) 交流回路に連結されたコンデンサを考える。回路と直交した閉ループ C の張る面を S とする。S を通して電流 I が流れている。(b) S を延ばしてコンデンサの半面に袋をかぶせるように S' を設定すれば S' には電流が流れない。

となる。

従って、電荷密度が時間的に変化する系（開いた電流系）では

$$\nabla \times \mathbf{B} = \mu_0 \mathbf{J} \tag{5.70}$$

は成立しない。

例として、交流回路に連結されたコンデンサを考える。図 5.18(a) に示したように、回路と直交した閉ループ C を考える。C の張る面を S とする。一方、図 5.18(b) に示したように S を延ばしてコンデンサの半面に袋をかぶせるように S' を設定すれば S' には電流が流れない。すなわち、

$$\nabla \times \mathbf{B} = 0 \tag{5.71}$$

が、S' の全ての面上で成立するので、

$$\int_{S'} (\nabla \times \mathbf{B}) \cdot d\mathbf{S}' = \int_S (\nabla \times \mathbf{B}) \cdot d\mathbf{S} \tag{5.72}$$

において左辺 $= 0$、右辺 $= \mu_0 I \neq 0$ と矛盾する。

そこで、$\nabla \times \mathbf{B} = \mu_0 \mathbf{K}$ とおいて、$\mathbf{K}$ に対する条件を考えると、

$$\text{(A)} \quad \nabla \cdot (\nabla \times \mathbf{B}) \equiv 0 \Rightarrow \nabla \cdot \mathbf{K} = 0 \tag{5.73}$$

$$\text{(B)} \quad \nabla \cdot \mathbf{J} = -\frac{\partial \rho}{\partial t} = 0 \Rightarrow \mathbf{K} = \mathbf{J} \tag{5.74}$$

となる。一方、$\rho = \epsilon_0 \nabla \cdot \mathbf{E}$ より、

$$\frac{\partial \rho}{\partial t} = \frac{\partial}{\partial t}(\epsilon_0 \nabla \cdot \mathbf{E}) = \nabla \cdot \left(\epsilon_0 \frac{\partial \mathbf{E}}{\partial t}\right) \tag{5.75}$$

となり、これを電荷電流の連続の式 $\nabla \cdot \mathbf{J} + \frac{\partial \rho}{\partial t} = 0$ に代入すると

$$\nabla \cdot \left(\mathbf{J} + \epsilon_0 \frac{\partial \mathbf{E}}{\partial t}\right) = 0 \tag{5.76}$$

となる。ここで、

$$\mathbf{K} = \mathbf{J} + \epsilon_0 \frac{\partial \mathbf{E}}{\partial t} \tag{5.77}$$

と置くと、上式 (5.76) より (A) は成立する。$\partial \rho / \partial t = 0$ のとき、$\mathbf{E}$ は時間変化のない電荷分布で決まり、従って $\partial \mathbf{E} / \partial t = 0$ となるので、$\mathbf{K} = \mathbf{J}$、従って (B) も成立する。

そこで、

$$\nabla \times \mathbf{B} = \mu_0 \mathbf{K} = \mu_0 \left(\mathbf{J} + \epsilon_0 \frac{\partial \mathbf{E}}{\partial t}\right) \tag{5.78}$$

と書き換える。

$\mathbf{K}$ に現れた新たな付加項である、$\mathbf{J}_d \equiv \epsilon_0 \frac{\partial \mathbf{E}}{\partial t}$ を変位電流密度（displacement current density）という。

任意の閉曲線（ループ）C を張る曲面 S において

$$\int_S (\nabla \times \mathbf{B}) \cdot d\mathbf{S} = \mu_0 \int_S (\mathbf{J} + \mathbf{J}_d) \cdot d\mathbf{S} \tag{5.79}$$

$$= \mu_0 \left(\int_S \mathbf{J} \cdot d\mathbf{S} + \int_S \mathbf{J}_d \cdot d\mathbf{S}\right) \tag{5.80}$$

この積分をストークスの定理を用いて閉曲線 C での積分に変換すると、

$$\int_C \mathbf{B} \cdot d\mathbf{x} = \mu_0 (I + I_d) \tag{5.81}$$

となる。ここで、

$$I_d \equiv \int_S \epsilon_0 \frac{\partial \mathbf{E}}{\partial t} \cdot d\mathbf{S} \tag{5.82}$$

は、S を貫く変位電流（displacement current）である。変位電流密度のベク

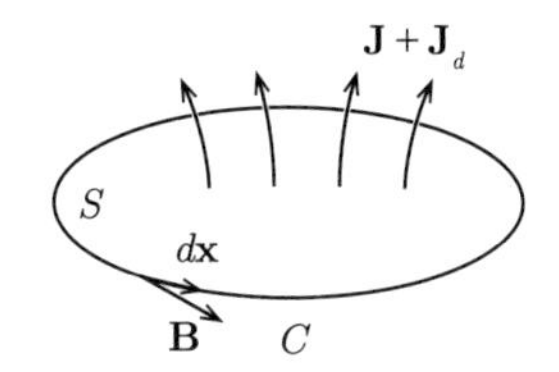

図 5.19 一般に、S を通して流れ出る電荷電流と変位電流の和が磁場の源である。

トル分布は電場の分布と似ているが、時空での変化の位相が 90° 異なる。図 5.19 に示したように、磁場の源泉は通常の電流と変位電流である。

ここで変位電流密度の勾配を考える。

$$\nabla \times \mathbf{J}_d = \epsilon_0 \nabla \times \frac{\partial}{\partial t}(\nabla \times \mathbf{E}) = -\epsilon_0 \nabla \times \frac{\partial^2 \mathbf{B}}{\partial^2 t} \tag{5.83}$$

$\mathbf{B}$ の時間についての 2 階微分が小さければ変位電流の影響は無視できる。ここでは式 (5.33) $\nabla \times \mathbf{E} = -\partial \mathbf{B}/\partial t$ を用いた。

マクスウエルの方程式の対称性を仮定すると、時間的に変化する電場によって磁場が生ずるという新たな誘導現象が存在する。ファラデーはこれを発見できなかった。ゆっくりと変化する場では変位電流の効果は見えないからである。変位電流の導入によって、マクスウエル方程式が完結するので、次節では 4 組の各式の積分形と微分形に関して解説を加える。

5.4 マクスウエルの方程式

マクスウエルの 4 組の方程式について、先ずは積分形について議論し、積分の公式（ガウスの定理、ストークスの定理）を用いて、両辺を同じ積分空間での積分に換える。両方の積分空間は等しいが任意であるから、被積分関数が等しいとしてマクスウエルの方程式の微分形を導出する。ガウスの定理とストークスの定理に関しては巻末の補遺で系統的に説明する。

■ (1) ガウスの法則 図 5.20 に示したように、任意の閉領域 V の表面 S で電場の垂直成分を S 全面について面積分すると、V の総電荷 Q を ϵ_0 で割った量

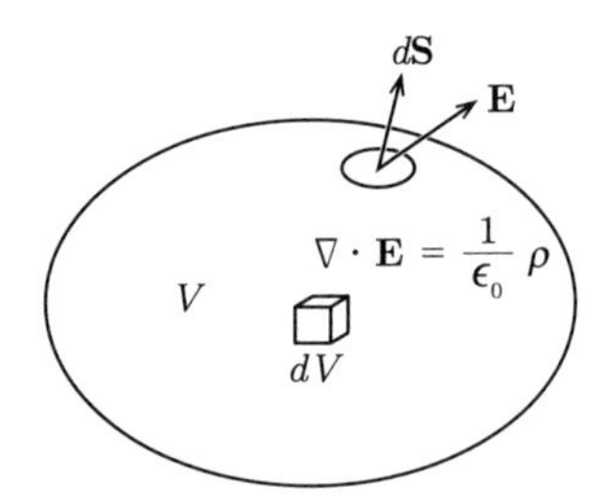

図 5.20 任意の閉領域 V の表面 S において、電場の表面に垂直な成分を面積分すると、V の総電荷 Q を ϵ_0 で割った量となる。ガウスの定理を使うと、表面積分を体積積分に変換することができ、V は任意なので被積分関数同士が等しくなり、任意の点の電場の発散（divergence）がその点の電荷密度を ϵ_0 で割ったものとなる。

となる。

$$\int_S \mathbf{E} \cdot d\mathbf{S} = \frac{1}{\epsilon_0} Q \tag{5.84}$$

左辺にガウスの定理を使うと、表面積分を体積積分に変換することができる。右辺の Q は V 中での電荷密度 ρ を V 全体で体積積分した量である。V は任意なので被積分関数同士が等しくなり、任意の点の電場の発散（divergence）がその点の電荷密度を ϵ_0 で割ったものとなる。

$$\int_V (\nabla \cdot \mathbf{E}) = \frac{1}{\epsilon_0} \int_V \rho dV \tag{5.85}$$

$$\Rightarrow \nabla \cdot \mathbf{E} = \frac{1}{\epsilon_0} \rho \tag{5.86}$$

■ **(2) 磁場に湧き出しは存在しない。即ち磁気単極子（magnatic monopole）は存在しない。** 図5.21に示したように、任意の閉領域 V の表面 S において磁場の垂直成分を面積分するとゼロになる。

$$\int_S \mathbf{B} \cdot d\mathbf{S} = 0 \tag{5.87}$$

ガウスの定理を使うと、表面積分を体積積分に変換することができ、V は任意なので被積分関数同士が等しくなり、任意の点の磁場の発散（divergence）が常にゼロになる。

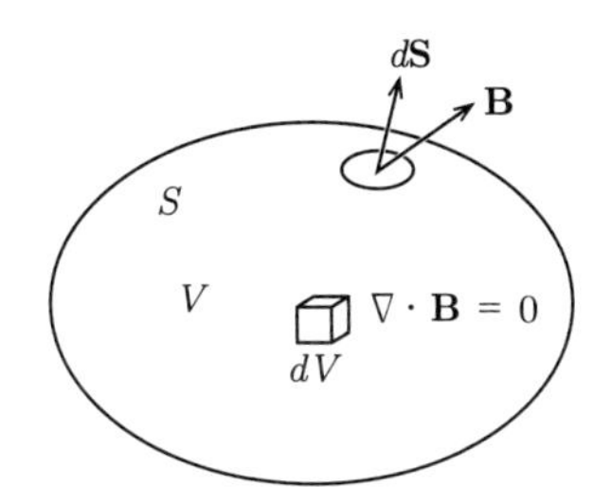

図 5.21 任意の閉領域 V の表面 S において、磁場の表面に垂直な成分を面積分するとゼロになる。ガウスの定理を使うと、表面積分を体積積分に変換することができ、V は任意なので被積分関数同士が等しくなり、任意の点の磁場の発散（divergence）がゼロになる。

$$\int_V (\nabla \cdot \mathbf{B}) dV = 0 \tag{5.88}$$

$$\Rightarrow \nabla \cdot \mathbf{B} = 0 \tag{5.89}$$

これは、磁場の場合はN極とS極が必ずペアになって存在し、N極の磁場の湧き出し口もしくはS極の磁場の吸収口が単独で現れることがないことを意味する。一方、電荷はプラスとマイナスが独立に存在しうる。片方の磁極が単独で現れると磁場の発散（$\nabla \cdot \mathbf{B}$）はゼロでなくなる。今のところ、N極だけ若しくはS極だけの磁気単極子は実験的にも発見されていない※7。

■ (3) 電磁誘導 図5.22に示したように、任意の閉曲線 C を張る任意の曲面 S を貫く磁束の時間変化に逆らうように C に起電力を誘導する。曲面 S の境界 C に平行な電場の成分を C に沿って一周の線積分を実行すると、誘導起電力が得られ、それは S を貫く磁束（$\Phi \equiv \int_S \mathbf{B} \cdot d\mathbf{S}$）の時間変化に逆らう方向に働く。

$$\int_C \mathbf{E} \cdot d\mathbf{x} = -\frac{d\Phi}{dt} \tag{5.90}$$

※7 …… 磁気単極子は理論的には素粒子の標準理論を超えたいくつかの理論でその存在が予言されている。多くの理論ではその質量が非常に大きいために今までの実験や観測では発見されていないとしている。また、宇宙初期の大膨張（インフレーション）によって、それまでに標準理論を超える理論に従えば生成されたであろう磁気単極子の密度が、非常に小さくうすまって観測にかからなくなったという説もある。

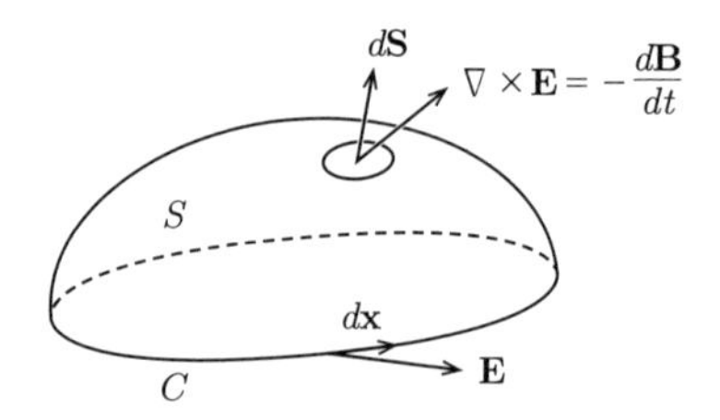

図 5.22 任意の閉曲線 C を張る任意の曲面 S を貫く磁束の、時間変化に逆らうように C に起電力を誘導する。曲面 S の境界 C に沿って電場の C 方向の成分を一周線積分すると、誘導起電力が得られ、それは S を貫く磁束の時間変化にマイナスの符号を付けた量になる。ストークスの定理を用いると C に沿った電場の線積分を S 上での電場の回転の面積分に変換でき、これが S に垂直な磁場の成分の S での面積分にマイナスの符号をつけた量となる。C も S も任意に指定できるので積分記号が外れ、電場の回転（rotation）は磁場の時間変化にマイナスの符号をつけた量となる。

ストークスの定理を用いると、C に沿った電場の線積分を S 上での電場の回転の面積分に変換でき、磁場の S 上での面積分である磁束の時間変化に逆らって起電力が生ずる。C も S も任意に指定できるので積分記号が外れ、電場の回転（rotation）は磁場の時間変化と相殺する。

$$\int_S (\nabla \times \mathbf{E}) \cdot d\mathbf{S} = -\frac{d}{dt}\int_S \mathbf{B} \cdot d\mathbf{S} \tag{5.91}$$

$$\Rightarrow \nabla \times \mathbf{E} = -\frac{\partial \mathbf{B}}{\partial t} \tag{5.92}$$

■ **(4) 伝導電流と変位電流（電場の時間変化に ϵ_0 を掛けた量）が磁場の源である。** これをアンペール-マクスウエルの法則ともいう。図 5.23 に示したように、任意の閉曲線 C において磁場の C 方向の成分を一周線積分した量は、閉曲線 C の張る任意の閉曲面 S を貫く伝導電流と変位電流の和に μ_0 を掛けた量と等しくなる。

$$\int_C \mathbf{B} \cdot d\mathbf{S} = \mu_0(I + I_d) \tag{5.93}$$

ここで

$$I = \int_S \mathbf{J} \cdot d\mathbf{S} \tag{5.94}$$

$$I_d = \int_S \mathbf{J}_d \cdot d\mathbf{S} = \int_S \epsilon_0 \frac{\partial \mathbf{E}}{\partial t} \cdot d\mathbf{S} \tag{5.95}$$

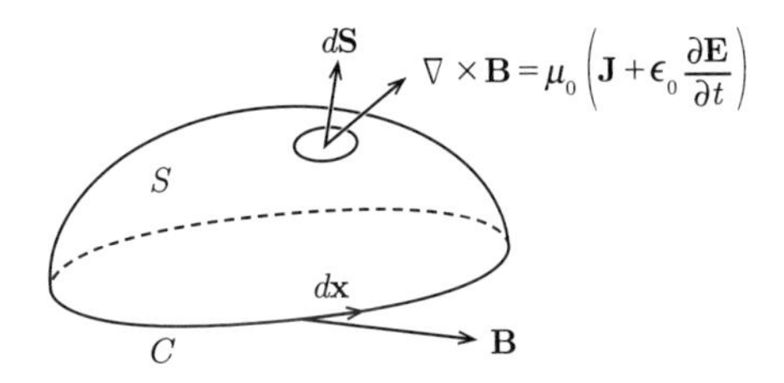

図 5.23 任意の閉曲線 C において磁場の C 方向の成分を一周線積分した量は、閉曲線 C の張る任意の閉曲面 S を貫く伝導電流と変位電流の和に μ_0 を掛けた量となる。ストークスの定理を用いると、C に沿った磁場の線積分を S 上での磁場の回転（rotation）の面積分に変換できる。S は任意の曲面であるから被積分関数が等しくなり、S 上での磁場の回転は、S 上での伝導電流密度（$\mathbf{J}$）と変位電流密度（$\mathbf{J}_d\equiv\epsilon_0(\partial\mathbf{E})/(\partial t)$）の和に μ_0 を掛けた量となる。

である。

ストークスの定理を用いると、C に沿った磁場の線積分を、S 上での磁場の回転（rotation）の面積分に変換でき、これが伝導電流密度（$\mathbf{J}$）と変位電流密度（$\mathbf{J}_d=\epsilon_0\partial\mathbf{E}/\partial t$）の S 上での面積分の和に単位の次元を合わせるための μ_0 を掛けた量となる。

$$\int_S(\nabla\times\mathbf{B})\cdot d\mathbf{S}=\mu_0\left(\int_S\mathbf{J}\cdot d\mathbf{S}+\int_S\epsilon_0\frac{\partial\mathbf{E}}{\partial t}\cdot d\mathbf{S}\right)\tag{5.96}$$

$$\Rightarrow\nabla\times\mathbf{B}=\mu_0\left(\mathbf{J}+\epsilon_0\frac{\partial\mathbf{E}}{\partial t}\right)\tag{5.97}$$

■単位系 MKSA-SI 単位系では真空中での誘電率（permittivility）ϵ_0 と真空中での透磁率（permeability）μ_0 という量が至るところに出てくるが恐れる必要はない。ϵ_0 の方は、高校で習ったクーロンの法則の $F=k_eQ_1Q_2/r^2$ の定数 k_e が $k_e=1/(4\pi\epsilon_0)$ と表されることから換算できる。ϵ_0 の値がヘンなのは、1 クーロンの定義を電荷間の距離と力の関係で定めてしまったからである。μ_0 のほうは電流の単位である 1[A] の定義から出てくるものである。真空中で 2 本の電流が平行に置かれてその距離が r で電流の強さが I_1、I_2 のときに単位長さ当たりに働く力は $f=(\mu_0/2\pi)(I_1I_2/r)$ である。数値的には $r=1$[m]、$I_1=I_2=1$[A] のときに電線の単位長さ当たりに働く引力が $f=2\times10^{-7}$[N] となるように、単位 [A] を決めた。従って

$$\mu_0 \equiv 4\pi \times 10^{-7}[\mathrm{NA}^{-2}] \tag{5.98}$$

と定義される。

実はこの定義によって$\epsilon_0\mu_0 = 1/c^2$という極めて重要な(真空での)関係が成り立つようにしている。μ_0の値がヘンなのはアンペア[A]の定義が二つの電流の距離といういかにも人工的な量を用いているからであり、それをMKSA-SI単位系で国際的に使ってしまって定着してしまったからである。一方、ここでcと書いたのは真空中の光速で、これはSI単位系では、2.99792458[m/s]という定数!に決められてしまっている。これ以上の桁はないのである。宇宙の遠方で実は真空中の光速がcからずれていることを研究するなどの場合にはこの事実を知っておく必要がある。

これらを用いて高校で習ったk_eを計算してみよう。

$$\begin{aligned} k_e = 1/(4\pi\epsilon_0) &= \frac{\mu_0}{4\pi\epsilon_0\mu_0} = \frac{\mu_0 c^2}{4\pi} = \frac{4\pi \times 10^{-7} \times (2.99792458 \times 10^8)^2}{4\pi}[\mathrm{Fm}^{-1}] \\ &\simeq 9 \times 10^9[\mathrm{Fm}^{-1}] \end{aligned} \tag{5.99}$$

となって、高校の時にMKSA単位系ではk_eは「9が二つ」と覚えさせられたことに行きつく。ここで、[F](ファラド)は電気容量の単位で$1[\mathrm{F}] = 1[\mathrm{C/V}] = [\mathrm{m}^{-1}\mathrm{kg}^{-1}\mathrm{s}^4\mathrm{A}^2]$である。

5.5 電磁場のエネルギー流の収支

任意の空間領域Vを考える。この領域のエネルギー密度を$u(t,\mathbf{x})[\mathrm{J\,m}^{-3}]$、またこの領域から外に出るエネルギー流を$\mathbf{\Sigma}(t,\mathbf{x})[\mathrm{J\,m}^{-2}\mathrm{s}^{-1}]$とする。

内部エネルギーの時間変化は、外に出ていくエネルギーと相殺するので、図5.24を参照して、

$$\frac{d}{dt}\int_V u dV + \int_S \mathbf{\Sigma} \cdot d\mathbf{S} = 0 \tag{5.100}$$

となる。ガウスの定理を用いて、右辺の表面積分を体積積分に変換すると、

$$\int_V \frac{\partial u}{\partial t} dV + \int_V (\nabla \cdot \mathbf{\Sigma}) dV = 0 \tag{5.101}$$

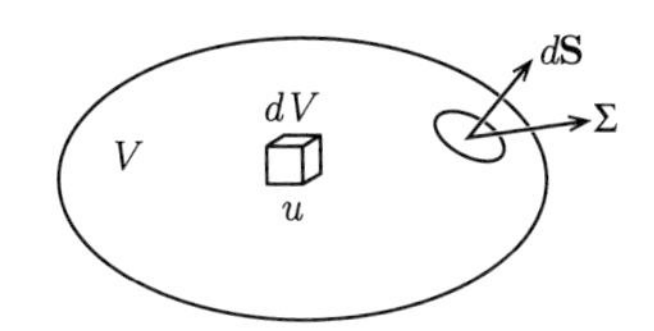

図 5.24 V の内部エネルギーの時間変化は、V の表面 S から外に出ていくエネルギー流の表面積分と相殺する。

となって、ここで V は任意であるから、積分記号がはずれて、

$$\frac{\partial u}{\partial t} + \nabla \cdot \mathbf{\Sigma} = 0 \tag{5.102}$$

となる。

系に荷電粒子がいると、V 内部の電場 $\mathbf{E}$ と荷電粒子との相互作用でジュール熱（摩擦熱）が発生し、この効果が上式には含まれていないので考慮する必要がある。体積 V に荷電粒子が存在するとき、1 個の荷電粒子に働くクーロン力は $\mathbf{F} = q(\mathbf{E} + \mathbf{v} \times \mathbf{B})$、となる。$q$ は荷電粒子の電荷、$\mathbf{v}$ は速度である。従って単位時間当たりの仕事は、$\mathbf{F} \cdot \mathbf{v} = q\mathbf{v} \cdot \mathbf{E}$ となる。磁場の項からの寄与は、力が $\mathbf{v}$ に直交しているのでゼロである。

微小体積 dV に荷電粒子 1、2、...、N が存在し、かつ N が大きいとき、単位時間当たりの仕事は、

$$\sum_{i=1}^{N} \mathbf{F}_i \cdot \mathbf{v}_i = \sum_{i=1}^{N} q_i \mathbf{E} \cdot \mathbf{v}_i = (\mathbf{J} \cdot \mathbf{E})dV \tag{5.103}$$

ここで $\mathbf{J}$ は荷電粒子の電流密度で、$\mathbf{J}dV = \sum_i q_i \mathbf{v}_i$ となる。

以上をまとめると、各領域 dV でのエネルギー収支は次の式で表される。

$$\frac{\partial u}{\partial t} + \nabla \cdot \mathbf{\Sigma} + \mathbf{E} \cdot \mathbf{J} = 0 \tag{5.104}$$

ここで、第 3 項はジュール熱による欠損である。

最後に $\mathbf{\Sigma}$ をいかに表現できるかに挑戦してみよう。この計算をすることで電磁場の古典的なエネルギー収支が明確となる。マクスウエルの 4 組の方程式の 4 組目の式から $\mathbf{J}$ を括りだすと、

$$\mathbf{J} = \frac{1}{\mu_0} \nabla \times \mathbf{B} - \epsilon_0 \frac{\partial \mathbf{E}}{\partial t} \tag{5.105}$$

となる。ジュール熱の項は

$$\mathbf{E}\cdot\mathbf{J}=\frac{1}{\mu_0}\mathbf{E}\cdot(\nabla\times\mathbf{B})-\epsilon_0\mathbf{E}\cdot\frac{\partial\mathbf{E}}{\partial t} \tag{5.106}$$

となる。ここで次の公式を用いて右辺第１項を書き直す。

$$\nabla\cdot(\mathbf{E}\times\mathbf{B})=\mathbf{B}\cdot(\nabla\times\mathbf{E})-\mathbf{E}\cdot(\nabla\times\mathbf{B}) \tag{5.107}$$

この公式は各成分ごとに書き下せばチェックできる。

ジュール熱の項は、次のように順次変形できる。

$$\mathbf{E}\cdot\mathbf{J}=\frac{1}{\mu_0}[-\nabla\cdot(\mathbf{E}\times\mathbf{B})+\mathbf{B}\cdot(\nabla\times\mathbf{E})]-\epsilon_0\mathbf{E}\cdot\frac{\partial\mathbf{E}}{\partial t} \tag{5.108}$$

$$=-\frac{1}{\mu_0}\nabla\cdot(\mathbf{E}\times\mathbf{B})-\frac{1}{\mu_0}\mathbf{B}\cdot\frac{\partial\mathbf{B}}{\partial t}-\epsilon_0\mathbf{E}\cdot\frac{\partial\mathbf{E}}{\partial t} \tag{5.109}$$

$$=-\nabla\left(\frac{1}{\mu_0}\mathbf{E}\times\mathbf{B}\right)-\frac{\partial}{\partial t}\left(\frac{1}{2\mu_0}\mathbf{B}^2+\frac{\epsilon_0}{2}\mathbf{E}^2\right) \tag{5.110}$$

１行目から２行目への変形は電磁誘導の式 $\nabla\times\mathbf{E}=-\partial\mathbf{B}/\partial t$ を用いた。

ここで電磁場に蓄えられたエネルギー密度は

$$u=\frac{1}{2\mu_0}\mathbf{B}^2+\frac{\epsilon_0}{2}\mathbf{E}^2 \tag{5.111}$$

に対応し、エネルギー流の密度に対応するのは

$$\mathbf{\Sigma}=\frac{1}{\mu_0}\mathbf{E}\times\mathbf{B} \tag{5.112}$$

とすれば、電磁場のエネルギー収支の式

$$\frac{\partial u}{\partial t}+\nabla\cdot\mathbf{\Sigma}+\mathbf{E}\cdot\mathbf{J}=0 \tag{5.113}$$

となる。ここで、$\mathbf{\Sigma}$ はポインティング・ベクトル（Poyinting vector）である。ポインティング・ベクトルは通常は $\mathbf{S}=\mathbf{E}\times\mathbf{H}$ （真空では $\mathbf{H}=\frac{1}{\mu_0}\mathbf{B}$）と表されるが、$d\mathbf{S}$ はこの本では面積要素ベクトルを表すので敢えて $\mathbf{\Sigma}$ を用いた。

● 第6章 ●

準静的過程と交流回路

6.1 準静的過程

前章で述べたように、マクスウエル方程式はマクロな電磁気現象全てに適用が可能である。これに対して、図6.1のように、電磁場の源泉から観測者までの距離をrとすると、電磁場の真空での伝搬時間r/cが、電磁場が振動する1周期の時間$\tau = 1/\nu$にくらべて無視できるような過程（$t = r/c \ll \tau$）を、一般に準静的過程という。時間変化しない電荷分布を扱う静電場や、時間変化しない電流を扱う静磁場などの過程とは明らかに異なる。準静的過程では、時間変化してもゆっくりと変化する電場と磁場を扱う。このように、古典電磁気学の頂点（マクスウエル方程式）まで行ってみて、そこから下の世界（静電磁気学や準静的過程）を検討してみるのは、より深い理解につながる。もっとも頂点と思っていた世界でも、古典的な直感だけでは理解が難しい量子力学や場の理論を基礎にした今まで見たこともない世界を学習をしていくうちに、より広く深いサイエンスが見えてくる。

例えば、送電の振動数νは東日本では50[Hz]で西日本では60[Hz]である。この波長を求めると$\nu = 50$[Hz]では$\lambda = c/\nu = 6000$[km]であり、これは家電製品の大きさ$O(1[\mathrm{m}])$とくらべると非常に長いので、家電製品での過程は準静

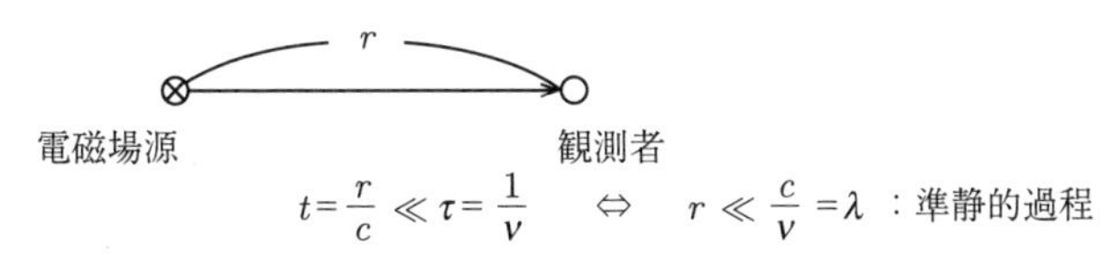

図 6.1 電磁場の発生源から観測者までの距離をrとするとき、電磁場の伝搬速度（真空中での光の速度）を無限大とする近似が成り立つ過程を準静的過程という。

的過程とみなせる。

■静電磁気学のパラドクス 次のようなパラドクスを直ちに見破れれば、電磁気学の本質がかなり分かっていることになろう[※8]。図6.2のように鉄心を介して50[Hz]の交流電源を含んだ一次コイルと、二次コイルが分離されている。一般に導体中の電場$\mathbf{E}$は、導体の抵抗率をρ_rとすると$\mathbf{E}=\rho_r\mathbf{J}$である。ここで$\mathbf{J}$は電流密度である。導線のマクロな抵抗値$R$は導線の長さを$\ell$、断面積を$S$とすると$R=\rho_r(\ell/S)$で与えられる。二次コイルの端点Aからコイル$L$を通り点Bまでの電位は

$$\int_{ALB}\mathbf{E}\cdot d\mathbf{x}=\int_{ALB}\rho_r\mathbf{J}\cdot d\mathbf{x} \tag{6.1}$$

で与えられる。ρ_rは非常に小さくできるだろう。これに対して$\mathbf{J}$は電源の制約もあってそれほど大きくはできない。従って、上記の積分はいくらでも小さくできる。極端な場合は導線を超電導にしてしまえば$\rho_r=0$にできる。本来であれば、二次コイルには鉄心の中の磁束の変化によって誘導電位が現れなくてはならないはずであるが、電場の経路積分から求めた電位はゼロに近い。この矛盾はどこから来るのか？

これまで、静電磁気学から始めて電磁気学を学んでいく過程で、クーロン電場をまず学んで、ある点の電位は基準の点からそこまでの電場の線積分であり、これは積分の経路に依らないということを学んできた。間違いはこの性質

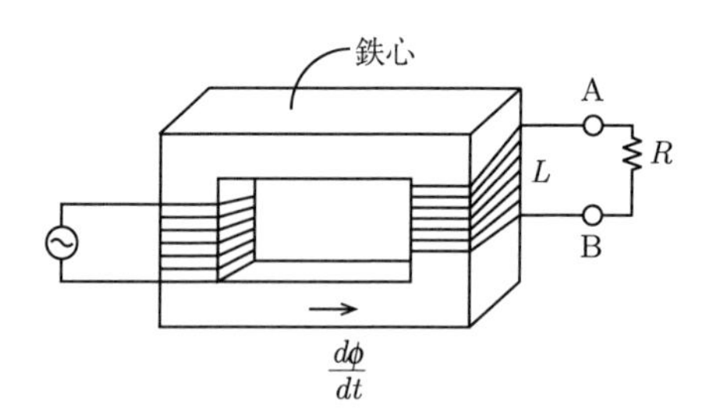

図 6.2 鉄心を介して交流電源を含んだ一次コイルと、二次コイルが分離されている。端点Aから二次コイルLを通り端点Bまでの電位差を計算する。

※8……この例は熊谷寛夫著「電磁気学の基礎—実験室における—」基礎物理選書16 裳華房 に詳しく載っている。

を誘導電場にまであてはめてしまったからに他ならない。実はAB間の電位差を決めているのは、クーロン電場の作る電場$\mathbf{E}^c$であり、電場にはこの他に電磁誘導で作られる電場などがあり、これら残りをまとめて$\mathbf{E}^r$と記す。rは「残りの」という意味の「residue」のrである。クーロン場の作る電場は

$$\oint \mathbf{E}^c \cdot d\mathbf{x} = 0 \tag{6.2}$$

を満たすが、$\mathbf{E}^r$は満たさない。導線ALBの中の全電場は$\mathbf{E} = \mathbf{E}^c + \mathbf{E}^r$であり、特に導体が超電導で抵抗がない極端な場合は$\mathbf{E} = 0$であり、ABの電位差はクーロン電場$\mathbf{E}^c$で与えられるが、これは経路に依らない。一方、特定の経路である導線の中を通って$\mathbf{E}^r$を積分すれば導線が超電導の場合$\mathbf{E}^c = -\mathbf{E}^r$となるので、次の式が成り立つ。

$$V_{AB} = \int_{AB} \mathbf{E}^c \cdot d\mathbf{x} = -\int_{ALB} \mathbf{E}^r \cdot d\mathbf{x} \tag{6.3}$$

クーロン電場以外の電場からくる電位差の起源が二次コイルを貫く磁束の時間変化で与えられている場合を考える。即ち、

$$\int_{ALB} \mathbf{E}^r \cdot d\mathbf{x} = \int_{ALB} \mathbf{E}^i \cdot d\mathbf{x} = -\frac{d\Phi}{dt} \tag{6.4}$$

となる。ここで$\mathbf{E}^i$のiは、誘導（induction）を表す。

Aから二次コイルLを通りBを経て抵抗Rを通ってAに戻る経路で、$\mathbf{E}^c$と$\mathbf{E}^i$に分けて積分すると、

$$\oint_{ALBRA} \mathbf{E} \cdot d\mathbf{x} = \oint_{ALBRA} \mathbf{E}^c \cdot d\mathbf{x} + \oint_{ALBRA} \mathbf{E}^i \cdot d\mathbf{x} \tag{6.5}$$

$$= 0 - \frac{d\Phi}{dt} \tag{6.6}$$

となる。また、同じ経路で$\mathbf{E}$全体を積分すると、

$$\oint_{ALBRA} \mathbf{E} \cdot d\mathbf{x} = \int_{ALB} \rho_r \mathbf{J} \cdot d\mathbf{x} + \int_{BRA} \rho_r \mathbf{J} \cdot d\mathbf{x} \tag{6.7}$$

$$= rI + RI \tag{6.8}$$

ここで、rは二次コイルを含んだ経路ALBの小さな抵抗値、Rは経路BRAの抵抗値、Iは経路の電流値である。

これより $rI + RI = -d\Phi/dt$ という通常の式が得られる。

■準静的過程の場合の変位電流の大きさ ここで準静的過程の場合の変位電流の大きさを見てみよう。変位電流密度と通常の電流密度は以下で与えられる。

$$\mathbf{J}_d = \epsilon_0 \frac{\partial \mathbf{E}}{\partial t} \tag{6.9}$$

$$\mathbf{J} = \sigma_c \mathbf{E} \tag{6.10}$$

ここで $\sigma_c = 1/\rho_r$ は、導電率（conductivity）と呼ばれ、抵抗率（resistivity）の逆数である。

真空中でなく、一般の物質中においては真空中の誘電率 ϵ_0 の代わりに物質中での誘電率 $\epsilon = \epsilon^* \epsilon_0$ を用いる。ϵ^* は物質の比誘電率で通常 1 から 10 ぐらいの値である。一般の物質中では

$$|\mathbf{J}_d| = \epsilon \left| \frac{\partial \mathbf{E}}{\partial t} \right| \tag{6.11}$$

$$|\mathbf{J}| = \sigma_c |\mathbf{E}| \tag{6.12}$$

ここで $\mathbf{E}(t, \mathbf{x}) = \mathbf{E}^0(\mathbf{x}) \exp(i\omega t)$ とすると

$$\frac{|\mathbf{J}_d|}{|\mathbf{J}|} = \frac{\epsilon\omega}{\sigma_c} \tag{6.13}$$

ここで $\sigma_c = 10^8[\Omega^{-1}\mathrm{m}^{-1}]$ とおく。因みに銅では $\sigma_c = 6.45 \times 10^7[\Omega^{-1}\mathrm{m}^{-1}]$、$\epsilon_0 = 8.85 \times 10^{-12}[\mathrm{Fm}^{-1}]$ なので、$\epsilon/\sigma_c \sim 10^{-18} - 10^{-19}$ [s]。通常は、$\omega \ll 10^{18}$[Hz] であるから、

$$\frac{|\mathbf{J}_d|}{|\mathbf{J}|} = \frac{\epsilon\omega}{\sigma_c} \ll 1 \tag{6.14}$$

となる。角振動数 $\omega = 10^{18}$[Hz] に相当する電磁波の波長は $\lambda = 2\pi c/\omega \simeq 2$[nm] であり、紫外光に当たる。

従って、$|\mathbf{J}_d| \ll |\mathbf{J}|$ は ω が非常に大きい場合を除いて成立するので、通常の交流回路を準静的過程とみなすことができる。

6.2 交流回路

時間的に一定な電流を直流（Direct Currant: DC）という。これにたいして時間的に変動する電流を交流（Alternative Current: AC）、時間的に電圧や電流が変動する回路を交流回路という。この節では与えられた交流回路に起電力 $\mathcal{E}$ を与えたときに電流 I をいかにして解くかの一般論を論ずる。

6.2.1 LCR 回路

ここでは、抵抗（resistance）R、コイル（inductance）L、コンデンサ（capacitance）C がそれぞれ回路に局在していると考える。回路上では、それぞれ図6.3のように表す。

図6.4のコイルに関しては、コイル i での自己インダクタンスと相互インダクタンスによる磁束 Φ_i と両端の電圧 $\mathcal{E}_i$ は、

$$\Phi_i = \sum_k L_{ik} I_k \tag{6.15}$$

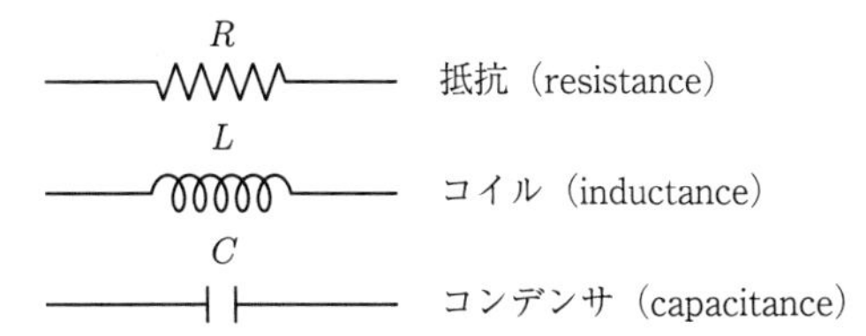

図 6.3 交流回路理論では準静的な過程と考えて、抵抗（resistance）R、コイル（inductance）L、コンデンサ（capacitance）C がそれぞれ回路に局在していると考える。

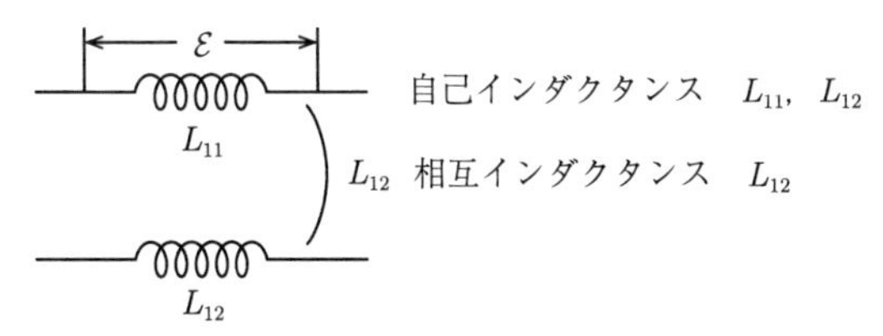

図 6.4 コイル i での自己インダクタンスと相互インダクタンスによる磁束 Φ_i と両端の電圧 $\mathcal{E}_i$ の関係を示す。

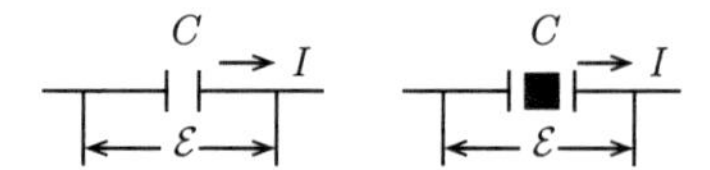

図 6.5 コンデンサ（C）と流れる電流Iと電圧$\mathcal{E}$の関係。一般に市販されているコンデンサの電気容量は真空のそれに比べて格段大きな値をとる。これはコンデンサに電気容量の高い物質を挿入しているからである。

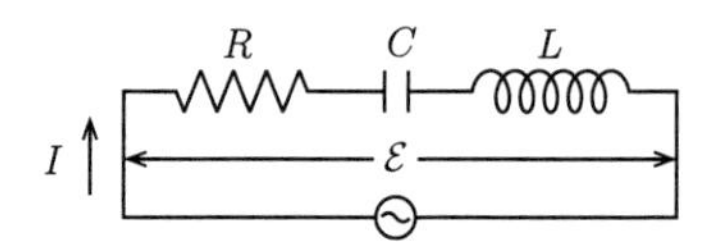

図 6.6 RCLの直列回路が交流電源$\mathcal{E}$につながっている。R、C、Lの順番は問わない。

$$\mathcal{E}_i = \sum_k \frac{d}{dt}(L_{ik}I_k) = \sum_k L_{ik}\frac{dI_k}{dt} \tag{6.16}$$

となる。ここではコイルの形状は時間的に変化しないと仮定した。

図6.5のコンデンサに関しては、流れる電流Iと電圧$\mathcal{E}$の関係は

$$I = \frac{d}{dt}(C\mathcal{E}) = C\frac{d\mathcal{E}}{dt} \tag{6.17}$$

となる。ここではコンデンサの形状は時間的に変化しないと仮定している。一般に市販されているコンデンサの電気容量は真空のそれに比べて格段大きな値をとる。これはコンデンサに電気容量の高い物質を挿入しているからである。この本では物質中での電磁気学は扱わないが、ここでは真空中の誘電率ϵ_0が大きな値ϵになったと思えばいい。

図6.6のようなLCRの直列回路で交流電圧$\mathcal{E}$と交流電流Iは、次の方程式を満たす。

$$\mathcal{E} = L\frac{dI}{dt} + RI + \int_{-\infty}^{t} Idt' \tag{6.18}$$

$$= L\frac{d^2Q}{dt^2} + R\frac{dQ}{dt} + \frac{1}{C}Q \tag{6.19}$$

ここで、$Q(t) = \int_{-\infty}^{t} I(t')dt'$である。$R$、$C$、$L$の順番はどうでもいい。さらに複雑な回路も定数係数の線形（連立）微分方程式で表すことができて解も求

まる。

通常交流電源はサイン波を考える。フーリエ展開してフーリエ成分の一つを考えるとしてもよい。

$$\mathcal{E} = \mathcal{E}_0 \cos \omega t \tag{6.20}$$

電流 I と、その時間積分の電荷 Q を次のように置く。

$$I = I_0 \cos(\omega t + \phi) \tag{6.21}$$

$$Q = Q_0 \sin(\omega t + \phi) \tag{6.22}$$

ここで、$Q_0 = I_0/\omega$ である。

LCR 回路に戻って式 (6.18) に上の $\mathcal{E}$ と I を代入すると

$$\mathcal{E}_0 \cos \omega t = RI_0 \cos(\omega t + \phi) - \omega L I_0 \sin(\omega t + \phi) + \frac{I_0}{\omega C} \sin(\omega t + \phi) \tag{6.23}$$

となる。ここで

$$左辺 = \mathcal{E}_0 [\cos \phi \cos(\omega t + \phi) + \sin \phi \sin(\omega t + \phi)]$$

$$右辺 = RI_0 \cos(\omega t + \phi) - \left(\omega L - \frac{1}{\omega C}\right) I_0 \sin(\omega t + \phi)$$

であるから、次が得られる。

$$\mathcal{E}_0 \cos \phi = RI_0 \tag{6.24}$$

$$\mathcal{E}_0 \sin \phi = -\left(\omega L - \frac{1}{\omega C}\right) I_0 \tag{6.25}$$

ここで、$Z = \mathcal{E}_0/I_0$ とおくと、

$$Z \cos \phi = R \tag{6.26}$$

$$Z \sin \phi = -\left(\omega L - \frac{1}{\omega C}\right) \tag{6.27}$$

となり、

$$Z^2 = R^2 + \left(\omega L - \frac{1}{\omega C}\right)^2 \tag{6.28}$$

$$\tan \phi = -\frac{\omega L - 1/(\omega C)}{R} \tag{6.29}$$

これで$\mathcal{E}_0$、I_0、Zは全て実数の解が求まった。$\mathcal{E}_0 > 0$として$Z = \sqrt{R^2 + [\omega L - 1/(\omega C)]^2}$とすれば、$I_0 > 0$となる。

複素数を用いると上の解は比較的簡明に求められる。

$$\mathcal{E} = \mathcal{E}_0 \cos \omega t = \frac{1}{2}(e^{i\omega t} + e^{-i\omega t}) \tag{6.30}$$

であり、

$$\mathcal{E}_+ = \frac{1}{2}\mathcal{E}_0 e^{i\omega t} \qquad \mathcal{E}_- = \frac{1}{2}\mathcal{E}_0 e^{-i\omega t} \tag{6.31}$$

とおくと、$\mathcal{E} = \mathcal{E}_+ + \mathcal{E}_-$である。

ここで方程式は線形であるから、$\mathcal{E}_+$と$\mathcal{E}_-$を独立に考えて対応するI_+とI_-を解いて、最後に足し合わせれば$I = I_+ + I_-$を得る。

これをやってみる。まず、$\mathcal{E}_+$について下の微分方程式を解く。

$$RI_+ + L\frac{dI_+}{dt} + \frac{1}{C}\int_{-\infty}^{t} I_+ dt' = \mathcal{E}_+ \tag{6.32}$$

ここで$I_+ = (1/2)I_0 e^{i\omega t}$とおいて上の方程式に代入すると、

$$RI_0 e^{i\omega t} + i\omega L I_0 e^{i\omega t} + \frac{I_0}{i\omega C}e^{i\omega t} = \mathcal{E}_0 e^{i\omega t} \tag{6.33}$$

となり、これから

$$\left(R + i\omega L + \frac{1}{i\omega C}\right) I_0 = \mathcal{E}_0 \tag{6.34}$$

を得る。ここではI_0は前の場合とは異なり複素数となる。そこで$I_0 = |I_0|e^{i\phi}$とおくと、

$$R + i(\omega L - \frac{1}{\omega C}) = \frac{\mathcal{E}_0}{I_0} = \frac{\mathcal{E}_0}{|I_0|}e^{-i\phi} = Ze^{-i\phi} \tag{6.35}$$

$$= Z\cos\phi - iZ\sin\phi \tag{6.36}$$

となって、式(6.26、6.27)と同じ解を得る。

式(6.34)は、$\mathcal{E}_+ = \mathcal{E}_0 e^{i\omega t}/2$、$I_+ = I_0 e^{i\omega t}/2$であるから、

$$\mathcal{E}_+ = \left(R + i\left(\omega L - \frac{1}{\omega C}\right)\right) I_+ \tag{6.37}$$

とも書ける。

$\mathcal{E}_-$は同様にして複素共役をとって

$$\mathcal{E}_- = \left(R - i\left(\omega L - \frac{1}{\omega C}\right)\right) I_- \tag{6.38}$$

と書ける。求める解は

$$\begin{aligned} I &= I_+ + I_- && (6.39)\\ &= \frac{1}{2}I_0 e^{i\omega t} + \frac{1}{2}I_0^* e^{-i\omega t} && (6.40)\\ &= \frac{1}{2}|I_0|e^{i(\omega t+\phi)} + \frac{1}{2}|I_0|e^{-i(\omega t+\phi)} && (6.41)\\ &= |I_0|\cos(\omega t + \phi) && (6.42)\end{aligned}$$

となる。ϕ は式 (6.35、6.36) を満たすので、元と同じく式 (6.26、6.27) で与えられ、従って式 (6.29) で与えられる。

6.2.2 複素インピーダンス

ここで Z を再定義する。式 (6.35) の右辺 $Ze^{-i\phi}$ の全体を複素数 Z とおく。即ち、

$$R + i\left(\omega L - \frac{1}{\omega C}\right) = |Z|e^{-i\phi} \equiv Z \tag{6.43}$$

と定義すると、(6.37)、(6.38) から、

$$\mathcal{E}_+ = ZI_+ \tag{6.44}$$

$$\mathcal{E}_- = Z^* I_- \tag{6.45}$$

となる。これらは、直流のオームの法則 $\mathcal{E} = RI$ と同じ形をしている。この Z と Z^* いずれを用いてもよいが、電気工学では Z を用いているので、ここでもそうすることにする。

いままで、次に述べる交流回路の微分方程式を解く簡明な処方箋の正当化のためにながながと議論してきた。即ち、上の式の一方だけ、即ち $\mathcal{E}_+$ と I_+ だけ考えれば交流回路の線形方程式は解ける。$\mathcal{E}_+ = (1/2)\mathcal{E}_0 e^{i\omega t}$ であるが 2 倍して $\mathcal{E}_0 e^{i\omega t}$ を用いて実数部をとれば、物理量 $\mathcal{E} = \mathcal{E}_+ + \mathcal{E}_- = \mathfrak{Re}(2\mathcal{E}_+)$ を得る。ここからは複素インピーダンスを使っていくので、単にインピーダンスと呼ぶことにする。

処方箋で回路のインピーダンスの計算をするときに、コイルのインピーダン

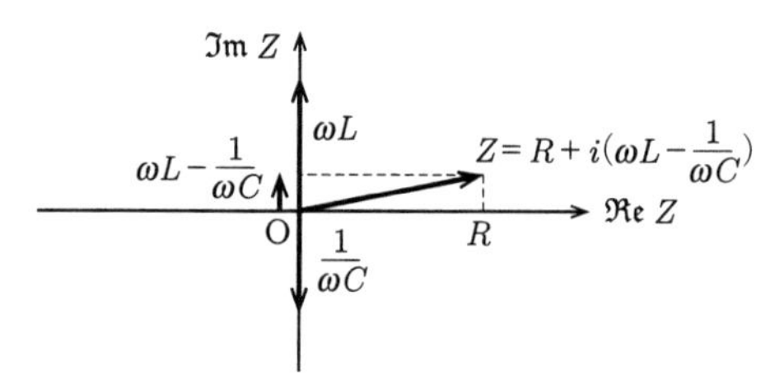

図 6.7 Zの複素平面での、R、C、Lの複素インピーダンス成分の役割。

スは$Z = i\omega L$、コンデンサのインピーダンスは$Z = 1/(i\omega C) = -i/(\omega C)$とおく。

RCLの直列回路のインピーダンスは

$$Z = R + i\left(\omega L - \frac{1}{\omega C}\right) \tag{6.46}$$

となる。Zの実数部Rは正の定数であるが、虚数部の方はωの関数であって、ωの値によって正であることも負であることもある。図6.7にはZの複素平面上で、抵抗、コイル、コンデンサのインピーダンスを示した。

一般にZを実数部と虚数部に分けて$Z = R + iX$と書き、Rは抵抗、Xはリアクタンス（reactance）と呼ぶ。また、インダクタンスZの逆数をYと書いて、アドミッタンス（admittance）と呼ぶ。Yも実数部と虚数部に分けて、

$$Y = \frac{1}{Z} = G + iB \tag{6.47}$$

とすると、Gをコンダクタンス（conductance）、Bをサスセプタンス（susceptance）と呼ぶそうである。

回路の電流はインピーダンスを求めれば求まるので、ここからは、インピーダンスを求めるいくつかの例題を示していく。

6.2.3 インピーダンスの合成

図6.8に示すようなインピーダンスZ_1、Z_2の直列回路の合成は、

$$Z = Z_1 + Z_2 \tag{6.48}$$

である。

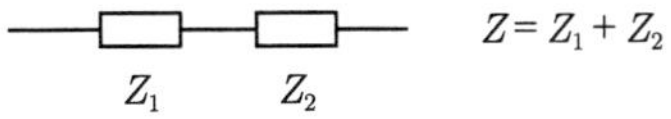

図 6.8 インピーダンス Z_1、Z_2 の直列回路の合成は、$Z = Z_1 + Z_2$ である。

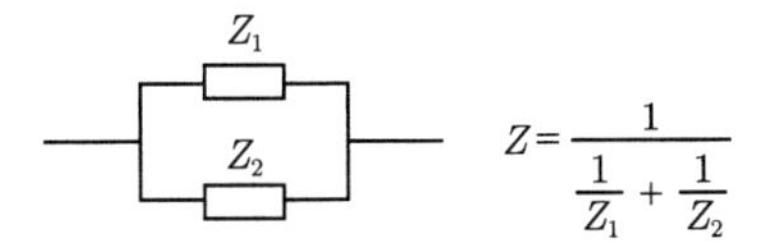

図 6.9 インピーダンス Z_1、Z_2 の並列回路の合成は、$Z = 1/[(1/Z_1) + (1/Z_2)]$ である。

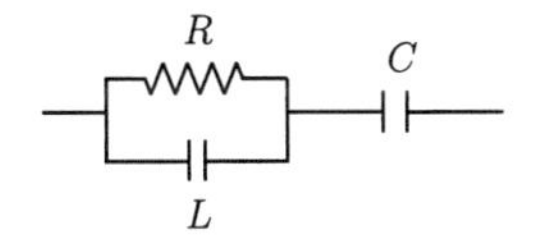

図 6.10 直列及び並列インピーダンスの合成の例題。

一方、図6.9に示すようなインピーダンス Z_1、Z_2 の並列回路の合成は、

$$Z = \frac{1}{\frac{1}{Z_1} + \frac{1}{Z_2}} \tag{6.49}$$

である。

■例1　簡単な例　図6.10のインピーダンスの合成は

$$Z = \frac{1}{\frac{1}{R} + \frac{1}{i\omega L}} + \frac{1}{i\omega C} \tag{6.50}$$

となる。

■例2　分布定数回路　図6.11に示す無限に続く回路のインピーダンス Z は、次の方程式を Z について解くことによって求まる。

$$Z = R + i\omega L + \frac{1}{i\omega C + \frac{1}{Z}} \tag{6.51}$$

従って、解は、

$$Z^2 - (R + i\omega L)Z - \frac{R + i\omega L}{i\omega C} = 0 \tag{6.52}$$

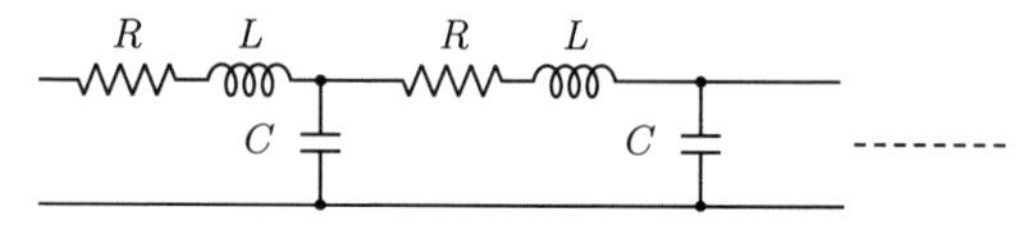

図 6.11　分布定数回路。回路全体のインダクタンスを Z とすると、回路は右側に無限に続くがこの部分のインダクタンスも Z であり、それはコイルに並列である。

を満たし、オームの法則では孤立した負の抵抗はエネルギー保存則に反するので $\Re\mathrm{e}Z > 0$ を満たす。特に $R = 0$ の場合は、

$$Z = \frac{1}{2}\left(i\omega L + \sqrt{-\omega^2 L^2 + 4\frac{L}{C}}\right) \tag{6.53}$$

同軸ケーブルなどは分布定数回路とみなすことが出来る。

■例 3　周波数ブリッジ（frequency bridge）　特定の周波数（振動数）だけに平衡を保つようにして周波数を測定するための回路である。図 6.12(a) に示すのは、回路の左方にある電源の周波数（角振動数）ω を測定する回路である。この未知の周波数を、回路の素子のパラメーター M や C を変えて丁度電流計に流れる電流をゼロにすることで決定したい。L_1、L_2 は自己インダクタンス、M は相互インダクタンス、C はコンデンサである。電圧と電流の関係は以下の通りである。

$$\mathcal{E}_1 = i\omega L_1 I_1 + i\omega M I_2 + \frac{1}{i\omega C}(I_1 + I_2) \tag{6.54}$$

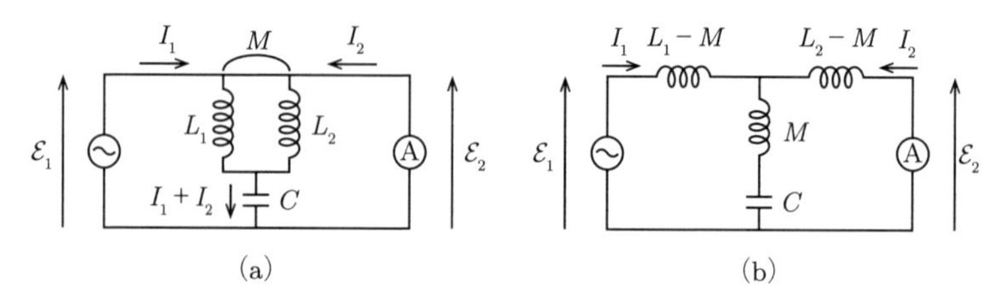

図 6.12　(a) 周波数を測定するブリッジ回路である周波数ブリッジ回路の一例である。回路の素子のパラメーターである M や C を可変にして電流計の値がゼロになるときのパラメーターの値から周波数を決定する。(b) この回路の等価回路であり、全体として同じインピーダンスを示すように相互インダクタンス M を 3 か所に直列につないで差し引きしている。

$$\mathcal{E}_2 = i\omega L_2 I_2 + i\omega M I_1 + \frac{1}{i\omega C}(I_1 + I_2) \tag{6.55}$$

これを変形すると、

$$\mathcal{E}_1 = i\omega(L_1 - M)I_1 + i\left(\omega M - \frac{1}{\omega C}\right)(I_1 + I_2) \tag{6.56}$$

$$\mathcal{E}_2 = i\omega(L_2 - M)I_2 + i\left(\omega M - \frac{1}{\omega C}\right)(I_1 + I_2) \tag{6.57}$$

となる。これに対応する等価回路は図6.10(b)である。ここでL_1-M、L_2-M、Mのいずれも負になってもよい。L_1、L_2は自己インダクタンスなので正である。ここで、I_2が流れるインピーダンスを$Z = i(\omega M - 1/(\omega C))$とすると、$\omega = 1/\sqrt{MC}$のときに$Z = 0$となり、電流$I_2$が流れない。$M$または$C$の素子のパラメターを可変にすることで$\omega$を求めることができる。自己インダクタンス$L_2$を可変にして$\omega$の測定に使わない理由は、$L$と直列に抵抗が入っている可能性があり、また自己インダクタンスをゼロになるまで可変にすることは困難であるためである。相互インダクタンスMであれば、ゼロから広い範囲で可変にできる。

■例4　対称性のある回路　図6.13に示したコイルとコンデンサで構成された交流回路のAB間に電圧$\mathcal{E} = \mathcal{E}_0 e^{i\omega t}$をかけたとき、AB間のインダクタンス$Z$と電流$2I$を求める。対称性を考慮して、図6.13の電流$I$と$I'$に関する二つの方程式を得る。

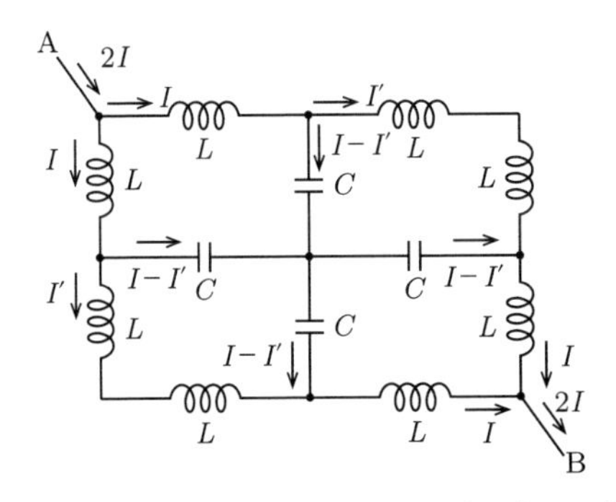

図 6.13　対称性のある典型的な複素インピーダンスの問題。

$$\mathcal{E} = 2i\omega LI + 2i\omega LI' \tag{6.58}$$

$$\mathcal{E} = 2i\omega LI + \frac{2}{i\omega C}(I - I') \tag{6.59}$$

これから

$$I' = \frac{1}{1 - \omega^2 CL} I \tag{6.60}$$

が求められ、

$$\mathcal{E} = \left(i\omega L + \frac{i\omega L}{1 - \omega^2 CL} \right)(2I) \tag{6.61}$$

従って全電流は

$$2I = \frac{\mathcal{E}}{i\omega L + \frac{i\omega L}{1-\omega^2 CL}} \tag{6.62}$$

$$= \frac{1}{i\omega L} \frac{1 - \omega^2 CL}{2 - \omega^2 CL} \mathcal{E}_0 e^{i\omega t} \tag{6.63}$$

実数部をとると

$$\mathfrak{Re}(2I) = \frac{1}{\omega L} \frac{1 - \omega^2 CL}{2 - \omega^2 CL} \mathcal{E}_0 \sin \omega t \tag{6.64}$$

6.2.4 電力と実効値

電力 (power) を考えるときは線形性を失うので、元の定義に戻る。インピーダンス Z に $I = I_0 \cos \omega t$ の電流が流れたとき消費される単位時間当たりのエネルギーを計算する。先ず、$I_0 > 0$ として、電流と電圧は次で与えられる。

$$I = \frac{1}{2} I_0 (e^{i\omega t} + e^{-i\omega t}) \tag{6.65}$$

$$\mathcal{E} = \frac{1}{2} (Z I_0 e^{i\omega t} + Z^* I_0 e^{-i\omega t}) \tag{6.66}$$

I も $\mathcal{E}$ も実数である。ここで $Z = |Z| e^{i\phi}$ として、電力 P は、

$$P = \mathcal{E} I \tag{6.67}$$

$$= \frac{1}{4} I_0^2 (e^{i\omega t} + e^{-i\omega t})(Z e^{i\omega t} + Z^* e^{-i\omega t}) \tag{6.68}$$

$$= \frac{1}{4} I_0^2 |Z| (e^{i\omega t} + e^{-i\omega t})(e^{i(\omega t + \phi)} + e^{-i(\omega t + \phi)}) \tag{6.69}$$

$$= I_0^2 |Z| \cos \omega t \cos(\omega t + \phi) \tag{6.70}$$

$$= \frac{1}{2} I_0^2 |Z| (\cos\phi + \cos(2\omega t + \phi)) \tag{6.71}$$

$\cos(2\omega t + \phi)$ の時間平均はゼロであるから、電力 P の時間平均は、

$$\bar{P} = \frac{1}{2} I_0^2 |Z| \cos\phi \tag{6.72}$$
$$= \frac{1}{2}(Z + Z^*) \frac{1}{2} I_0^2 \tag{6.73}$$
$$= \frac{1}{2} R I_0^2 \tag{6.74}$$
$$= R I_{eff}^2 \tag{6.75}$$
$$= |Z| I_{eff}^2 \cos\phi \tag{6.76}$$

ここで

$$I_{eff} \equiv \frac{1}{\sqrt{2}} I_0 \tag{6.77}$$
$$\mathcal{E}_{eff} \equiv \frac{1}{\sqrt{2}} \mathcal{E}_0 = \frac{1}{\sqrt{2}} |Z| I_0 \tag{6.78}$$

と定義し、これらを電流と電圧の実効値（effective value）という。家庭でのコンセントの電圧 AC 100[V] は実効値である。電力 P の時間平均は

$$\bar{P} = I_{eff} \mathcal{E}_{eff} \cos\phi \tag{6.79}$$

で与えられる。$\cos\phi$ を力率若しくは位相因子と呼ぶ。

交流の周期を $T = 2\pi/\omega$ とすると、電流と電圧の実効値は

$$I_{eff} = \left(\frac{1}{T} \int_t^{t+T} I^2 dt \right)^{1/2} \tag{6.80}$$
$$\mathcal{E}_{eff} = \left(\frac{1}{T} \int_t^{t+T} \mathcal{E}^2 dt \right)^{1/2} \tag{6.81}$$

とも表せる。電力の平均値は

$$\bar{P} = \frac{1}{T} \int_t^{t+T} \mathcal{E} I dt = \frac{1}{2} \mathcal{E}_0 I_0 \cos\phi = \mathcal{E}_{eff} I_{eff} \cos\phi \tag{6.82}$$

でも与えられる。

6.2.5 共振回路

再び RLC の直列回路について考察する。図 6.14 の回路の全体のインピーダンスは

$$Z = R + iX \tag{6.83}$$

であり、リアクタンス X は

$$X = \omega L - \frac{1}{\omega C} \tag{6.84}$$

で与えられる。回路に流れる電流 $I = \mathcal{E}/Z$ の絶対値の 2 乗は

$$|I|^2 = \frac{|\mathcal{E}|^2}{R^2 + (\omega L - \frac{1}{\omega C})^2} \tag{6.85}$$

で与えられる。図 6.15 に示すように、$\omega_0 = 1/\sqrt{LC}$ とおくと $\omega = \omega_0$ において $|I|^2$ は最大値 $|I|^2_{max} = |\mathcal{E}|^2/R^2$ をとる。即ち、RCL 回路は共振回路である。ピークから ω の値をピークの両側で変えていき $|I|^2$ が $(1/2)|I|^2_{max}$ になるときの ω の幅を $2\Delta\omega$ とおく。

$$\omega L - \frac{1}{\omega C} = \frac{L}{\omega}\left(\omega^2 - \frac{1}{CL}\right) = \frac{L}{\omega}(\omega^2 - \omega_0^2) \simeq 2L\Delta\omega \tag{6.86}$$

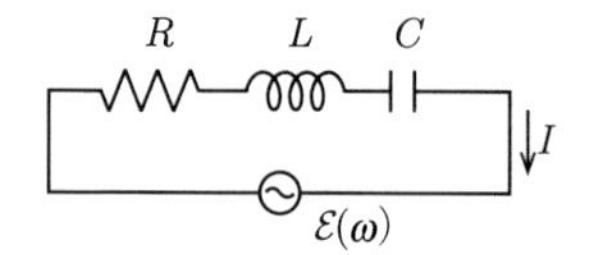

図 6.14 RCL の直列回路は共振回路である。ω を変えていくと $|I|^2$ はレゾナンス（共振）を起こす。$\omega = \omega_0$ において $|I|^2$ は最大値 $|I|^2_{max} = |\mathcal{E}|^2/R^2$ をとる。

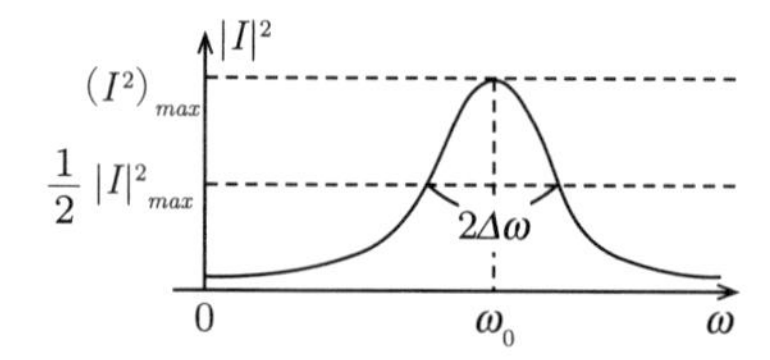

図 6.15 RCL の直列回路では $\omega_0 = 1/\sqrt{LC}$ において $|I|^2$ は最大値 $|I|^2_{max}$ をとって共振する。図にあるように $|I|^2$ が最大値 $|I|^2_{max}$ の半分になった時のレゾナンスの幅を半値幅といって $2\Delta\omega$ で表す。

$|\omega L - \frac{1}{\omega C}|$ がちょうど R となる ω をとったときに $|I|^2$ が $(1/2)|I|^2_{max}$ になるので

$$R \simeq 2L\Delta\omega \tag{6.87}$$

とも書ける。

ここで、共振の鋭さを決める量である Q 値（Q-value）について定義する。Q 値は共振の角振動数の幅である $2\Delta\omega$ とピークの角振動数の値である ω_0 の比で与えられる。即ち、

$$Q \equiv \frac{\omega_0}{2\Delta\omega} \tag{6.88}$$

である。上の共振回路の場合は

$$Q \simeq \frac{L\omega_0}{R} = \sqrt{\frac{L}{C}}\frac{1}{R} \tag{6.89}$$

通常のラジオをチューンする共振器では $Q \sim O(100)$ 程度であるが、マイクロ波の共振器では $Q \sim O(10^5)$ ほどにもなり、最新鋭の超電導加速管の共振キャビティでは $Q \sim O(10^{10})$ にもなる。

一方、図6.16(a) の RLC の並列回路では、電流は

$$I = \left[\frac{1}{R} + i\left(\omega C - \frac{1}{\omega L}\right)\right]\mathcal{E} \tag{6.90}$$

となって定電圧交流電源 $\mathcal{E}$ の周波数（角振動数）ω が $\omega_0 = 1/\sqrt{LC}$ のときに

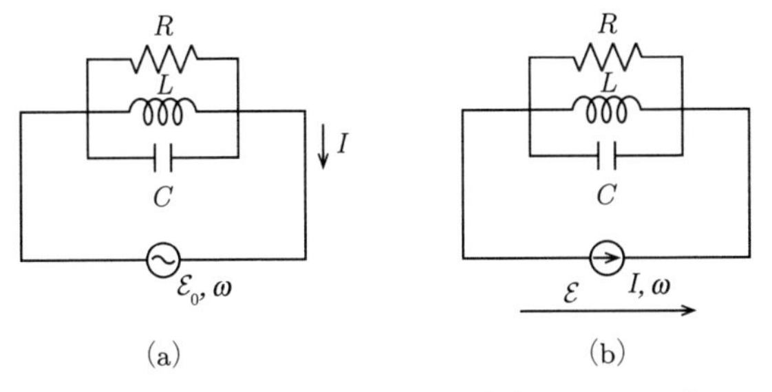

図 6.16 (a) RCL の並列回路では ω が $\omega_0 = 1/\sqrt{LC}$ のときには $|I|^2$ は最大値ではなく最小値をとり、反共振の状態となる。(b) 定電圧交流電源の代わりに定電流交流電源があれば、電圧が共振して $\omega = \omega_0$ で電圧 $|\mathcal{E}|^2$ が最大値 $|\mathcal{E}|^2_{max} = (RI)^2$ となる。

は $|I|^2$ は最大値ではなく最小値をとり、反共振の状態となる。図6.16(b)のように定電圧交流電源の代わりに定電流交流電源があれば、電圧が電流の関数として次のように表現される。

$$\mathcal{E} = \frac{I}{\frac{1}{R} + i(\omega C - \frac{1}{\omega L})} \tag{6.91}$$

であるから、

$$|\mathcal{E}|^2 = \frac{|I|^2}{\frac{1}{R^2} + (\omega C - \frac{1}{\omega L})^2}$$

となる。

従って、電圧が共振して $\omega = \omega_0$ で電圧 $|\mathcal{E}|^2$ が最大値 $|\mathcal{E}|^2_{max} = (RI)^2$ となる。

6.2.6 インピーダンス整合（impedance matching）

図6.17にある電圧 $\mathcal{E}_0$ と内部インピーダンス Z_i の電源が与えられているときに、最大のエネルギーを外部回路に取り出す方法を考える。電源の外部電圧は次で与えられる。

$$\mathcal{E} = \mathcal{E}_0 - Z_i I = ZI \tag{6.92}$$

$|Z|$ が非常に大きいときは、電流 I が小さくなり、外部回路のエネルギーは小さくなる。また、$|Z|$ が非常に小さい場合は、電源の内部抵抗 Z_i が効いてきて $I \sim \mathcal{E}_0/Z_i$ となって、端子電圧 $\mathcal{E} = ZI$ が小さくなって、この場合も外部回路のエネルギーは小さい。従って、どこかに最適解があるはずである。

外部回路の電力は次で与えられる。

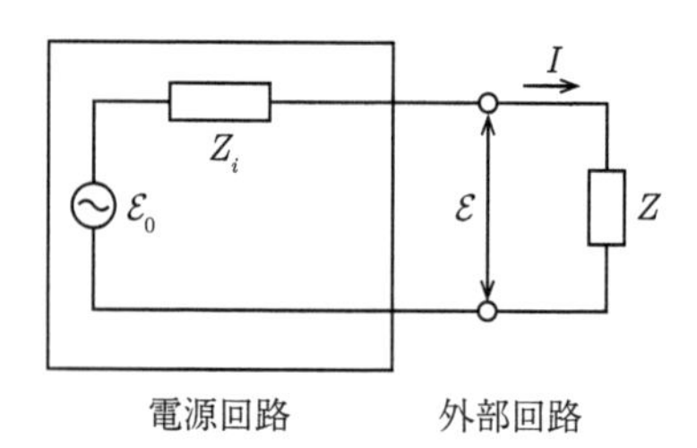

図 6.17 電圧 $\mathcal{E}_0$ と内部インピーダンス Z_i の電源が与えられているときに、最大のエネルギーを外部回路に取り出す方法であるインピーダンス整合（impedance matching）を考える。

$$P = \frac{1}{2}(Z + Z^*)|I|^2 \tag{6.93}$$

ここで、

$$I = \frac{\mathcal{E}_0}{Z + Z_i} \tag{6.94}$$

であるから

$$P = \frac{1}{2}(Z + Z^*)\left|\frac{\mathcal{E}_0}{Z + Z_i}\right|^2 \tag{6.95}$$

ここで、

$$Z = R + iX \tag{6.96}$$

$$Z_i = R_i + iX_i \tag{6.97}$$

とおくと、

$$P = \frac{R|\mathcal{E}_0|^2}{(R + R_i)^2 + (X + X_i)^2} \tag{6.98}$$

R と X が独立だとすると、$X + X_i = 0$ のときに P は最大となる。このとき

$$\frac{\partial P}{\partial R} = \frac{|\mathcal{E}_0|^2}{(R + R_i)^2} - \frac{2R|\mathcal{E}_0|^2}{(R + R_i)^3} = 0 \tag{6.99}$$

を解くと $R = R_i$ となる。

従って、

$$R = R_i \tag{6.100}$$

$$X = -X_i \tag{6.101}$$

即ち、$Z = Z_i^*$ のときにマッチングがとれて、外部に取り出せるエネルギーが最大値

$$P_{max} = \frac{1}{4}\frac{|\mathcal{E}_0|^2}{R_i} \tag{6.102}$$

をとる。

外部回路のエネルギー効率 η（efficiency）は、

$$\eta = \frac{P}{P_{max}} = \frac{4RR_i}{(R + R_i)^2 + (X + X_i)^2} \leq 1 \tag{6.103}$$

となり、電力反射率 γ（power reflection coefficient）は、

$$\gamma = 1 - \eta \tag{6.104}$$
$$= \frac{(R - R_i)^2 + (X + X_i)^2}{(R + R_i)^2 + (X + X_i)^2} \tag{6.105}$$
$$= \left| \frac{(R - R_i) + i(X + X_i)}{(R + R_i) + i(X + X_i)} \right|^2 \tag{6.106}$$
$$= \left| \frac{Z - Z_i^*}{Z + Z_i} \right|^2 \tag{6.107}$$

となる。

第7章

電磁場内の荷電粒子の運動

電場 $\mathbf{E}$ と磁場 $\mathbf{B}$ が外場として与えられている。質量 m、電荷 q、運動量 $\mathbf{p}$、速度 $\mathbf{v}$ を持つ荷電粒子の運動方程式は

$$\frac{d\mathbf{p}}{dt} = q(\mathbf{E} + \mathbf{v} \times \mathbf{B}) \tag{7.1}$$

となる※9。

非相対論的な場合は $\mathbf{p} = m\mathbf{v}$ であるから運動方程式は

$$m\frac{d\mathbf{v}}{dt} = q(\mathbf{E} + \mathbf{v} \times \mathbf{B}) \tag{7.2}$$

となる。

相対論的な場合には $\mathbf{p} = m(\mathbf{v}/\sqrt{1 - v^2/c^2})$ であるから運動方程式は

$$m\frac{d}{dt}\frac{\mathbf{v}}{\sqrt{1 - v^2/c^2}} = q(\mathbf{E} + \mathbf{v} \times \mathbf{B}) \tag{7.3}$$

となる。

7.1　一様な静磁場のみの場合

一様な静磁場のみの場合、方程式は、

$$\frac{d\mathbf{p}}{dt} = q(\mathbf{v} \times \mathbf{B}) = \mathbf{F} \tag{7.4}$$

である。ここでは z 方向に一様な磁場を仮定する。即ち、

※9 …… 電荷 q は小さくて、電荷の作用による電場、磁場の変化は無視できるという暗黙の了解がここにはある。

$$\mathbf{B} = \begin{pmatrix} 0 \\ 0 \\ B \end{pmatrix} \tag{7.5}$$

$\mathbf{v}\,.\,\mathbf{F} = 0$であるから、エネルギーは保存する。従って、荷電粒子のエネルギー$\mathcal{E} = \sqrt{p^2c^2 + m^2c^4}$ は一定である。また、運動量は$\mathbf{p} = \mathcal{E}\mathbf{v}/c^2$ であり、その絶対値$\sqrt{(\mathcal{E}/c)^2 - m^2c^2}$は一定である。

運動方程式は次のように変形される。

$$\frac{\mathcal{E}}{c^2}\frac{d\mathbf{v}}{dt} = q(\mathbf{v} \times \mathbf{B}) = q\begin{pmatrix} v_yB \\ -v_xB \\ 0 \end{pmatrix} \tag{7.6}$$

ここで$\omega \equiv (qc^2/\mathcal{E})B$ と置く。

運動方程式は次にように変形される。

$$\dot{v}_x = \omega v_y \tag{7.7}$$

$$\dot{v}_y = -\omega v_x \tag{7.8}$$

$$\dot{v}_z = 0 \tag{7.9}$$

これは次のようにさらに変形される。

$$\ddot{v}_x = -\omega^2 v_x \tag{7.10}$$

$$\ddot{v}_y = -\omega^2 v_y \tag{7.11}$$

$$\ddot{v}_z = 0 \tag{7.12}$$

この解は

$$v_x = v_{0T}\cos(\omega t + \alpha) \tag{7.13}$$

$$v_y = -v_{0T}\sin(\omega t + \alpha) \tag{7.14}$$

$$v_z = v_{0z} \tag{7.15}$$

となる。ここで、$v_{0T} = c^2p_T/\mathcal{E}$ で、p_Tは横方向運動量で定数である。

さらに時間で積分すると

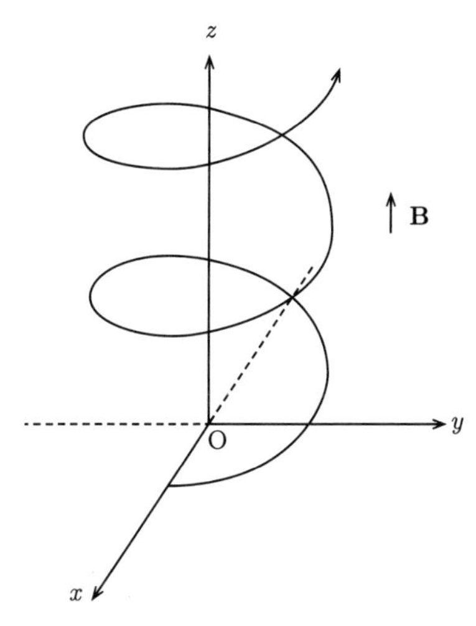

図 7.1 z 方向に一様な磁場中では、荷電粒子は z 方向の螺旋運動する。x-y 平面に射影すると円運動であり、その半径は横方向運動量に比例する。

$$x = x_0 + r\sin(\omega t + \alpha) \tag{7.16}$$

$$y = y_0 + r\cos(\omega t + \alpha) \tag{7.17}$$

$$z = z_0 + v_{0z}t \tag{7.18}$$

となる。ここで、$r = v_{0T}/\omega = p_T/(qB)$ は x-y 平面での円運動の半径である。z は一様に時間変化する。図 7.1 に示すように、この運動は螺旋（らせん）運動である。x-y 平面に射影すると図 7.2 のように円運動となる。

ここで重要なのは、$\mathbf{B}$ に対して横方向の運動量 p_T は相対論的な場合においても $p_T = qBr$ が成り立つことであり、数値的には $q = e = 1.6 \times 10^{-19}$[C]（陽子の電荷）の場合に

$$p_T[\mathrm{GeV}/c] = 0.3B[\mathrm{T}]r[\mathrm{m}] \tag{7.19}$$

が成り立つことである。即ち、荷電粒子の螺旋運動の飛跡の半径（曲率半径）r を測定すれば、その粒子の磁場に垂直方向の運動量 p_T が測定できる。

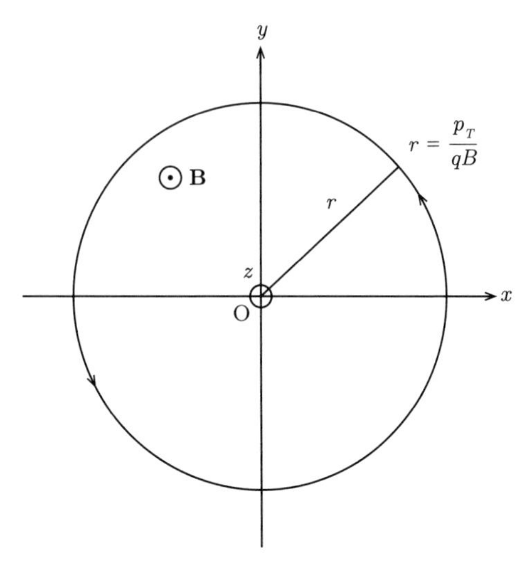

図 7.2 荷電粒子の z 方向の螺旋運動を、x-y 平面に射影した円運動。その半径は横方向運動量に比例する。

7.2 一様な静電場中での運動

非相対論の場合は、重力場中の運動と同じように放物線運動となる。相対論的な場合には運動方程式は、

$$\dot{p_x} = qE \tag{7.20}$$

$$\dot{p_y} = 0 \tag{7.21}$$

となる。

初期条件は、$t = 0$ で $p_x = 0$、$p_y = p_0$ とする。運動方程式を時間で積分すると

$$p_x = qEt \tag{7.22}$$

$$p_y = p_0 \tag{7.23}$$

運動量は $\mathbf{p}^2 = (qEt)^2 + (p_0)^2$ であるから、粒子のエネルギーは

$$\mathcal{E} = \sqrt{m^2c^4 + (\mathbf{p}^2c^2)} \tag{7.24}$$
$$= \sqrt{m^2c^4 + (p_0)^2c^2 + (qEct)^2} \tag{7.25}$$
$$= \sqrt{(\mathcal{E}_0)^2 + (qEct)^2} \tag{7.26}$$

となる。ここで $\mathcal{E}_0^2 = m^2c^4 + (p_0)^2c^2$ と置いた。

粒子の速度は

$$\mathbf{v} = c^2\mathbf{p}/\mathcal{E} \tag{7.27}$$

となり、その成分は次で与えられる。

$$v_x = \frac{c^2p_x}{\mathcal{E}} \tag{7.28}$$
$$= \frac{c^2qEt}{\sqrt{\mathcal{E}_0^2 + (qEct)^2}} \tag{7.29}$$
$$= \frac{ct}{\sqrt{\mathcal{E}_0^2/(qEc)^2 + t^2}} \tag{7.30}$$
$$v_y = \frac{c^2p_y}{\mathcal{E}} \tag{7.31}$$
$$= \frac{c^2p_0}{\sqrt{\mathcal{E}_0^2 + (qEct)^2}} \tag{7.32}$$
$$= \frac{c^2p_0}{qEc}\frac{1}{\sqrt{(\mathcal{E}_0/(qEc))^2 + t^2}} \tag{7.33}$$

ここで初期条件を $t = 0$ で $x = y = 0$ とする。時間で積分すると、

$$x = \int_0^t dt' \frac{ct'}{\sqrt{\mathcal{E}_0^2/(qEc)^2 + t'^2}} \tag{7.34}$$
$$= \left[c\sqrt{\mathcal{E}_0^2/(qEc)^2 + t'^2} \right]_0^t \tag{7.35}$$
$$= \frac{1}{qE}\left[\sqrt{\mathcal{E}_0^2 + (qEct)^2} - \mathcal{E}_0 \right] \tag{7.36}$$
$$= \frac{\mathcal{E}_0}{qE}\left[\sqrt{1 + \left(\frac{qEct}{\mathcal{E}_0}\right)^2} - 1 \right] \tag{7.37}$$

$$y = \frac{cp_0}{qE} \int_0^t dt' \frac{1}{\sqrt{\mathcal{E}_0^2/(qEc)^2 + t'^2}} \tag{7.38}$$

$$= \frac{cp_0}{qE} \ln \left[\sqrt{1 + (qEct/\mathcal{E}_0)^2} + \frac{qEct}{\mathcal{E}_0} \right] \tag{7.39}$$

$$= \frac{cp_0}{qE} \sinh^{-1} \left(\frac{qEct}{\mathcal{E}_0} \right) \tag{7.40}$$

となる。ここで

$$\frac{qEct}{\mathcal{E}_0} = \sinh \left(\frac{qE}{cp_0} y \right) \tag{7.41}$$

$$1 + \sinh^2 x = \cosh^2 x \tag{7.42}$$

を用いて、時間 t を消去すると

$$x = \frac{\mathcal{E}_0}{qE} \left[\cosh \left(\frac{qEy}{p_0 c} \right) - 1 \right] \tag{7.43}$$

となる。これは懸垂線（catenary）と呼ばれる。

非相対論的近似では、$|\xi| \ll 0$ のときに、$\cosh \xi = 1 + \xi^2/2 + O(\xi^4)$ を用いて、

$$x \simeq \frac{1}{2} \frac{\mathcal{E}}{qE} \left(\frac{qEy}{p_0 c} \right)^2 = \frac{qE}{2mv_0^2} y^2 \tag{7.44}$$

となって、よく知られているように放物線（parabola）となる。ここで $v_0 = c^2 p_0/\mathcal{E}_0$ である。図 7.3 に懸垂線と放物線のちがいを示す。

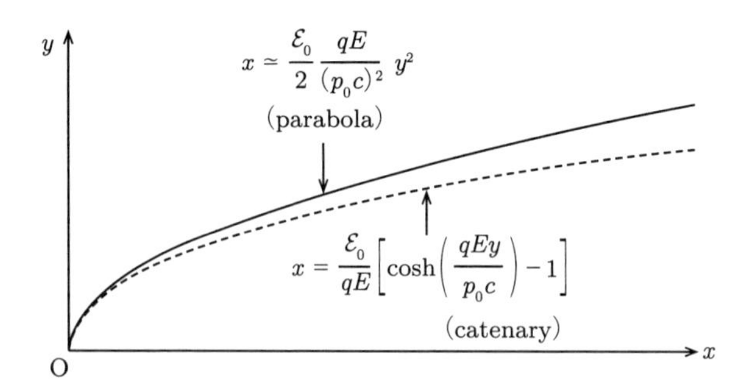

図 7.3 懸垂線と放物線。

7.3 一様な電磁場中の運動

相対論的な場合は難解なので、非相対論的な場合だけを扱う。例えば、電磁場中での低エネルギー電子のドリフトなどのモデルに用いられる。次のように磁場と電場を与えると、

$$\mathbf{B} = \begin{pmatrix} 0 \\ 0 \\ B \end{pmatrix} \tag{7.45}$$

$$\mathbf{E} = \begin{pmatrix} 0 \\ E_y \\ E_z \end{pmatrix} \tag{7.46}$$

運動方程式は次のようになる。

$$m\ddot{x} = q\dot{y}B \tag{7.47}$$

$$m\ddot{y} = qE_y - q\dot{x}B \tag{7.48}$$

$$m\ddot{z} = qE_z \tag{7.49}$$

式 (7.49) から z はすぐに積分できる。

$$z = \frac{qE_z}{2m}t^2 + v_{0z}t + z_0 \tag{7.50}$$

ここで x と y について複素数 (7.47) + i(7.48) をとると

$$m(\ddot{x} + i\ddot{y}) = qB(\dot{y} - i\dot{x} + iqE_y) \tag{7.51}$$

ここで $\omega \equiv qB/m$ と置くと、

$$\ddot{x} + i\ddot{y} = -i\omega\left(\dot{x} + i\dot{y} - \frac{qE_y}{m\omega}\right) \tag{7.52}$$

従って、

$$\frac{d}{dt}\left(\dot{x} + i\dot{y} - \frac{qE_y}{m\omega}\right) = -i\omega\left(\dot{x} + i\dot{y} - \frac{qE_y}{m\omega}\right) \tag{7.53}$$

となる。これを解くと

$$\left(\dot{x} + i\dot{y} - \frac{qE_y}{m\omega}\right) = a\exp(-i(\omega t + \alpha)) \tag{7.54}$$

実部と虚部に分けると、

$$\dot{x} = a\cos(\omega t + \alpha) + \frac{E_y}{B} \tag{7.55}$$

$$\dot{y} = -a\sin(\omega t + \alpha) \tag{7.56}$$

これらから以下の解が得られる。

$$x = \frac{a}{\omega}\sin(\omega t + \alpha) + \frac{E_y}{B}t + x_0 \tag{7.57}$$

$$y = \frac{a}{\omega}\cos(\omega t + \alpha) + y_0 \tag{7.58}$$

$$z = \frac{qE_y}{2m}t^2 + v_{0z}t + z_0 \tag{7.59}$$

$t = 0$ で $x = y = 0$ とすると

$$x = \frac{a}{\omega}\sin(\omega t) + \frac{E_y}{B}t \tag{7.60}$$

$$y = \frac{a}{\omega}(\cos(\omega t) - 1) \tag{7.61}$$

上の2式から t を消去すると、

$$\left(x - \frac{E_y}{B}t\right)^2 + \left(y + \frac{a}{\omega}\right)^2 = \left(\frac{a}{\omega}\right)^2 \tag{7.62}$$

となる。$|a| \neq |E_y/B|$ の場合は、図7.4に示すように一般にトロコイド（trochoid）と呼ばれる。円板が定直線上を滑らずに転がるときに、円板に対して固定した点が描く平面曲線である。$a = -\frac{E_y}{B}$ の場合は図7.5に示すようにサイクロイド（cycloid）と呼ばれる。

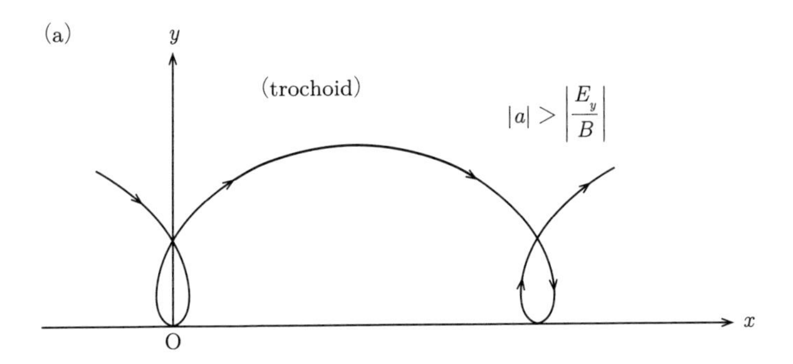

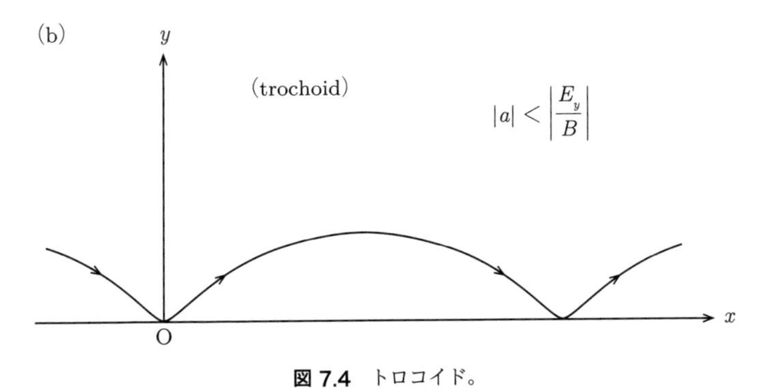

図 7.4 トロコイド。

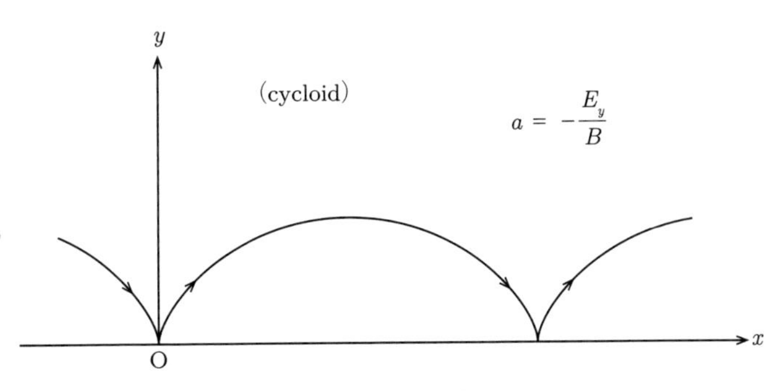

図 7.5 サイクロイド。

第8章

真空中の電磁波と電磁気学の相対論的形式

8.1 真空中での電磁波

8.1.1 真空中での電磁波の方程式

真空中でのマクスウエル方程式の微分形は以下のとおりである。

$$\nabla \cdot \mathbf{E} = \frac{\rho}{\epsilon_0} \tag{8.1}$$

$$\nabla \times \mathbf{E} = -\frac{\partial \mathbf{B}}{\partial t} \tag{8.2}$$

$$\nabla \cdot \mathbf{B} = 0 \tag{8.3}$$

$$\nabla \times \mathbf{B} = \mu_0 \left(\mathbf{J} + \epsilon_0 \frac{\partial \mathbf{E}}{\partial t} \right) \tag{8.4}$$

真空中に電荷や電流が分布しているのが上の方程式の条件であるが、電荷や電流がない「真の」真空の場合を考える。このときマクスウエル方程式は以下のようになる。

$$\nabla \cdot \mathbf{E} = 0 \tag{8.5}$$

$$\nabla \times \mathbf{E} = -\frac{\partial \mathbf{B}}{\partial t} \tag{8.6}$$

$$\nabla \cdot \mathbf{B} = 0 \tag{8.7}$$

$$\nabla \times \mathbf{B} = \mu_0 \epsilon_0 \frac{\partial \mathbf{E}}{\partial t} \tag{8.8}$$

(8.6) 式の両辺の回転（$\nabla \times$）をとる。

$$\nabla \times (\nabla \times \mathbf{E}) = -\frac{\partial (\nabla \times \mathbf{B})}{\partial t} \tag{8.9}$$

左辺は公式（補遺 (A.38)）を使って変形し、右辺に (8.8) を代入すると

$$\nabla(\nabla\cdot\mathbf{E}) - \triangle\mathbf{E} = -\epsilon_0\mu_0\frac{\partial^2}{\partial t^2}\mathbf{E} \tag{8.10}$$

となり、(8.5) を代入すると、

$$\frac{1}{c^2}\frac{\partial^2}{\partial t^2}\mathbf{E} - \triangle\mathbf{E} = 0 \tag{8.11}$$

が得られる。

同じように、(8.8) 式の回転（$\nabla\times$）をとる。

$$\nabla\times(\nabla\times\mathbf{B}) = \mu_0\epsilon_0\frac{\partial(\nabla\times\mathbf{E})}{\partial t} \tag{8.12}$$

左辺は公式（補遺参照）を使って変形し、右辺に (8.6) を代入すると

$$\nabla(\nabla\cdot\mathbf{B}) - \triangle\mathbf{B} = -\epsilon_0\mu_0\frac{\partial^2}{\partial t^2}\mathbf{B} \tag{8.13}$$

となり、(8.7) を代入すると

$$\frac{1}{c^2}\frac{\partial^2}{\partial t^2}\mathbf{B} - \triangle\mathbf{B} = 0 \tag{8.14}$$

が得られる。

電場 $\mathbf{E}$ と磁場 $\mathbf{B}$ はともに波動方程式を満たすが、電場と磁場は独立でなく、(8.6) と (8.8) によって結び付けられている。

ここで、電場をフーリエ展開して特定の周波数（各振動数）ω の余弦波で平面波の解を持つとして、それが方程式を満たすように ω と波数 $k = 2\pi/\lambda$ をきめる。ここで λ は波の波長である。この電場の波の進む方向を x 軸の正の方向とすると、

$$E_x = E_{0x}\cos(kx - \omega t) \tag{8.15}$$

$$E_y = E_{0y}\cos(kx - \omega t) \tag{8.16}$$

$$E_z = E_{0z}\cos(kx - \omega t) \tag{8.17}$$

となり、これらを (8.5) に代入すると $E_{0x} = 0$ が得られる。即ち $\mathbf{E}$ は横波である。同様にして (8.7) から磁場 $\mathbf{B}$ も横波である。

ここで、改めて電場の振動の方向を y 軸方向とする。

$$E_x = 0 \tag{8.18}$$

$$E_y = E_0 \cos(kx - \omega t) \tag{8.19}$$

$$E_z = 0 \tag{8.20}$$

同じ座標系で磁場 $\mathbf{B}$ が

$$B_x = 0 \tag{8.21}$$

$$B_y = B_{0y} \cos(kx - \omega t) \tag{8.22}$$

$$B_z = B_{0z} \cos(kx - \omega t) \tag{8.23}$$

であったとする。

これらを (8.6) に代入する。まず左辺は

$$(\nabla \times \mathbf{E})_x = \frac{\partial E_z}{\partial y} - \frac{\partial E_y}{\partial z} = 0 \tag{8.24}$$

$$(\nabla \times \mathbf{E})_y = \frac{\partial E_x}{\partial z} - \frac{\partial E_z}{\partial x} = 0 \tag{8.25}$$

$$(\nabla \times \mathbf{E})_z = \frac{\partial E_y}{\partial x} - \frac{\partial E_x}{\partial y} = -kE_0 \sin(kx - \omega t) \tag{8.26}$$

右辺は

$$-\frac{\partial B_x}{\partial t} = 0 \tag{8.27}$$

$$-\frac{\partial B_y}{\partial t} = \omega B_{0y} \sin(kx - \omega t) \tag{8.28}$$

$$-\frac{\partial B_z}{\partial t} = \omega B_{0z} \sin(kx - \omega t) \tag{8.29}$$

であるから、$B_{0y} = 0$、$B_{0z} = E_0 k/\omega$ となる。即ち、

$$B_x = 0 \tag{8.30}$$

$$B_y = 0 \tag{8.31}$$

$$B_z = E_0 \frac{k}{\omega} \cos(kx - \omega t) \tag{8.32}$$

今度はこれを (8.8) に代入する。まず左辺は

$$(\nabla \times \mathbf{B})_x = \frac{\partial B_z}{\partial y} - \frac{\partial B_y}{\partial z} = 0 \tag{8.33}$$

$$(\nabla \times \mathbf{B})_y = \frac{\partial B_x}{\partial z} - \frac{\partial B_z}{\partial x} = \frac{k^2}{\omega} E_0 \sin(kx - \omega t) \tag{8.34}$$

$$(\nabla \times \mathbf{B})_z = \frac{\partial B_y}{\partial x} - \frac{\partial B_x}{\partial y} = 0 \tag{8.35}$$

右辺は

$$\mu_0 \epsilon_0 \frac{\partial E_x}{\partial t} = 0 \tag{8.36}$$

$$\mu_0 \epsilon_0 \frac{\partial E_y}{\partial t} = \mu_0 \epsilon_0 \omega E_0 \sin(kx - \omega t) \tag{8.37}$$

$$\mu_0 \epsilon_0 \frac{\partial E_z}{\partial t} = 0 \tag{8.38}$$

であるから、(8.34) と (8.37) から、$\mu_0 \epsilon_0 = (1/c)^2 = k^2/\omega^2$ が成り立つ。電磁波の位相は $kx - \omega t = k[x - (\omega/k)t]$ であるから、ω/k は位相速度である。即ち、真空での電磁波の位相速度は真空での光速 c である。

8.1.2 電磁波のエネルギー伝搬速度

荷電密度 ρ で分布する電荷が $\mathbf{v}$ で移動するときの電流密度、即ち単位時間に単位面積を通過する電荷 $\mathbf{J}$ は

$$\mathbf{J} = \rho \mathbf{v} \tag{8.39}$$

で表される。同様に、エネルギー密度 ρ_E で分布するエネルギーが流速 $\mathbf{v}_E$ で移動するときのエネルギー流密度 $\mathbf{J}_E$ は5章の5節の (5.107) 式において、真空ではジュール熱がないので、ポインティング・ベクトル $\mathbf{\Sigma}$ がエネルギー流密度となり、u がエネルギー密度となる。

ポインティング・ベクトルは、$\mathbf{n}$ を電磁波の進む方向 $\hat{\mathbf{x}}$ とすると、

$$\mathbf{\Sigma} = \frac{1}{\mu_0} \mathbf{E} \times \mathbf{B} \tag{8.40}$$

$$= \frac{1}{\mu_0} E_y B_z \mathbf{n}$$

$$= \frac{1}{\mu_0} E_0 \cos(kx - \omega t) E_0 \frac{k}{\omega} \cos(kx - \omega t) \mathbf{n}$$

$$= \frac{1}{\mu_0} \frac{k}{\omega} E_0^2 \cos^2(kx - \omega t) \mathbf{n} \tag{8.41}$$

$$= \frac{1}{\mu_0}\frac{k}{\omega}E_0^2\frac{1}{2}[\cos 2(kx-\omega t)+1]\mathbf{n} \tag{8.42}$$

となり、振動数 2ω で振動する項は、電磁波の2倍の振動数でエネルギー流が行ったり来たりすることを表しているので、エネルギーは運ばれない。従って、大局的なエネルギー伝搬を表すのは時間平均である $\bar{\mathbf{\Sigma}}$ である。

$$\bar{\mathbf{\Sigma}} = \frac{1}{2\mu_0}\frac{k}{\omega}E_0^2\mathbf{n} \tag{8.43}$$

$$= \frac{1}{2\mu_0 c}E_0^2\mathbf{n} \tag{8.44}$$

電磁波に蓄えられたエネルギー密度 u は、5章5節の式(5.105)で与えられる。

$$u = \frac{1}{2\mu_0}\mathbf{B}^2 + \frac{\epsilon_0}{2}\mathbf{E}^2 \tag{8.45}$$

$$= \frac{1}{2\mu_0}\left(E_0\frac{k}{\omega}\right)^2\cos^2(kx-\omega t) + \frac{\epsilon_0}{2}E_0^2\cos^2(kx-\omega t) \tag{8.46}$$

$$= \frac{1}{2\mu_0}\left(\frac{E_0^2}{c^2}+\frac{E_0^2}{c^2}\right)\cos^2(kx-\omega t) \tag{8.47}$$

$$= \frac{1}{\mu_0}\frac{E_0^2}{c^2}\frac{1}{2}[\cos 2(kx-\omega t)+1] \tag{8.48}$$

電場と磁場のエネルギー密度は等しくなる。この場合も伝搬するエネルギー密度として時間平均をとると

$$\bar{u} = \frac{1}{2\mu_0 c^2}E_0^2 \tag{8.49}$$

従ってエネルギー流速 $\mathbf{v}_E$ は(8.44)、(8.49)から

$$\mathbf{v}_E = \frac{\bar{\mathbf{\Sigma}}}{\bar{u}} \tag{8.50}$$

$$= c\mathbf{n} \tag{8.51}$$

となり、真空中の光速となる。

8.1.3 電磁波の偏光

$\mathbf{E}$ と $\mathbf{B}$ の直交関係はマクスウエル方程式から決まるが、$\mathbf{E}$ の進行方向に垂直な2つの成分の間の関係は、マクスウエル方程式からは決まらない。今まで

は、電磁波の進行方向を x 軸の正方向とし、$\mathbf{E}$ の方向を便宜的に y 軸方向に決めていたが（直線偏光）、ここでは、電場の平面波を次のように置く。

$$E_x = 0 \tag{8.52}$$

$$E_y = E_{0y}\cos(kx - \omega t + \alpha_y) \tag{8.53}$$

$$E_z = E_{0z}\cos(kx - \omega t + \alpha_z) \tag{8.54}$$

このとき E_{0y}/E_{0z} の値と $\alpha_y - \alpha_z$ の値によって偏光を分類する。

先ず、$\alpha_y = \alpha_z = \alpha$ の場合は、

$$\mathbf{E} = \mathbf{E}_0\cos(kx - \omega t + \alpha) \qquad \mathbf{E}_0 = (0, E_{0y}, E_{0z}) \tag{8.55}$$

となるから $\mathbf{E}$ は位置や時間で振動するが、常に一定の方向 $\mathbf{E}_0$ を向いている。このような偏光の状態を直線偏光という。電場が振動する面が時間空間で変化しないので、磁場が振動する面も時間空間で変化しない。

次は $E_{0y} = E_{0z}$ かつ、$\alpha_z = \alpha_y - \pi/2$ で、α_y を α と書く。

$$E_x = 0 \tag{8.56}$$

$$E_y = E_0\cos(kx - \omega t + \alpha) = E_0\cos(\omega t - kx - \alpha) \tag{8.57}$$

$$E_z = E_0\cos(kx - \omega t + \alpha - \pi/2) = E_0\sin(\omega t - kx - \alpha) \tag{8.58}$$

この場合 y 軸を横軸、z 軸を縦軸にすると、電場は時間を経るにしたがって左回りするので左回りの円偏光（左旋光）という。

同じように、$E_{0y} = E_{0z}$ かつ、$\alpha_z = \alpha_y - \pi/2$ で、α_y を α と書く。

$$E_x = 0 \tag{8.59}$$

$$E_y = E_0\cos(kx - \omega t + \alpha) \tag{8.60}$$

$$E_z = E_0\cos(kx - \omega t + \alpha - \pi/2) = E_0\sin(kx - \omega t + \alpha) \tag{8.61}$$

この場合 y 軸を横軸、z 軸を縦軸にすると、電場は時間を経るにしたがって右回りするので右回りの円偏光（右旋光）という。

E_{0y} と E_{0z} が等しくなく、α_y と α_z の差が 0 でも $\pm\pi/2$ でもない一般の場合、$kx - \omega t = w$、$\alpha_y = \alpha + \beta$、$\alpha_z = \alpha - \beta$ と置くと、

$$E_x = 0 \tag{8.62}$$

$$E_y = E_{0y}\cos(w+\alpha+\beta) = E_{0y}[\cos(w+\alpha)\cos\beta - \sin(w+\alpha)\sin\beta] \tag{8.63}$$

$$E_z = E_{0z}\cos(w+\alpha-\beta) = E_{0z}[\cos(w+\alpha)\cos\beta + \sin(w+\alpha)\sin\beta] \tag{8.64}$$

となる。ここで、$\cos(w+\alpha)$ と $\sin(w+\alpha)$ について解く。

$$\cos(w+\alpha) = \left(\frac{E_y}{E_{0y}} + \frac{E_z}{E_{0z}}\right)\frac{1}{\cos\beta} \tag{8.65}$$

$$\sin(w+\alpha) = \left(-\frac{E_y}{E_{0y}} + \frac{E_z}{E_{0z}}\right)\frac{1}{\sin\beta} \tag{8.66}$$

これらを $\cos^2(w+\alpha) + \sin^2(w+\alpha) = 1$ に代入すると

$$\left(\frac{E_y}{E_{0y}} + \frac{E_z}{E_{0z}}\right)^2\frac{1}{\cos^2\beta} + \left(-\frac{E_y}{E_{0y}} + \frac{E_z}{E_{0z}}\right)^2\frac{1}{\sin^2\beta} = 1 \tag{8.67}$$

$$\left[\left(\frac{E_y}{E_{0y}}\right)^2 + \left(\frac{E_z}{E_{0z}}\right)^2\right]\left(\frac{1}{\cos^2\beta} + \frac{1}{\sin^2\beta}\right) + 2\left(\frac{E_y}{E_{0y}}\frac{E_z}{E_{0z}}\right)\left(\frac{1}{\cos^2\beta} - \frac{1}{\sin^2\beta}\right) = 1$$

$$\left[\left(\frac{E_y}{E_{0y}}\right)^2 + \left(\frac{E_z}{E_{0z}}\right)^2\right]\left(\frac{4}{\sin^2 2\beta}\right) - 2\left(\frac{E_y}{E_{0y}}\frac{E_z}{E_{0z}}\right)\left(\frac{4\cos 2\beta}{\sin^2 2\beta}\right) = 1 \tag{8.68}$$

式 (8.68) の (E_y, E_z) の座標が、一般に主軸が傾いた楕円上を動くときの偏光を楕円偏光という。直線偏光や円偏光は楕円偏光の特殊な場合である。

8.2 4元ポテンシャルとマクスウエルの方程式

電荷密度と電流密度がゼロでない場合の真空中でのマクスウエル方程式にもどる。

$$\nabla \cdot \mathbf{E} = \frac{\rho}{\epsilon_0} \tag{8.69}$$

$$\nabla \times \mathbf{E} = -\frac{\partial \mathbf{B}}{\partial t} \tag{8.70}$$

$$\nabla \cdot \mathbf{B} = 0 \tag{8.71}$$

$$\nabla \times \mathbf{B} = \mu_0 \left(\mathbf{J} + \epsilon_0 \frac{\partial \mathbf{E}}{\partial t} \right) \tag{8.72}$$

任意の3次元ベクトル関数を $\mathbf{A}(\mathbf{x})$ とすると、$\nabla \cdot (\nabla \times \mathbf{A}) \equiv 0$ が常に成り立つので、(8.71) より、

$$\mathbf{B} = \nabla \times \mathbf{A} \tag{8.73}$$

とおく。

(8.70)、(8.73) より $\nabla \times \mathbf{E} + \frac{\partial}{\partial t}(\nabla \times \mathbf{A}) = 0$ である。これより、微分の位置を変えて、

$$\nabla \times \left(\mathbf{E} + \frac{\partial \mathbf{A}}{\partial t} \right) = 0 \tag{8.74}$$

となる。

一方、$\phi(\mathbf{x})$ を任意の関数として、$\nabla \times (\nabla \phi) \equiv 0$ が常に成り立つので

$$\mathbf{E} + \frac{\partial \mathbf{A}}{\partial t} = -\nabla \phi \tag{8.75}$$

とおく。

(8.69)、(8.75) より、

$$\nabla \cdot \left(-\frac{\partial \mathbf{A}}{\partial t} - \nabla \phi \right) = \frac{\rho}{\epsilon_0} \tag{8.76}$$

$$-\nabla^2 \phi - \frac{\partial}{\partial t}(\nabla \cdot \mathbf{A}) = \frac{\rho}{\epsilon_0} \tag{8.77}$$

(8.72) より $\epsilon_0 \mu_0 = 1/c^2$ をもちいて、

$$\nabla \times \mathbf{B} - \frac{1}{c^2} \frac{\partial \mathbf{E}}{\partial t} = \mu_0 \mathbf{J} \tag{8.78}$$

(8.73)、(8.78) から、

$$\nabla \times (\nabla \times \mathbf{A}) - \frac{1}{c^2} \frac{\partial}{\partial t} \left(-\frac{\partial \mathbf{A}}{\partial t} - \nabla \phi \right) = \mu_0 \mathbf{J} \tag{8.79}$$

公式 (A.38) を使って変形すると

$$-\nabla^2\mathbf{A}+\nabla(\nabla\cdot\mathbf{A})+\frac{1}{c^2}\frac{\partial}{\partial t}(\nabla\phi)+\frac{1}{c^2}\frac{\partial^2}{\partial t^2}\mathbf{A}=\mu_0\mathbf{J} \tag{8.80}$$

2項と3項を ∇ でくくって、

$$-\nabla^2\mathbf{A}+\nabla\left(\frac{1}{c}\frac{\partial}{\partial t}\frac{\phi}{c}+\nabla\cdot\mathbf{A}\right)+\frac{1}{c^2}\frac{\partial^2}{\partial t^2}\mathbf{A}=\mu_0\mathbf{J} \tag{8.81}$$

となる。ここで、後で述べるローレンツゲージを選ぶ（4元電磁ポテンシャルにローレンツ条件を課す）。

即ち、

$$\frac{1}{c}\frac{\partial}{\partial t}\frac{\phi}{c}+\nabla\cdot\mathbf{A}=0 \tag{8.82}$$

とおく。

(8.77)、(8.82) より

$$\left(\frac{1}{c^2}\frac{\partial^2}{\partial t^2}-\nabla^2\right)\phi=\frac{\rho}{\epsilon_0}=c^2\mu_0\rho \tag{8.83}$$

次元をそろえて

$$\left(\frac{1}{c^2}\frac{\partial^2}{\partial t^2}-\nabla^2\right)\left(\frac{\phi}{c}\right)=\mu_0(c\rho) \tag{8.84}$$

空間次元のベクトルポテンシャルは、(8.81)、(8.82) より、

$$\left(\frac{1}{c^2}\frac{\partial^2}{\partial t^2}-\nabla^2\right)\mathbf{A}=\mu_0\mathbf{J} \tag{8.85}$$

ダランベルシアン（d'Alenbertian）$\Box\equiv\frac{1}{c^2}\frac{\partial^2}{\partial t^2}-\nabla^2\equiv\partial_\mu\partial^\mu$ をもちいると

$$\Box\left(\frac{\phi}{c}\right)=\mu_0(c\rho) \tag{8.86}$$

$$\Box\mathbf{A}=\mu_0\mathbf{J} \tag{8.87}$$

ここで4元電磁ポテンシャル A^μ と4元電流密度 J^μ を定義する。

$$(A^\mu)\equiv\left(\frac{\phi}{c},\mathbf{A}\right) \tag{8.88}$$

$$(J^\mu)\equiv(c\rho,\mathbf{J}) \tag{8.89}$$

ここで4元微分をあらためて思い出しておこう。

$$(\partial_\mu) \equiv \left(\frac{\partial}{\partial x^0}, \frac{\partial}{\partial x^1}, \frac{\partial}{\partial x^2}, \frac{\partial}{\partial x^3}\right) \tag{8.90}$$

$$(\partial^\mu) \equiv \left(\frac{\partial}{\partial x_0}, \frac{\partial}{\partial x_1}, \frac{\partial}{\partial x_2}, \frac{\partial}{\partial x_3}\right) \tag{8.91}$$

ただし、

$$(x^0, x^1, x^2, x^3) = (ct, x, y, z) \tag{8.92}$$

$$(x_0, x_1, x_2, x_3) = (ct, -x, -y, -z) \tag{8.93}$$

(8.86)、(8.87) をまとめると、

$$\Box A^\mu = \mu_0 J^\mu \tag{8.94}$$

となる。(8.84)、(8.85) および、(8.86)、(8.87) は相対論的電磁ポテンシャルの同じ形をした波動方程式である。

8.3 ゲージ変換

ゲージ変換は既に磁場の章で導入した。ワイル (Wyle) が初めに導入したときにはゲージ、即ちスケールの変換を意味したが、ゲージ変換はスケールとは異なるもっと広い概念に変わっていった。ゲージ変換のもっと広くかつ深遠な意味に関してはこの本の範囲を大きく逸脱するのでここには書かないが、電荷の保存などの詳細は場の理論の教科書などを将来参照してほしい。

電磁気学でのゲージ変換の導入は、3元電磁ポテンシャル $\mathbf{A}$ に関する不定性からくるもので、$\mathbf{B} = \nabla \times \mathbf{A}$ で $\mathbf{A}$ を定義すると、任意の時空の関数 χ に対して、$\nabla \times (\nabla\chi) \equiv 0$ が常に成り立つので、

$$\mathbf{A} \to \mathbf{A}' = \mathbf{A} + \nabla\chi \tag{8.95}$$

と変換しても $\mathbf{B}$ は不変に保たれる。この変換をゲージ変換という。

一方、$\mathbf{E} = -\nabla\phi - \frac{\partial \mathbf{A}}{\partial t}$ もゲージ変換で不変になるためには、ϕ のゲージ変換を

$$\phi \to \phi + X \tag{8.96}$$

と置いてみると、

$$\mathbf{E} \to -\nabla(\phi + X) - \frac{\partial(\mathbf{A} + \nabla\chi)}{\partial t} \tag{8.97}$$

となって、$X = -\partial\chi/\partial t$ であることがわかる。従って、スカラーポテンシャルは、

$$\frac{\phi}{c} \to \frac{\phi'}{c} = \frac{\phi}{c} - \frac{1}{c}\frac{\partial}{\partial t}\chi \tag{8.98}$$

とゲージ変換されるべきである。

4 元電磁ポテンシャルに、特定のゲージ変換を施すことを、特定の「ゲージを選ぶ」という。

一般に $(\phi/c, \mathbf{A})$ がローレンツ条件を満たしていないとする。この場合でも以下のように、ゲージ変換によってローレンツ条件を満たすように、即ちローレンツゲージを選ぶことができる。いま、$\nabla \cdot \mathbf{A}' + \frac{1}{c^2}\frac{\partial\phi'}{\partial t} = 0$ が満たされているとすると、ゲージ変換して、

$$\nabla \cdot (\mathbf{A} + \nabla\chi) + \frac{1}{c^2}\frac{\partial}{\partial t}\left(\phi - \frac{\partial}{\partial t}\chi\right) = 0 \tag{8.99}$$

となる。これを書き換えると

$$\left(\frac{1}{c^2}\frac{\partial^2}{\partial t^2} - \nabla^2\right)\chi = \nabla \cdot \mathbf{A} + \frac{1}{c^2}\frac{\nabla}{\nabla t}\phi \tag{8.100}$$

となる。右辺は既知の関数であり、この波動方程式の解 χ は存在するので、この解を選べばゲージ変換した 4 元ポテンシャルはローレンツ条件を満たすことになり、ローレンツゲージが選ばれたことになる。

ローレンツゲージのほかにクーロンゲージがあり、$\nabla \cdot \mathbf{A} = 0$ が常に成り立つ。$\nabla \cdot \mathbf{E} = \rho/\epsilon_0$ より $\nabla \cdot (-(\partial\mathbf{A})/\partial t - \nabla\phi) = \rho/\epsilon_0$ となる。時間と空間の微分の順番を変えて、クーロンゲージ条件 $\nabla \cdot \mathbf{A} = 0$ を代入すると

$$\nabla^2\phi = -\frac{\rho}{\epsilon_0} \tag{8.101}$$

となる。これは、ポアッソン方程式であり、与えられた右辺の関数に対して解をもつ。静電磁気学ではクーロンゲージが便利である。

適切なゲージを選ぶことによって、方程式を簡便に変え同じ物理結果に容易に到達することが可能となる。

8.4 電場、磁場のテンソル表示

第4章の「電磁場のローレンツ変換」の節で、電場と磁場が2階テンソルを形成することを既に述べたが、ここでは、$\mathbf{E} = -\nabla\phi - \partial\mathbf{A}/\partial t$ と $\mathbf{B} = \nabla \times \mathbf{A}$ から2階反対称テンソル $F_{\mu\nu} = \partial_\mu A_\nu - \partial_\nu A_\mu$ との関係を直接求める。その際に、次の関係を用いる。

$$(\partial_\mu) \equiv \left(\frac{\partial}{\partial x^0}, \frac{\partial}{\partial x^1}, \frac{\partial}{\partial x^2}, \frac{\partial}{\partial x^3}\right) \tag{8.102}$$

$$(A_\mu) = \left(\frac{\phi}{c}, -\mathbf{A}\right) \tag{8.103}$$

ここでは、先ず E_x と B_x をテンソルの成分として求める。

$$E_x = -\frac{\partial\phi}{\partial x} - \frac{\partial A_x}{\partial t} \tag{8.104}$$

$$= -c\left(\frac{\partial\phi/c}{\partial x} - \frac{\partial A_x}{\partial ct}\right)$$

$$= -c(\partial_1 A_0 - \partial_0 A_1) = -cF_{10} \tag{8.105}$$

$$B_x = = \frac{\partial A_z}{\partial y} - \frac{\partial A_y}{\partial z} \tag{8.106}$$

$$= -(\partial_2 A_3 - \partial_3 A_2) = -F_{23} \tag{8.107}$$

引数をずらして次を得る。

$$F_{10} = -\frac{E_x}{c} \tag{8.108}$$

$$F_{20} = -\frac{E_y}{c} \tag{8.109}$$

$$F_{30} = -\frac{E_z}{c} \tag{8.110}$$

$$F_{23} = -B_x \tag{8.111}$$

$$F_{31} = -B_y \tag{8.112}$$

$$F_{12} = -B_z \tag{8.113}$$

行列の成分の反対称性を用いると、次の反対称共変テンソルが得られる。

$$(F_{\mu\nu}) = \begin{pmatrix} 0 & E_x/c & E_y/c & E_z/c \\ -E_x/c & 0 & -B_z & B_y \\ -E_y/c & B_z & 0 & -B_x \\ -E_z/c & -B_y & B_x & 0 \end{pmatrix} \tag{8.114}$$

これから反対称反変テンソルを求める。

$$F^{i0} = g^{i\mu} g^{0\nu} F_{\mu\nu} = -F_{i0} \qquad (i = 1, 2, 3) \tag{8.115}$$

$$F^{ij} = g^{i\mu} g^{j\nu} F_{\mu\nu} = F_{ij} \qquad (i, j = 1, 2, 3) \tag{8.116}$$

であるから、

$$(F^{\mu\nu}) = \begin{pmatrix} 0 & -E_x/c & -E_y/c & -E_z/c \\ E_x/c & 0 & -B_z & B_y \\ E_y/c & B_z & 0 & -B_x \\ E_z/c & -B_y & B_x & 0 \end{pmatrix} \tag{8.117}$$

8.5 マクスウエル方程式の相対論的形式

マクスウエル方程式は4組の方程式からなり、2組はスカラー、他の2組は3元ベクトルであるから、合計8式からなる。

まず、ガウスの法則（クーロンの法則）とアンペールの法則の2組を考える。

$$\nabla \cdot \mathbf{E} = \frac{\rho}{\epsilon_0} \Leftrightarrow \nabla \cdot \mathbf{E}/c = \mu_0(c\rho) \tag{8.118}$$

$$\nabla \times \mathbf{B} - \frac{1}{c^2}\frac{\partial \mathbf{E}}{\partial t} = \mu_0 \mathbf{J} \Leftrightarrow \nabla \times \mathbf{B} - \frac{\partial \mathbf{E}/c}{\partial(ct)} = \mu_0 \mathbf{J} \tag{8.119}$$

これらの式は成分で書くと次のようになる。

$$\nabla \cdot \mathbf{E}/c = \partial_1 F^{10} + \partial_2 F^{20} + \partial_3 F^{30} = \mu_0 J^0 \tag{8.120}$$

$$-\frac{\partial(E_x/c)}{\partial(ct)} + \frac{\partial B_z}{\partial y} - \frac{\partial B_y}{\partial z} = \partial_0 F^{01} + \partial_2 F^{21} + \partial_3 F^{31} = \mu_0 J^1 \tag{8.121}$$

$$-\frac{\partial(E_y/c)}{\partial(ct)}+\frac{\partial B_x}{\partial z}-\frac{\partial B_z}{\partial x}=\partial_0 F^{02}+\partial_3 F^{32}+\partial_1 F^{12}=\mu_0 J^2 \tag{8.122}$$

$$-\frac{\partial(E_z/c)}{\partial(ct)}+\frac{\partial B_y}{\partial x}-\frac{\partial B_x}{\partial y}=\partial_0 F^{03}+\partial_1 F^{13}+\partial_2 F^{23}=\mu_0 J^3 \tag{8.123}$$

これらをまとめると次の簡明な式となる。

$$\text{(A)}\quad \partial_\mu F^{\mu\nu}=\mu_0 J^\nu \qquad (\nu=0,1,2,3) \tag{8.124}$$

磁場に発散がない式は次のようになる。

$$\nabla\cdot\mathbf{B}=\partial^1 F^{23}+\partial^2 F^{31}+\partial^3 F^{12}=0 \tag{8.125}$$

電磁誘導の式に関しては

$$\frac{\partial\mathbf{B}}{\partial t}+\nabla\times\mathbf{E}=0\Leftrightarrow\frac{\partial\mathbf{B}}{\partial(ct)}+\nabla\times\frac{\mathbf{E}}{c}=0 \tag{8.126}$$

z 成分は次のように与えられる。

$$\frac{\partial B_z}{\partial(ct)}+\frac{\partial}{\partial x}\left(\frac{E_y}{c}\right)-\frac{\partial}{\partial y}\left(\frac{E_x}{c}\right)=-(\partial^0 F^{12}+\partial^1 F^{20}+\partial^2 F^{01})=0 \tag{8.127}$$

x, y 成分も同様にして次が得られる。

$$\partial^0 F^{23}+\partial^2 F^{30}+\partial^3 F^{02}=0 \tag{8.128}$$

$$\partial^0 F^{31}+\partial^3 F^{10}+\partial^1 F^{03}=0 \tag{8.129}$$

磁場に発散がない式 (8.125) と、電磁誘導の 3 式をまとめると次のようになる。

$$\text{(B)}\quad \partial^\mu F^{\nu\sigma}+\partial^\nu F^{\sigma\mu}+\partial^\sigma F^{\mu\nu}=0 \tag{8.130}$$

ここで (μ,ν,σ) の独立な組は次の 4 組だけである。

$$(\mu,\nu,\sigma)=(0,1,2),(0,2,3),(0,3,1),(1,2,3) \tag{8.131}$$

だからどうしたと言われそうではあるが、マクスウエルの 8 個の独立した方程式は、相対論を用いると 4 個ずつ 2 組の簡明な方程式 (A)(8.124) と (B)(8.130) にまとめられる。

補　遺

A.1　ベクトルの内積、外積

3次元空間の3つの単位ベクトル※10

$$\mathbf{e}_x = (1,0,0),\ \mathbf{e}_y = (0,1,0),\ \mathbf{e}_z = (0,0,1) \tag{A.1}$$

を右手系正規直交基底にとる。3次元空間の任意のベクトル $\mathbf{x} = (x,y,z)$ は

$$\mathbf{x} = x\mathbf{e}_x + y\mathbf{e}_y + z\mathbf{e}_z \tag{A.2}$$

と表される。ベクトル $\mathbf{x}$ の絶対値は

$$|\mathbf{x}| = \sqrt{x^2 + y^2 + z^2} \tag{A.3}$$

と表される。

二つのベクトル

$$\mathbf{a} = (a_x, a_y, a_z) \quad \mathbf{b} = (b_x, b_y, b_z) \tag{A.4}$$

の交角を θ $(0 \leq \theta \leq \pi)$ とすると、余弦定理により

$$|\mathbf{a}|\ |\mathbf{b}| \cos\theta = \frac{1}{2}\{|\mathbf{a}|^2 + |\mathbf{b}|^2 - |\mathbf{a}-\mathbf{b}|^2\} \tag{A.5}$$

が成り立ち、上式の等しい両辺をベクトル $\mathbf{a}$ とベクトル $\mathbf{b}$ の内積と言って、$\mathbf{a} \cdot \mathbf{b}$ で表す。右辺は次のように計算される。

$$\frac{1}{2}\{|\mathbf{a}|^2 + |\mathbf{b}|^2 - |\mathbf{a}-\mathbf{b}|^2\} \tag{A.6}$$

$$= \frac{1}{2}[(a_x^2 + a_y^2 + a_z^2) + (b_x^2 + b_y^2 + b_z^2) - \{(a_x - b_x)^2 + (a_y - b_y)^2 + (a_z - b_z)^2\}] \tag{A.7}$$

※10……本来であればベクトルは縦ベクトル $\begin{pmatrix} x \\ y \\ z \end{pmatrix}$ を用いるべきであるが、ここでは横ベクトル (x, y, z) で表記する。

$$= a_x b_x + a_y b_y + a_z b_z \tag{A.8}$$

従って、

$$\mathbf{a} \cdot \mathbf{b} = a_x b_x + a_y b_y + a_z b_z \tag{A.9}$$

となる。また、

$$\cos\theta = \frac{\mathbf{a} \cdot \mathbf{b}}{|\mathbf{a}|\ |\mathbf{b}|} \tag{A.10}$$

となる。特に$\mathbf{a}$と$\mathbf{b}$が直交する条件は

$$\mathbf{a} \cdot \mathbf{b} = 0 \tag{A.11}$$

である。

三次元空間の正規直交基底同士の内積は

$$\delta_{ij} = \mathbf{e}_i \cdot \mathbf{e}_j \quad (i, j = x, y, z) \tag{A.12}$$

となる。即ち、

$$\mathbf{e}_x \cdot \mathbf{e}_x = \mathbf{e}_y \cdot \mathbf{e}_y = \mathbf{e}_z \cdot \mathbf{e}_z = 1 \tag{A.13}$$

$$\mathbf{e}_x \cdot \mathbf{e}_y = \mathbf{e}_y \cdot \mathbf{e}_z = \mathbf{e}_z \cdot \mathbf{e}_x = 0 \tag{A.14}$$

$$\mathbf{e}_y \cdot \mathbf{e}_x = \mathbf{e}_z \cdot \mathbf{e}_y = \mathbf{e}_x \cdot \mathbf{e}_z = 0 \tag{A.15}$$

となる。

三次元空間の2つのベクトル$\mathbf{a} = (a_x, a_y, a_z)$と$\mathbf{b} = (b_x, b_y, b_z)$が線形独立であるとき、次の性質を持つベクトル$\mathbf{c}$がただ一つに存在する。

1) $\mathbf{c}$は$\mathbf{a}$とも$\mathbf{b}$とも直交する。

2) 3つのベクトル$\mathbf{c}$、$\mathbf{a}$、$\mathbf{b}$は右手系を成す。

3) $\mathbf{c}$の長さは、$\mathbf{a}$と$\mathbf{b}$がなす平行四辺形の面積$|\mathbf{a}|\ |\mathbf{b}|\sin\theta$に等しい。ただし、$\theta\ (0 \leq \theta \leq \pi)$は$\mathbf{a}$と$\mathbf{b}$の交角。

このベクトル$\mathbf{c}$を、ベクトル$\mathbf{a}$とベクトル$\mathbf{b}$の外積といって$\mathbf{a} \times \mathbf{b}$で表す。

三次元空間の右手系正規直交基底同士の外積は

$$\mathbf{e}_i \times \mathbf{e}_j = \epsilon_{ijk}\mathbf{e}_k \quad (i, j, k = x, y, z) \tag{A.16}$$

となる。ここでϵ_{ijk}は、(i, j, k)が(x, y, z)の偶置換ならば1、奇置換ならば

-1、その他は0である。即ち、

$$\mathbf{e}_x \times \mathbf{e}_x = \mathbf{e}_y \times \mathbf{e}_y = \mathbf{e}_z \times \mathbf{e}_z = \mathbf{0} \tag{A.17}$$

$$\mathbf{e}_x \times \mathbf{e}_y = \mathbf{e}_z,\ \mathbf{e}_y \times \mathbf{e}_z = \mathbf{e}_x,\ \mathbf{e}_z \times \mathbf{e}_x = \mathbf{e}_y \tag{A.18}$$

$$\mathbf{e}_y \times \mathbf{e}_x = -\mathbf{e}_z,\ \mathbf{e}_z \times \mathbf{e}_y = -\mathbf{e}_x,\ \mathbf{e}_x \times \mathbf{e}_y = -\mathbf{e}_y \tag{A.19}$$

これらの関係と外積の線形性を用いると、$\mathbf{a} = (a_x, a_y, a_z)$ と $\mathbf{b} = (b_x, b_y, b_z)$ の外積 $\mathbf{c} = (c_x, c_y, c_z)$ は、

$$\mathbf{c} = \mathbf{a} \times \mathbf{b} \tag{A.20}$$

$$= (a_x\mathbf{e}_x + a_y\mathbf{e}_y + a_z\mathbf{e}_z) \times (b_x\mathbf{e}_x + b_y\mathbf{e}_y + b_z\mathbf{e}_z) \tag{A.21}$$

$$= (a_yb_z - a_zb_y)\mathbf{e}_x + (a_zb_x - a_xb_z)\mathbf{e}_y + (a_xb_y - a_yb_x)\mathbf{e}_z \tag{A.22}$$

$$= (a_yb_z - a_zb_y, a_zb_x - a_xb_z, a_xb_y - a_yb_x) \tag{A.23}$$

となる。$\mathbf{c}$ が $\mathbf{a}$ や $\mathbf{b}$ と直交することは内積を実行して直接確かめられる。

3つの線形独立なベクトル $\mathbf{a}$、$\mathbf{b}$、$\mathbf{c}$ の張る平行六面体の体積は $V = |(\mathbf{a}\times\mathbf{b}) \cdot \mathbf{c}|$ で与えられる。

証明

ベクトル $\mathbf{a}$ と $\mathbf{b}$ がなす平行四辺形の面積は $|\mathbf{a} \times \mathbf{b}|$ に等しい。$\mathbf{c}$ と $\mathbf{a}\times\mathbf{b}$ の交角を θ $(0 \leq \theta \leq \pi)$ とすると、平行六面体の体積は $V = |\mathbf{a} \times \mathbf{b}|\ |\mathbf{c}||\cos\theta|$ であるから、$V = |(\mathbf{a} \times \mathbf{b}) \cdot \mathbf{c}|$ となる。

証明終わり

これから、平行六面体の体積は、$\mathbf{a}$、$\mathbf{b}$、$\mathbf{c}$ を循環させると、

$$V = |(\mathbf{a} \times \mathbf{b}) \cdot \mathbf{c}| = |(\mathbf{b} \times \mathbf{c}) \cdot \mathbf{a}| = |(\mathbf{c} \times \mathbf{a}) \cdot \mathbf{b}| \tag{A.24}$$

と求まり、これらは等しい。

外積で有用な公式は次のものくらいであろう。

$$(\mathbf{a} \times \mathbf{b}) \times \mathbf{c} = -(\mathbf{b} \cdot \mathbf{c})\mathbf{a} + (\mathbf{a} \cdot \mathbf{c})\mathbf{b} \tag{A.25}$$

$$\mathbf{c} \times (\mathbf{a} \times \mathbf{b}) = (\mathbf{b} \cdot \mathbf{c})\mathbf{a} - (\mathbf{a} \cdot \mathbf{c})\mathbf{b} \tag{A.26}$$

A.2 ベクトル解析の基礎：勾配、発散、回転

電磁気学で用いられるベクトル解析の様々な項目に関して簡単な説明を加えていく。多くの本では、ベクトル解析の微分に関する勾配、発散、回転に対して grad、div、rot（curl）という表記を用いているが、これらの演算子がベクトルかスカラーかの区別を明確にするため、また論理的に物理量が把握できるようにするために、これらの表記は用いることをせず全てベクトル微分演算子 ∇（nabla）で表現するようにした。

■(1) 勾配（gradient） 任意のスカラー関数 ϕ にベクトル微分演算子 ∇ を演算したベクトル関数

$$\nabla\phi = \left(\frac{\partial\phi}{\partial x}, \frac{\partial\phi}{\partial y}, \frac{\partial\phi}{\partial z}\right) \tag{A.27}$$

を ϕ の勾配（gradient）という。ベクトル $\nabla\phi$ の方向は ϕ の最急勾配方向を示し、その絶対値は勾配の大きさを表す。

■(2) 発散（divergence） ベクトル微分演算子 ∇ と任意のベクトル関数 $\mathbf{V}$ の内積のスカラー関数

$$\nabla\cdot\mathbf{V} = \frac{\partial V_x}{\partial x} + \frac{\partial V_y}{\partial y} + \frac{\partial V_z}{\partial z} \tag{A.28}$$

を $\mathbf{V}$ の発散（divergence）という。$\mathbf{V}$ が定常流体の流量を表すとき $\nabla\cdot\mathbf{V}d^3x$ は、微小体積 d^3x から流出する流体の量。

■(3) 回転（rotation） ベクトル微分演算子 ∇ と任意のベクトル場 $\mathbf{V}$ のベクトル積

$$\nabla\times\mathbf{V} = \left(\frac{\partial V_z}{\partial y} - \frac{\partial V_y}{\partial z}, \frac{\partial V_x}{\partial z} - \frac{\partial V_z}{\partial x}, \frac{\partial V_y}{\partial x} - \frac{\partial V_x}{\partial y}\right) \tag{A.29}$$

を $\mathbf{V}$ の回転（rotation）という。例えば、円筒座標で z 軸の周りを回転する座標を、$\mathbf{x} = (r\cos(\omega t), r\sin(\omega t), 0)$ で与えるとその速度ベクトルは $\mathbf{v} = (-\omega r\sin\omega t, \omega r\cos\omega t, 0) = (-\omega y, \omega x, 0)$ となる。$\mathbf{v}$ の発散は $\nabla\cdot\mathbf{v} = 0$ であるが、回転は $\nabla\times\mathbf{v} = (0, 0, 2\omega)$ となり、z 軸の周りの回転を表している。

一方、岸からの距離 y に比例する流速 $\mathbf{v}$ を持つ x 方向に進む流れの場合、

$$v_x = ay \tag{A.30}$$

$$v_y = 0 \tag{A.31}$$

$$v_z = 0 \tag{A.32}$$

となるので、一見流れには渦のような回転はないように見えるが、流速ベクトルの回転をとると、$\nabla \times \mathbf{v} = a\hat{\mathbf{z}} \neq 0$ となるので、回転をもつ。

A.3 微分演算子を含んだ公式

次に電磁気学でよく目にするベクトル微分演算子を含む恒等式を示す。

$$\nabla \times \nabla \phi = 0 \tag{A.33}$$

$$\nabla \cdot (\nabla \times \mathbf{A}) = 0 \tag{A.34}$$

$$\nabla \cdot (\mathbf{A} \times \mathbf{B}) = \mathbf{B} \cdot (\nabla \times \mathbf{A}) - \mathbf{A} \cdot (\nabla \times \mathbf{B}) \tag{A.35}$$

$$\nabla \cdot (\phi \mathbf{E}) = \phi \nabla \cdot \mathbf{E} + \mathbf{E} \cdot \nabla \phi \tag{A.36}$$

$$\nabla \times (\phi \mathbf{A}) = \nabla \phi \times \mathbf{A} + \phi \nabla \times \mathbf{A} \tag{A.37}$$

$$\nabla \times (\nabla \times \mathbf{A}) = \nabla(\nabla \cdot \mathbf{A}) - \nabla^2 \mathbf{A} \tag{A.38}$$

これらは成分で書いて展開すれば、簡単にチェックできる。例として最後の公式をチェックしてみよう。先ずはベクトルの z 成分を計算する。

$$[\nabla \times (\nabla \times \mathbf{A})]_z = \partial_x (\nabla \mathbf{A})_y - \partial_y (\nabla \mathbf{A})_x \tag{A.39}$$

$$= \partial_x (\partial_z A_x - \partial_x A_z) + \partial_y (\partial_y A_z - \partial_z A_y) \tag{A.40}$$

$$= \partial_z (\partial_x A_x + \partial_y A_y + \partial_z A_z) - (\partial_x^2 + \partial_y^2 + \partial_z^2) A_z \tag{A.41}$$

$$= \partial_z \nabla \cdot \mathbf{A} - \nabla^2 A_z \tag{A.42}$$

これに、x、y 成分を付け加えると、$\nabla \times (\nabla \times \mathbf{A}) = \nabla(\nabla \cdot \mathbf{A}) - \nabla^2 \mathbf{A}$ が成り立つ。

A.4 ガウスの定理とストークスの定理

これらの定理の証明は　横山順一著　電磁気学　を参照した。解析的な証明よりも直接的で分かりやすい。解析的な証明も付け加えた。

A.4.1 ガウスの（発散）定理

ベクトル$\mathbf{E}$の発散$\nabla \cdot \mathbf{E}$のある空間領域Vでの空間積分は、Vの表面S上での面積分に等しい。即ち、

$$\int_V \nabla \cdot \mathbf{E}(\mathbf{x})dV = \int_S \mathbf{E}(\mathbf{x}) \cdot d\mathbf{S} \tag{A.43}$$

が成り立つ。

■証明1　図A.1にあるように、微小な$\Delta x\Delta y\Delta z$の体積を持つ直方体ΔVの表面$\Delta S = \partial\Delta V$において、上の式が成り立つことを先ず調べる[※11]。

$$\int_A \mathbf{E} \cdot d\mathbf{S} - \int_B \mathbf{E} \cdot d\mathbf{S} = \int_A E_x(x+\Delta x, y, z)dydz - \int_B E_x(x, y, z)dydz \tag{A.44}$$

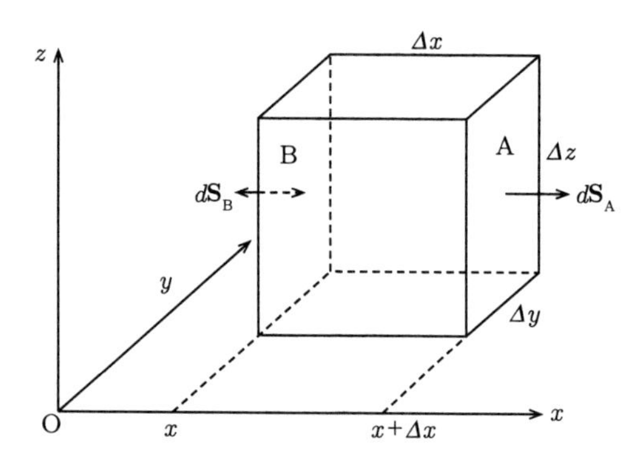

図 A.1　$\Delta x\Delta y\Delta z$の体積を持つ直方体であるΔVの表面を$\Delta S = \partial\Delta V$とする。まずはこの直方体でガウスの発散定理が成り立つことを示す。

※11 …. 空間領域Vの境界、即ち表面Sを∂Vで表すことがある。同様に閉曲線Cに張られた曲面Sについてその境界、即ち閉曲線Cを∂Sと表すことがある。

$$
\begin{aligned}
&= [E_x(x+\Delta x, y, z) - E_x(x, y, z)]\Delta y \Delta z \\
&= \frac{[E_x(x+\Delta x, y, z) - E_x(x, y, z)]}{\Delta x}\Delta x \Delta y \Delta z \\
&= \frac{\partial E_x}{\partial x}\Delta V \qquad (\Delta x \to 0)
\end{aligned}
\tag{A.45}
$$

同様に zx 面、xy 面に平行な面上の面積分は、

$$\frac{\partial E_y}{\partial y}\Delta V \tag{A.46}$$

$$\frac{\partial E_z}{\partial z}\Delta V \tag{A.47}$$

これらを足し合わせると

$$\int_{\partial \Delta V} \mathbf{E} \cdot d\mathbf{S} = \left(\frac{\partial E_x}{\partial x} + \frac{\partial E_y}{\partial y} + \frac{\partial E_z}{\partial z}\right)\Delta V = \int_{\Delta V} \nabla \cdot \mathbf{E} dV \tag{A.48}$$

となる。このように微小な直方体に対しては、ガウスの発散定理は成立している。

任意の形状や大きさをもつ空間領域 V に対しては、V を細かく直方体 ΔV_i に分割して、各直方体からの寄与を足し合わせる。隣り合った直方体の境界からの寄与は全て相殺されるので、V の表面 S だけからの寄与が残る。

$$\sum_i \int_{\partial \Delta V_i} \mathbf{E} \cdot d\mathbf{S} = \sum_i \int_{\Delta V_i} (\nabla \cdot \mathbf{E}) dV \tag{A.49}$$

ここで各直方体の大きさを無限小に持っていく極限では、

$$
\begin{aligned}
&\text{左辺} \to \int_{S=\partial V} \mathbf{E} \cdot d\mathbf{S}、\\
&\text{右辺} \to \int_V (\nabla \cdot \mathbf{E}) dV \text{ となる。}
\end{aligned}
$$

証明 1 終わり。

■証明 2 解析的な証明も付記する。証明するべき式

$$\int_S \mathbf{E} \cdot d\mathbf{S} = \int_S \mathbf{E} \cdot \mathbf{n} dS = \int_V \nabla \cdot \mathbf{E} dV \tag{A.50}$$

の両辺の E_x、E_y、E_z に関する部分が別個に等しいことを証明し、後で足し上げる。まず

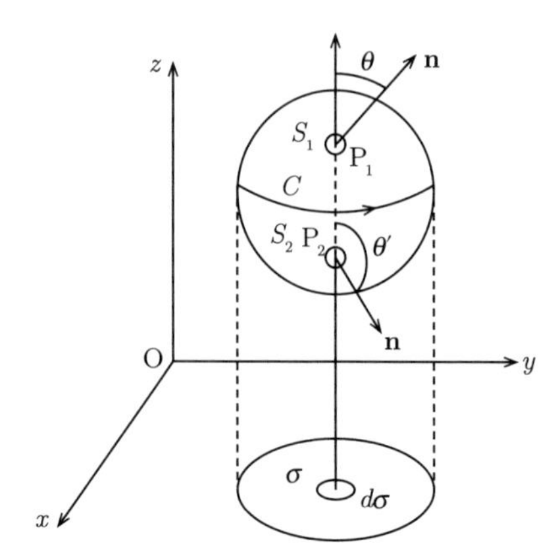

図 A.2 3次元の閉じた曲面 S の内部の領域を V とする。S は z 軸に平行な直線と2個よりも多くの点で交わらないとする。

$$\int_S E_z n_z dS = \int_V \frac{\partial E_z}{\partial z} dV \tag{A.51}$$

を証明する。図A.2のように、簡単のために S は z 軸に平行な直線と2個よりも多くの点で交わらないとする。

V の x-y 平面への正射影を σ、σ を底面とする柱体と S の接線で S を二つに分け、それらを S_1、S_2 とする。S_1 と S_2 に積分を分割する。z 軸が S_1、S_2 と交わる点を P_1、P_2 とする。

$$\int_S E_z n_z dS = \int_{S_1} E_z n_z dS + \int_{S_2} E_z n_z dS \tag{A.52}$$

$\mathbf{n}$ と z 軸の正の向きのなす角度を S_1 上では θ、S_2 上では θ' とする。S_1 上では $n_z = \cos\theta$、S_2 上では $n_z = \cos\theta'$ である。S_1 上では $\theta < \pi/2$ なので $\cos\theta > 0$、S_2 上では $\theta' > \pi/2$ なので $\cos\theta' < 0$ となる。dS_1 と dS_2 の正射影 $d\sigma$ は常に正なので、S_1 上では $d\sigma = dS_1 \cos\theta$、$S_2$ 上では $d\sigma = -dS_2 \cos\theta'$ となる。従って、全体の積分は、

$$\int_S E_z n_z dS = \int_{S_1} E_z \cos\theta dS_1 + \int_{S_2} E_z \cos\theta' dS_2 \tag{A.53}$$

$$= \int_{S_1} E_z(P_1) d\sigma - \int_{S_2} E_z(P_2) d\sigma \tag{A.54}$$

$$= \int_\sigma [E_z(P_1) - E_z(P_2)]dxdy \tag{A.55}$$

となる。一方、

$$\int_V \frac{\partial E_z}{\partial z}dV = \int_V \left[\frac{\partial E_z}{\partial z}dz\right]dxdy \tag{A.56}$$

$$= \int_\sigma [E_z(P_1) - E_z(P_2)]dxdy \tag{A.57}$$

となって、両者が等しくなり、

$$\int_S E_z n_z dS = \int_V \frac{\partial E_z}{\partial z}dV \tag{A.58}$$

が証明されたので、E_x と E_y に関する項も同様の手順を踏み、各項を足し合わせて

$$\int_S \mathbf{E} \cdot \mathbf{n} dS = \int_V \nabla \cdot \mathbf{E} dV \tag{A.59}$$

が証明された。

S が z 軸に平行な直線と2個よりも多くの点で交わる場合は、V をいくつかの部分 V_i に分割して、その各々の表面となる曲面 S_i が z 軸に平行な直線と2個よりも多くの点で交わることのないようにして、積分を足し合わせればよい。

証明2終わり。

A.4.2 ガウスの定理の応用

図A.3のように、閉じた閉曲線を C、C で張られた面の一つを S_1 とする。

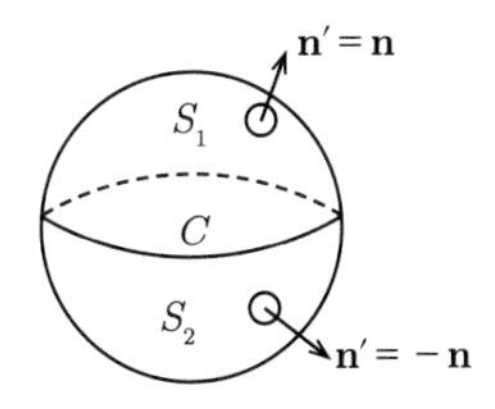

図 A.3 閉じた曲面を C、C で張られた C 上以外には共通点をもたない2つの面を S_1、S_2 とする。S_1、S_2 の法線の方向を図のように決め $\mathbf{n}$ とする。S_1 と S_2 を一緒にすると1つの閉曲面 S ができる。S の外向きの法線 $\mathbf{n}'$ は、S_1 上では $\mathbf{n} = \mathbf{n}'$、S_2 上では $\mathbf{n} = -\mathbf{n}'$ となる。

Cには向きを付けて、右手の人差し指の曲がる方向をC_1の方向とすると親指を突き上げた方向がS_1の表側、反対側を裏側とする。S_1の表側に立てた法線を$\mathbf{n}$とする。図A.3のように、Cで張られた第2の曲面をS_2とし、Cの向きを使ってS_2にも表裏を定義する。S_1とS_2を一緒にすると、一つの閉曲面Sができる。S_1とS_2の位置関係は、S_1の裏側とS_2の表側がSの内部であるとしよう。Sの外向きの法線を$\mathbf{n}'$とすると、S_1の上では$\mathbf{n} = \mathbf{n}'$、S_2の上では$\mathbf{n} = -\mathbf{n}'$である。$S$上を含んだ内部$V$で定義されたベクトル$\mathbf{B}$に対して、

$$\int_S \mathbf{B} \cdot \mathbf{n}' dS = \int_{S_1} \mathbf{B} \cdot \mathbf{n}' dS + \int_{S_2} \mathbf{B} \cdot \mathbf{n}' dS \tag{A.60}$$

$$= \int_{S_1} \mathbf{B} \cdot \mathbf{n} dS - \int_{S_2} \mathbf{B} \cdot \mathbf{n} dS \tag{A.61}$$

が成り立つ。もしV及びSで$\nabla \cdot \mathbf{B} = 0$ならば、

$$\int_S \mathbf{B} \cdot \mathbf{n}' dS = \int_V \nabla \cdot \mathbf{B} dV = 0 \tag{A.62}$$

が成り立つので、

$$\int_{S_1} \mathbf{B} \cdot \mathbf{n} dS = \int_{S_2} \mathbf{B} \cdot \mathbf{n} dS \tag{A.63}$$

が成り立つ。即ち、$\nabla \cdot \mathbf{B} = 0$ならば、$\int_{S_1} \mathbf{B} \cdot \mathbf{n} dS$は、周$C$だけで決まり、$C$を動かさない限り、$C$で張られた面$S_1$を変形してもその値は変わらない。$\mathbf{B}$を磁場とすれば、$\int_S \mathbf{B} \cdot \mathbf{n} dS = \int_S \mathbf{B} \cdot d\mathbf{S} \equiv \Phi$（磁束）は$C$だけで決まる。

A.4.3 2次元空間のグリーンの定理

ここでは2次元空間のグリーンの定理を紹介する。$u(x,y)$、$v(x,y)$は、平面の閉領域Sとその境界線Cで偏導関数を持つ関数である。領域Sと境界Cにおいて

$$\oint_C (u(x,y)dx + v(x,y)dy) = \int_S \left(\frac{\partial v}{\partial x} - \frac{\partial u}{\partial y} \right) dxdy \tag{A.64}$$

が成立する。

■証明 簡単のために、図A.4のように(x,y)平面上に領域Sの周囲の反時計まわりの境界Cがy軸と平行な直線と高々2回交わるとする。Cとy軸に平行な直線が接する2点を、図のようにA、Bと名付ける。また、Aのx座標を

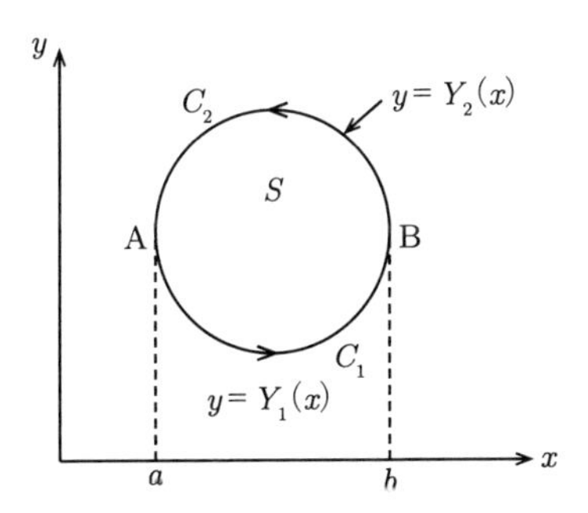

図 A.4　(x,y) 平面上に領域 S の周囲の反時計まわりの境界を C とする。C は y 軸と平行な直線と高々 2 回交わるとする。C と y 軸に平行な直線が接する 2 点を図のように A、B と名付ける。A、B の x 座標をそれぞれ a、b とする。C の AB より下の部分を C_1、上の部分を C_2 とする。

a、B の x 座標を b とする。AB より下側の（y の値の小さい）C の部分を C_1、AB よりも上側の C の部分を C_2 と名付ける。C_1 は x の関数として $y=Y_1(x)$ と定め、C_2 は x の関数として $y=Y_2(x)$ と定める。まず、証明するべき式の $\int_S(\frac{\partial u}{\partial y})dxdy$ を計算する。

$$\int_S \left(\frac{\partial u}{\partial y}\right) dxdy = \int_a^b \int_{Y_2(x)}^{Y_1(x)} \left(\frac{\partial u}{\partial y}\right) dxdy \tag{A.65}$$

$$= \int_a^b [u(x,y)]_{y=Y_1(x)}^{y=Y_2(x)} dx \tag{A.66}$$

$$= \int_a^b u(x,Y_2(x))dx - \int_a^b u(x,Y_1(x))dx \tag{A.67}$$

ここで、C_2 の向きと x についての積分の方向の違いを考慮して、

$$\int_a^b u(x,Y_1(x))dx = \int_{C_1} udx \tag{A.68}$$

$$\int_a^b u(x,Y_2(x))dx = -\int_{C_2} udx \tag{A.69}$$

となる。これらを足し合わせると、

$$-\int_S \frac{\partial u}{\partial y} dxdy = \int_{C_1} udx + \int_{C_2} udx \tag{A.70}$$

$$= \oint_C udx \tag{A.71}$$

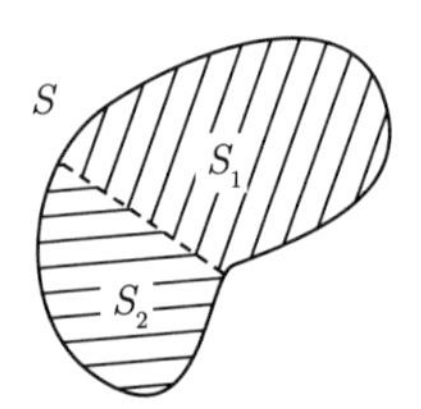

図 A.5 図 A.4 の領域 S が複雑な凹曲面などの場合は、適当に S を分割して各々の部分で定理の等式を証明し、両方で対応する部分を足しあわせる。2つの部分の共通な境界では積分は方向が逆なので相殺する。

となる。同様に x と y の役割を交換すると

$$\int_S \frac{\partial v}{\partial x} dxdy = \int_C vdy \tag{A.72}$$

が求められる。従って、

$$\oint_C (u(x,y)dx + v(x,y)dy) = \int_S \left(\frac{\partial v}{\partial x} - \frac{\partial u}{\partial y} \right) dxdy \tag{A.73}$$

が証明された。図 A.5 のように、S が複雑な凹曲面などの場合には、適当に S を分割して、各々の部分で定理の等式を証明して、両辺で対応する部分を足し合わせればよい。

証明終わり。

A.4.4 ストークスの（回転）定理

ベクトル関数 $\mathbf{A}$ を閉じた曲線 C 上で一周線積分した結果は、$\nabla \times \mathbf{A}$ を C で囲まれた曲面 S で面積分したものになる。

$$\oint_C \mathbf{A}(\mathbf{x}) \cdot d\mathbf{x} = \int_S (\nabla \times \mathbf{A}(\mathbf{x})) \cdot d\mathbf{S} \tag{A.74}$$

■**証明 1** 図 A.6 のように微小な長方形 ΔS の中心の座標を (x,y,z) とする。この長方形 ΔC の周囲を反時計回りで $\mathbf{A}$ を線積分する。長方形の各辺を C_1, C_2, C_3, C_4 とする。

$$\oint_{\Delta C} \mathbf{A}(\mathbf{x}') \cdot d\mathbf{x}' = \int_{C_1} + \int_{C_2} + \int_{C_3} + \int_{C_4} \tag{A.75}$$

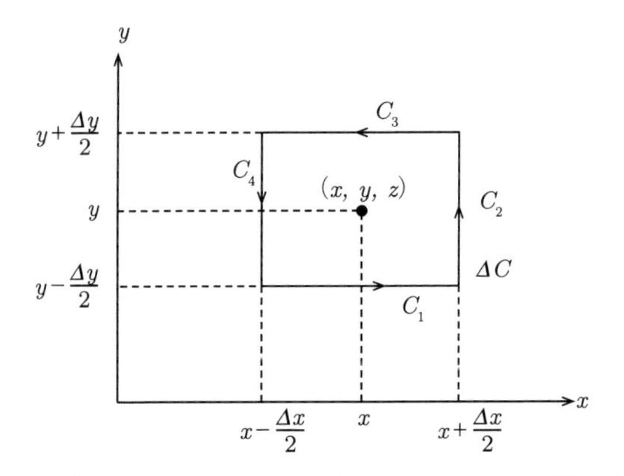

図 A.6 中心座標が (x, y, z) で、2 辺の長さが Δx、Δy の xy 平面に平行な長方形板 ΔS において、その周囲を $\partial\Delta S = \Delta C$ とする。この長方形でストークスの回転定理が成り立つことを先ず示す。

C_1 と C_3 では、y 座標は一定、$d\mathbf{x}' = (dx', 0, 0)$。$C_2$ と C_4 では、x 座標は一定、$d\mathbf{x}' = (0, dy', 0)$。

C_1 上での x の代表点を $x' = x$ にとる。

$$\int_{C_1} \mathbf{A} \cdot d\mathbf{x}' = \int_{x-\Delta x/2}^{x+\Delta x/2} A_x(x', y - \Delta y/2, z)dx' \tag{A.76}$$

$$= A_x(x, y - \Delta y/2, z)\Delta x \tag{A.77}$$

これに C_2、C_3、C_4 からの寄与も加えると以下のようになる。

$$\oint_{\Delta C} \mathbf{A}(\mathbf{x}') \cdot d\mathbf{x}' \tag{A.78}$$

$$= \int_{x-\Delta x/2}^{x+\Delta x/2} A_x(x', y - \Delta y/2, z)dx' + \int_{y-\Delta y/2}^{y+\Delta y/2} A_y(x + \Delta x/2, y', z)dy' \tag{A.79}$$

$$+ \int_{x+\Delta x/2}^{x-\Delta x/2} A_x(x', y + \Delta y/2, z)dx' + \int_{y+\Delta y/2}^{y-\Delta y/2} A_y(x - \Delta x/2, y', z)dy' \tag{A.80}$$

$$= A_x(x, y - \Delta y/2, z)\Delta x + A_y(x + \Delta x/2, y, z)\Delta y \tag{A.81}$$

$$+ A_x(x, y + \Delta y/2, z)(-\Delta x) + A_y(x - \Delta x/2, y, z)(-\Delta y) \tag{A.82}$$

$$= \frac{1}{\Delta y}[A_x(x, y - \Delta y/2, z) - A_x(x, y + \Delta y/2, z)]\Delta x \Delta y \tag{A.83}$$

$$+ \frac{1}{\Delta x}[A_y(x + \Delta x/2, y, z) - A_y(x - \Delta x/2, y, z)]\Delta x \Delta y \tag{A.84}$$

$$\to \left[\frac{\partial A_y}{\partial x} - \frac{\partial A_x}{\partial y}\right] \Delta x \Delta y \tag{A.85}$$

$$= [\nabla \times \mathbf{A}(\mathbf{x})]_z \Delta x \Delta y \tag{A.86}$$

$$\int_{\Delta S} (\nabla \times \mathbf{A}(\mathbf{x})) \cdot d\mathbf{S} = [\nabla \times \mathbf{A}(\mathbf{x})]_z \Delta x \Delta y \tag{A.87}$$

従って、微小長方形ではストークス回転定理が成り立っている。即ち、

$$\oint_{\Delta C} \mathbf{A}(\mathbf{x}) \cdot d\mathbf{x} = \int_{\Delta S} (\nabla \times \mathbf{A}(\mathbf{x})) \cdot d\mathbf{S} \tag{A.88}$$

が成り立っていることが分かった。xy 平面に平行な任意の閉曲線 C に対しては、C の内部を微小な長方形に分割し各長方形からの寄与を足すと、隣の長方形との境界では積分は相殺されるので、閉曲線 C からの寄与だけが残る。xy に平行でない任意の形状・大きさの C に関しても、C が張る任意の曲面 S を細かい長方形に分割可能である。但し、分割された長方形は xy 平面に必ずしも平行でないが、長方形に平行に新たに座標をとれば、ストークス回転定理の両辺はスカラー量なので、これらの長方形に対してもこの定理は成り立つ。任意の閉曲面 C に対して、C の張る閉曲面 S を、細かい長方形 ΔS_i とその周囲 $\partial \Delta S_i = \Delta C_i$ の寄与に関して足し上げる。

$$\sum_i \oint_{\Delta C_i} \mathbf{A}(\mathbf{x}) \cdot d\mathbf{x} = \sum_i \int_{\Delta S_i} (\nabla \times \mathbf{A}(\mathbf{x})) \cdot d\mathbf{S} \tag{A.89}$$

ここで各長方形の大きさを無限小に持っていく極限では、

左辺 $\to \oint_C \mathbf{A}(\mathbf{x}) \cdot d\mathbf{x}$

右辺 $\to \int_S (\nabla \times \mathbf{A}(\mathbf{x})) \cdot d\mathbf{S}$ となる。

証明１終わり。

■証明２ 次に解析的な証明も与えておこう。この証明は、小野健一著 電磁気学 朝倉書店 の証明を参考にした。

曲面 S を二つのパラメター u と v で表し、

$$x = x(u, v) \tag{A.90}$$

$$y = y(u, v) \tag{A.91}$$

$$z = z(u, v) \tag{A.92}$$

としよう。(u, v) の変化する範囲を S_0、S_0 の周を C_0、C_0 の長さを s_0 とする。(u, v) が C_0 を一周すると (x, y, z) は C を一周する。(u, v) が C_0 の内部を動くと (x, y, z) は S 上を動く。

u が du だけ動くと S 上の点は

$$d\mathbf{r}_1 = \left(\frac{\partial x}{\partial u}, \frac{\partial y}{\partial u}, \frac{\partial z}{\partial u}\right) du \tag{A.93}$$

だけ動く。v が dv だけ動くと S 上の点は

$$d\mathbf{r}_2 = \left(\frac{\partial x}{\partial v}, \frac{\partial y}{\partial v}, \frac{\partial z}{\partial v}\right) dv \tag{A.94}$$

だけ動く。二つのベクトル $d\mathbf{r}_1$ と $d\mathbf{r}_2$ の張る面積を dS とすると、

$$dS = |d\mathbf{r}_1 \times d\mathbf{r}_2| \tag{A.95}$$

となり、$d\mathbf{r}_1 \times d\mathbf{r}_2$ は S に垂直なベクトルであるから

$$d\mathbf{S} = \mathbf{n} dS = d\mathbf{r}_1 \times d\mathbf{r}_2 \tag{A.96}$$

となる。従って、$d\mathbf{S}$ の各成分は、

$$n_x dS = \left(\frac{\partial y}{\partial u}\frac{\partial z}{\partial v} - \frac{\partial z}{\partial u}\frac{\partial y}{\partial v}\right) dudv \tag{A.97}$$

$$n_y dS = \left(\frac{\partial z}{\partial u}\frac{\partial x}{\partial v} - \frac{\partial x}{\partial u}\frac{\partial z}{\partial v}\right) dudv \tag{A.98}$$

$$n_z dS = \left(\frac{\partial x}{\partial u}\frac{\partial y}{\partial v} - \frac{\partial y}{\partial u}\frac{\partial x}{\partial v}\right) dudv \tag{A.99}$$

である。それゆえに $(\nabla \times \mathbf{A}) \cdot \mathbf{n} dS$ の各成分は、

$$(\nabla \times \mathbf{A})_x n_x dS = \left(\frac{\partial A_z}{\partial y} - \frac{\partial A_y}{\partial z}\right)\left(\frac{\partial y}{\partial u}\frac{\partial z}{\partial v} - \frac{\partial z}{\partial u}\frac{\partial y}{\partial v}\right) dudv \tag{A.100}$$

$$(\nabla \times \mathbf{A})_y n_y dS = \left(\frac{\partial A_x}{\partial z} - \frac{\partial A_z}{\partial x}\right)\left(\frac{\partial z}{\partial u}\frac{\partial x}{\partial v} - \frac{\partial x}{\partial u}\frac{\partial z}{\partial v}\right) dudv \tag{A.101}$$

$$(\nabla \times \mathbf{A})_z n_z dS = \left(\frac{\partial A_y}{\partial x} - \frac{\partial A_x}{\partial y}\right)\left(\frac{\partial x}{\partial u}\frac{\partial y}{\partial v} - \frac{\partial y}{\partial u}\frac{\partial x}{\partial v}\right) dudv \tag{A.102}$$

となる。

上の3式の和から A_x に関するものだけを取り出して変形していくと、

$$\frac{\partial A_x}{\partial z}\left(\frac{\partial z}{\partial u}\frac{\partial x}{\partial v}-\frac{\partial x}{\partial u}\frac{\partial z}{\partial v}\right)+\frac{\partial A_x}{\partial y}\left(\frac{\partial y}{\partial u}\frac{\partial x}{\partial v}-\frac{\partial x}{\partial u}\frac{\partial y}{\partial v}\right) \tag{A.103}$$

$$=\frac{\partial x}{\partial v}\left(\frac{\partial x}{\partial u}\frac{\partial A_x}{\partial x}+\frac{\partial y}{\partial u}\frac{\partial A_x}{\partial y}+\frac{\partial z}{\partial u}\frac{\partial A_x}{\partial z}\right)-\frac{\partial x}{\partial u}\left(\frac{\partial x}{\partial v}\frac{\partial A_x}{\partial x}+\frac{\partial y}{\partial v}\frac{\partial A_x}{\partial y}+\frac{\partial z}{\partial v}\frac{\partial A_x}{\partial z}\right) \tag{A.104}$$

$$=\frac{\partial x}{\partial v}\frac{\partial A_x}{\partial u}-\frac{\partial x}{\partial u}\frac{\partial A_x}{\partial v} \tag{A.105}$$

$$=\frac{\partial}{\partial u}\left(\frac{\partial x}{\partial v}A_x\right)-\frac{\partial}{\partial v}\left(\frac{\partial x}{\partial u}A_x\right) \tag{A.106}$$

が得られる。

ここで2次元の場合のグリーンの定理を使って、積分を1次元に変換する。

$$\int_{S_0}\left[\frac{\partial}{\partial u}\left(\frac{\partial x}{\partial v}A_x\right) - \frac{\partial}{\partial v}\left(\frac{\partial x}{\partial u}A_x\right)\right] dudv \tag{A.107}$$

$$= \oint_{C_0}\left(\frac{\partial x}{\partial v}A_x\right) dv + \left(\frac{\partial x}{\partial u}A_x\right) du \tag{A.108}$$

$$= \oint_C A_x dx \tag{A.109}$$

A_y、A_z に関する項も同様に変形するから

$$\int_S (\nabla \times \mathbf{A}) \cdot d\mathbf{S} = \oint_C \mathbf{A} \cdot d\mathbf{x} \tag{A.110}$$

証明2終わり。

BIBLIOGRAPHY
参考文献

[1] Edward Purcell 著　電磁気（上巻、下巻）バークレー物理学コース2　飯田修一監訳　丸善出版
説明が丁寧である。米国の学部の典型的な教科書ではあるが、特殊相対論を既に学習していることを前提にしている。和訳はcgs、MKSA両単位系での併記で便利である。

[2] 横山順一著　電磁気学　講談社基礎物理学シリーズ4　講談社
ユニークな編集の教科書。段階を追って説明している。大学に入学してすぐの電磁気学の教科書として整備されている。

[3] 川村清著　電磁気学　岩波基礎物理シリーズ　岩波書店
一冊で高度なレベルまで引き上げてくれる。この本では扱わなかった電磁波の境界問題、放射、加速度をもつ荷電粒子がつくる電磁場から正準理論まで扱っている。

[4] 砂川重信著　理論電磁気学　紀伊国屋書店
しっかりした理論的な電磁気学の教科書。

[5] 熊谷寛夫著　電磁気学の基礎—実験室における　基礎物理選書16　裳華房
幾つかのトピックスについて実験とのかかわりで本質的な理解を促す教科書。

[6] 佐藤勝彦著　相対性理論　岩波基礎物理シリーズ9　岩波書店
一般相対論が主であるが、その前に特殊相対論をまとめてある。

[7] J.D. Jackson 著　ジャクソン電磁気学（上、下）　原書第3版　西田稔訳　吉岡書店
米国の典型的なレベルの高い大学院の電磁気学の教科書。初めはMKSA単位を用いているが、相対論導入以降はcgs単位に変わってしまう。

[8] R.P. Feynman 他著　電磁気学　ファインマン物理学 III　宮島龍興訳　岩波書店
ファインマンシリーズは名著である。一度電磁気学を勉強した後で読むとこの本の良さがわかると思う。

[9] L.D. Landau, E.M. Lifshitz 著　場の古典論　ランダウ＝リフシッツ理論物理学教程　恒藤敏彦、広重徹訳　東京図書
旧ソ連の科学教育は徹底しており、この本は名著である。本書1~2章がランダウの1~2章、本書3章がランダウ7章と深く関わる。残念なことに電磁気学ではcgs単位を用いている。

[10] R. Hagedorn 著　Relativistic Kinematics Lecture Notes and Supplements in Physics　W.A. Benjamin INC.
相対論的運動学のレクチャーノート。

INDEX 索引

●あ行●

アインシュタインの省略 —— 30
アドミッタンス —— 154
アンペールの法則 —— 95
アンペール-マクスウエルの法則 —— 140
位相速度 —— 178
因果律 —— 28
インダクタンス —— 129
インピーダンス —— 153
インピーダンス整合 —— 162
インピーダンス合成 —— 154
宇宙マイクロ波背景放射 —— 49
運動エネルギー —— 40
エーテル —— 5
エネルギーカットオフ —— 52
エネルギー効率 —— 163
LHC —— 44
LCR 回路 —— 149
円偏光 —— 180

●か行●

外積 —— 190
回転 —— 140, 192
ガウスの定理 —— 194
ガウスの法則 —— 63, 137
加速器 —— 42
荷電粒子の運動方程式 —— 165
ガモフ —— 49
ガリレイ変換 —— 3
慣性系 —— 3
慣性の法則 —— 2
Q 値 —— 161
共振回路 —— 160
共変テンソル —— 32
共変ベクトル —— 32
空間的領域 —— 14
クーロンゲージ —— 101, 185
クーロンの法則 —— 61
クーロン力 —— 61
グリーン関数 —— 74
グリーンの定理 —— 198
計量テンソル —— 30
ゲージ対称性 —— 101
ゲージ不変性 —— 101
ゲージ変換 —— 101, 184
懸垂線 —— 170
コイル —— 149
光円錐 —— 13
光速不変の原理 —— 4
勾配 —— 192
交流回路 —— 149
固有時間 —— 34
混合テンソル —— 32
コンダクタンス —— 154
コンデンサ —— 150

●さ行●

サイクロイド —— 172
サスセプタンス —— 154
CMS —— 41
CMS エネルギー —— 42
CMB —— 49
GZK エネルギーカットオフ —— 50
時間的領域 —— 14
時間のパラドクス —— 21

INDEX
索　引

磁気単極子 ― 138
時空のダイアグラム ― 17
思考実験 ― 84
自己誘導 ― 132
事象 ― 13
自然単位 ― 37
磁束 ― 123
実効値 ― 159
磁場 ― 87, 89
磁場のみたす方程式 ― 94
重心系 ― 41
周波数ブリッジ ― 156
ジュール熱 ― 143
準静的過程 ― 145
ストークスの定理 ― 69, 200
正規ローレンツ群 ― 16
静止エネルギー ― 40
静電磁場 ― 110
静電場 ― 68
世界間隔 ― 13
世界線 ― 13
世界長 ― 14, 30
世界点 ― 13
双曲線関数 ― 14
相互インダクタンス ― 129
相互誘導 ― 129
相補性の定理 ― 130

● た行 ●

楕円偏光 ― 181
多重極展開 ― 78
縦ドップラー効果 ― 47
ダランベルシアン ― 183
単位ベクトル ― 189
直線偏光 ― 180
抵抗 ― 154
ディラック ― 71
Dirichletの境界条件 ― 70
デルタ関数 ― 71
電位 ― 67
電位差 ― 67
電荷保存の式 ― 133
電気双極子モーメント ― 76
電気素量 ― 62
電気力線 ― 68
電磁波のエネルギー ― 178
電磁波の方程式 ― 175
電磁誘導 ― 119, 139
電束 ― 63
テンソル ― 33、186
伝導電流密度 ― 141
電場 ― 62
電流 ― 87
電流密度 ― 97
電力 ― 158
電力反射率 ― 163
透磁率 ― 141
等電位面 ― 68
導電率 ― 148
特殊相対性理論 ― 1
特殊相対論 ― 1
ドップラー効果 ― 47
トロコイド ― 172

● な行 ●

内積 ― 189

2 階混合テンソル —— 32
2 階共変テンソル —— 32
2 階反対称テンソル —— 186
2 階反変テンソル —— 32, 117
ニュートン力学 —— 2
Neumann の境界条件 —— 70

● は行 ●

背景放射 —— 49
発散 —— 138, 192
ハッブル —— 49
パラドクス —— 21, 24, 146
反対称テンソル —— 186
反変テンソル —— 32, 117
反変ベクトル —— 32
反陽子 —— 45
ビオ＝サバールの公式 —— 105
光のドップラー効果 —— 47
ビッグバン宇宙論 —— 49
ブースト —— 12
複素インピーダンス —— 153
双子のパラドクス —— 24
ブリッジ回路 —— 156
分布定数回路 —— 155
平行な電流 —— 92
ベクトルポテンシャル —— 100
ヘルツ —— 4
変位電流 —— 136
変位電流密度 —— 136, 141
偏光 —— 179
ポアッソン方程式 —— 70
ポインティング・ベクトル —— 144
崩壊 —— 53
崩壊平面 —— 53
放物線 —— 170

● ま行 ●

マイケルソン-モーレーの実験 —— 4
マクスウエル —— 4
マクスウエルの方程式 —— 137
マクスウエル方程式の相対論的形式 —— 187
ミュー粒子 —— 21
ミンコフスキー時空 —— 13

● や行 ●

ヤコビアン・ピーク —— 59
誘電率 —— 141, 148
誘導起電力 —— 121, 126
横ドップラー効果 —— 48
横波 —— 176
4 元運動量 —— 34, 39
4 元運動量の保存 —— 44
4 元速度 —— 33
4 元電磁ポテンシャル —— 183
4 元電流密度 —— 183
4 元力 —— 36
4 元ローレンツ力 —— 116

● ら行 ●

螺旋運動 —— 167
ラプラス方程式 —— 70
リアクタンス —— 154
力率 —— 159
粒子衝突型加速器 —— 42

INDEX
索　引

粒子の寿命 — 20
粒子崩壊 — 53
レンツの法則 — 128
ローレンツ逆変換 — 11
ローレンツ群 — 16
ローレンツゲージ — 185
ローレンツ・スカラー — 31
ローレンツ短縮 — 20
ローレンツ・ブースト — 12
ローレンツ変換 — 8, 15
ローレンツ力 — 89

著者紹介

駒宮幸男（こまみやさちお）

東京大学名誉教授。1952年横浜生まれ。理学博士。東京大学理学部物理学科卒業、同大学院理学系研究科物理学専攻博士課程中退、東京大学理学部助手、ハイデルベルク大学物理学研究所研究員、スタンフォード大学SLAC研究職員、東京大学素粒子物理国際研究センター助教授、同教授、東京大学大学院理学系研究科物理学専攻教授、早稲田大学理工学術院総合研究所教授を歴任。

NDC427　222p　21cm

入門（にゅうもん）　現代（げんだい）の電磁気学（でんじきがく）　特殊相対論（とくしゅそうたいろん）を原点（げんてん）として

2023年6月27日　第1刷発行

著　者　駒宮幸男（こまみやさちお）

発行者　髙橋明男

発行所　株式会社　講談社

〒112-8001　東京都文京区音羽2-12-21

販売　(03)5395-4415

業務　(03)5395-3615

KODANSHA

編　集　株式会社　講談社サイエンティフィク

代表　堀越俊一

〒162-0825　東京都新宿区神楽坂2-14　ノービィビル

編集　(03)3235-3701

印刷所　株式会社ＫＰＳプロダクツ

製本所　大口製本印刷株式会社

Printed in Japan

ISBN978-4-06-532245-1